21 世纪全国本科院校电气信息类创新型应用人才培养规划教材

电子线路 CAD

主　编　周荣富　曾　技
副主编　周玉荣　伍　刚　周登荣

北京大学出版社
PEKING UNIVERSITY PRESS

内 容 简 介

本书共分为 Protel 电路板设计、电路分析与仿真、数字电路 EDA、实例篇四大篇，贯穿了 Protel DXP、PSpice 9、Max+PlusⅡ的应用。其中第一篇包括第 1 章～第 6 章，以一个较为简单的实例贯穿各个章节，一是可以让初学者能快速入门，二是解决了许多同类书籍原理图设计内容与 PCB 板设计内容不衔接的问题，使读者学会设计出符合要求的 PCB 电路板图。第二篇包括第 7 章～第 8 章，使读者学会自己设计电路元件仿真模型，运用 PSpice 程序进行电路仿真分析。第三篇包括第 9 章～第 11 章，介绍如何运用硬件描述语言进行电路设计和可编程逻辑器部件基本知识，将读者引入到大规模可编程数字逻辑电路设计中。第四篇包括第 12 章～第 13 章，主要列举实例，前 11 章内容的知识点在这里得到综合应用，从而达到学以致用的目的。

本书可作为本科院校电子类、电气类、自动控制类、信息类、计算机类等专业和相关培训班的电子线路 CAD 课程教材，也可作为从事电路设计工作的技术人员和电子爱好者的参考书。

图书在版编目(CIP)数据

电子线路 CAD/周荣富，曾技主编. —北京：北京大学出版社，2011.1
(21 世纪全国本科院校电气信息类创新型应用人才培养规划教材)
ISBN 978-7-301-18285-7

Ⅰ. ①电… Ⅱ. ①周…②曾… Ⅲ. ①电子电路—电路设计：计算机辅助设计—应用软件—高等学校—教材 Ⅳ. ①TN702

中国版本图书馆 CIP 数据核字(2010)第 249232 号

书　　　名：	电子线路 CAD
著作责任者：	周荣富　曾技　主编
策划编辑：	李　虎
责任编辑：	魏红梅
标准书号：	ISBN 978-7-301-18285-7/TN·1142
出　版　者：	北京大学出版社
地　　　址：	北京市海淀区成府路 205 号　100871
网　　　址：	http://www.pup.cn　http://www.pup6.com
电　　　话：	邮购部 62752015　发行部 62750672　编辑部 62750667　出版部 62754962
电子邮箱：	pup_6@163.com
印　刷　者：	山东省高唐印刷有限责任公司
发　行　者：	北京大学出版社
经　销　者：	新华书店
	787 毫米×1092 毫米　16 开本　22.75 印张　530 千字
	2011 年 1 月第 1 版　2011 年 1 月第 1 次印刷
定　　　价：	41.00 元

未经许可，不得以任何方式复制或抄袭本书之部分或全部内容。
版权所有，侵权必究　　举报电话：010-62752024
　　　　　　　　　　　电子邮箱：fd@pup.pku.edu.cn

前　　言

本书主要包括 4 篇 13 章。第 1 篇对电子线路的原理图设计和 PCB 图设计进行了系统讲述，对信号完整性分析也作了一定的介绍；第 2 篇讲述电路分析与仿真；第 3 篇讲述利用硬件描述语言进行数字电路建模以及可编程器件的相关知识；第 4 篇将前面 3 篇的知识综合起来，举例说明一些典型电路的设计。

一、本书的主导思想

在现实生活中，电子电路系统随处可见，应用领域也相当地广泛，而如今的电子电路系统日益复杂化，其主要表现为智能化（电子产品变得"聪明"起来，如能够语音识别人的语言）、功能多元化和网络化（许多电子产品，如手机，需要接入不同的网络获取数据、实现应用）等方面，这使得传统的电路设计方法不再适用，而以计算机辅助分析与设计为基础的电子设计自动化技术成为现代电子电路系统设计的主要方法和手段。

本书是基于培养应用型人才的思想进行编写的，目的是让电类专业的读者通过学习和实践，掌握利用电子系统计算机辅助工具进行电路原理图的输入、PCB 设计、信号完整性分析、电路的基本分析和可编程数字逻辑电路的设计，掌握现代电子电路系统设计的方法。

二、本书的基本结构

本书的基本结构为电路板设计、电路分析与仿真、数字电路 EDA 和实例四部分内容。

1. Protel 电路板设计

Protel 电路板设计部分主要是利用 EDA 软件 Protel DXP 设计电路的印制板电路图。

2. 电路分析与仿真

电路分析与仿真部分利用 PSpice 9 对电路进行分析与仿真。

3. 数字电路 EDA

数字电路 EDA 部分利用 Max+Plus Ⅱ 平台和计算机硬件描述语言实现可编程逻辑电路设计。

4. 实例

实例部分主要列举一些典型电路设计实例，读者通过实践这些实例而获得利用所学知识进行电路设计的能力。

三、本书的主要特色

本书适合初学者阅读，每篇都以简单实例开始，由浅入深，先易后难，引导读者进入设计角色。第1篇以某一实例设计为主线,篇中每一章节都围绕这一实例的设计进行展开讲解,从而保持各章节内容的连贯性,使得读者"既见树木也见森林";第2、第3、第4篇的实例所涉及的电路程序都在计算机上仿真编译成功,保证电路程序的正确性,对于程序中的难点语句,都对其进行注释说明,以帮助读者阅读时能快速理解和自学这些程序;此外第4篇内容还可以作为学习、回顾并理解模电、数电课程中的内容之用。

四、本书的学时分配

本书具体学时分配见下表。

章 节	内 容	建议学时
第1篇	Protel 电路板设计	16~18(含机动2学时)
第2篇	电路分析与仿真	12
第3篇	数字电路 EDA	16~18(含机动2学时)
第4篇	实例篇	12
合 计		56~60

五、本书的编写过程

本书由攀枝花学院周荣富、曾技主编,周玉荣、伍刚、周登荣任副主编。其中第1、5章由周荣富编写,第4、6、9、10、12、13章由曾技编写,第3章由周玉荣编写,第7、11章由伍刚编写,第2、8章由周登荣编写,全书由周荣富统稿并审定,周玉荣博士、伍刚教授为本教材的内容选取提出了宝贵意见。在本书的编写过程中,还得到了攀枝花学院冯明琴教授的大力帮助,并参考了许多同仁的教材,在此一并表示感谢!

由于作者的水平有限,加之写作时间仓促,难免会存在某些问题和不足之处,恳请同仁及广大读者给予批评指正。

曾 技

mynamezj@126.com

2010 年 11 月

目 录

第 1 篇　Protel 电路板设计 1

第 1 章　电子线路 CAD 技术概述 2

1.1 电子线路 CAD 概述 3
　1.1.1 电子线路 CAD 概念 3
　1.1.2 电子线路 CAD/EDA 发展概述 3
1.2 CAD/EDA 软件工具 4
1.3 常用 CAD/EDA 软件工具 5
小结 7
习题 7

第 2 章　电路原理图设计 8

2.1 电路原理图概述 9
　2.1.1 电路原理图的概念 9
　2.1.2 电路原理图设计流程 9
2.2 电路原理图编辑环境设置 10
　2.2.1 Protel DXP 原理图环境介绍 10
　2.2.2 Protel DXP 电路原理图环境设置 11
2.3 加载原理图元件库 14
　2.3.1 原理图元件库管理器 14
　2.3.2 加载原理图元件库方法 15
2.4 放置和编辑元器件 18
　2.4.1 放置元器件 18
　2.4.2 编辑元器件 19
2.5 电路原理图电气连接 21
　2.5.1 绘制导线 22
　2.5.2 放置网络标号 24
　2.5.3 绘制总线 26
　2.5.4 绘制总线分支 28
　2.5.5 放置电源端口及接地 30
　2.5.6 放置电路节点 32
2.6 注释与说明 33
2.7 电气规则检查与报表输出 34
　2.7.1 电气规则检查 34
　2.7.2 报表输出 38
2.8 修整和保存电路原理图 41
小结 41
习题 41

第 3 章　原理图库元件设计 44

3.1 原理图库元件基本知识 45
　3.1.1 原理图库元件概念 45
　3.1.2 原理图库元件编辑器介绍 45
3.2 创建原理图库元件 48
3.3 创建原理图库文件 53
3.4 生成元件报表 54
　3.4.1 元件报表 54
　3.4.2 元件库报表 55
3.5 库元件规则检查 55
小结 57
习题 57

第 4 章　PCB 设计 58

4.1 PCB 概述 59
　4.1.1 PCB 发展历史 59
　4.1.2 PCB 分类 60
4.2 PCB 的相关概念 61
　4.2.1 导线 61
　4.2.2 焊盘 61
　4.2.3 过孔 62
　4.2.4 丝印层 63
　4.2.5 助焊膜和阻焊膜 63
　4.2.6 飞线 63
4.3 PCB 编辑环境介绍 64

4.3.1　图层的概念 64
　　4.3.2　PCB 编辑器操作界面 65
4.4　PCB 设计 68
　　4.4.1　电路板 PCB 设计方法 68
　　4.4.2　利用 PCB 向导设计 PCB 69
　　4.4.3　利用原理图更新 PCB 74
4.5　PCB 设计高级操作 96
　　4.5.1　包地 96
　　4.5.2　补泪滴 98
　　4.5.3　覆铜 99
4.6　PCB 设计规则检查 100
小结 102
习题 102

第 5 章　元器件封装设计 104

5.1　元器件封装概述 105
5.2　常用元器件封装 106
5.3　PCB 封装库文件编辑器 108
　　5.3.1　PCB 封装库文件编辑器
　　　　　界面 108
　　5.3.2　PCB 封装库文件编辑器
　　　　　参数设置 109
5.4　手工设计元器件封装 111
5.5　利用向导创建元器件封装 114
5.6　元器件封装检查 117
小结 118
习题 118

第 6 章　信号完整性分析基础 120

6.1　信号完整性分析概述 121
6.2　信号完整性分析相关知识 121
　　6.2.1　高速电路与高速信号 121
　　6.2.2　电磁干扰 EMI 122
　　6.2.3　传输线 122
　　6.2.4　瞬时阻抗与特征阻抗 123
　　6.2.5　反射 124
　　6.2.6　反射系数 124
　　6.2.7　终端匹配 125

　　6.2.8　串扰 126
　　6.2.9　过冲与下冲 127
6.3　基于 Protel DXP 的信号完整性
　　　分析 127
　　6.3.1　元器件 SI 模型 127
　　6.3.2　IBIS 模型 129
　　6.3.3　信号完整性分析规则设置 130
6.4　信号完整性分析实例 132
　　6.4.1　基本设置 133
　　6.4.2　反射分析 134
小结 142
习题 142

第 2 篇　电路分析与仿真 145

第 7 章　PSpice 9 概述 147

7.1　计算机辅助电路分析与仿真概述 148
7.2　PSpice 集成环境简介 149
7.3　PSpice A/D 操作介绍 149
　　7.3.1　PSpice A/D 简介 149
　　7.3.2　PSpice A/D 操作实例 150
7.4　PSpice 电路描述语句 153
小结 159
习题 159

第 8 章　PSpice 电路分析 161

8.1　直流分析 162
　　8.1.1　直流工作点分析 162
　　8.1.2　直流扫描分析 163
　　8.1.3　直流小信号传输函数计算 165
　　8.1.4　直流小信号灵敏度分析 167
8.2　交流分析 169
　　8.2.1　交流小信号分析 169
　　8.2.2　噪声分析 173
8.3　瞬态分析 175
　　8.3.1　时间扫描分析 175
　　8.3.2　傅里叶分析 176
8.4　通用参数扫描分析 179
8.5　统计分析 181

8.5.1 蒙特卡罗分析..........181
8.5.2 最坏情况分析..........184
8.6 温度分析..........185
小结..........187
习题..........187

第3篇 数字电路EDA..........191

第9章 电路硬件描述语言..........193

9.1 电路硬件描述语言概述..........194
  9.1.1 VHDL的起源..........194
  9.1.2 VHDL概述..........194
9.2 VHDL语言结构..........197
  9.2.1 VHDL模块模型..........197
  9.2.2 实体..........197
  9.2.3 结构体..........199
  9.2.4 设计库和程序包..........199
  9.2.5 配置..........202
9.3 数据对象和数据类型..........203
  9.3.1 数据对象..........203
  9.3.2 数据类型..........204
9.4 运算操作符..........208
9.5 属性..........210
9.6 VHDL描述语句..........211
  9.6.1 并行描述语句..........212
  9.6.2 顺序描述语句..........221
  9.6.3 子程序..........228
小结..........232
习题..........232

第10章 可编程逻辑器件基础..........236

10.1 可编程逻辑器件概述..........237
  10.1.1 PLD基本结构..........238
  10.1.2 PLD的分类..........238
10.2 简单可编程逻辑器件..........239
  10.2.1 PROM..........239
  10.2.2 PLA..........241
  10.2.3 PAL..........242
10.3 复杂可编程逻辑器件..........243
  10.3.1 CPLD的组成及内部结构..........244
  10.3.2 MAX 7000系列CPLD..........245
  10.3.3 MAXⅡ系列CPLD..........248
10.4 现场可编程逻辑门阵列FPGA..........252
  10.4.1 FPGA的组成及内部结构..........252
  10.4.2 FPGA的分类..........253
  10.4.3 CYCLONEⅡ系列FPGA..........255
  10.4.4 FPGA器件选型..........258
  10.4.5 FPGA设计流程..........259
10.5 CPLD与FPGA的比较..........261
小结..........262
习题..........262

第11章 EDA工具——MAX+PlusⅡ..........264

11.1 EDA工具概述..........265
11.2 MAX+PlusⅡ概述..........266
11.3 MAX+PlusⅡ管理器窗口..........267
11.4 MAX+PlusⅡ编辑器..........269
  11.4.1 文本编辑器..........269
  11.4.2 图形编辑器..........270
  11.4.3 图元(符号)编辑器..........271
  11.4.4 波形编辑器..........274
  11.4.5 平面布置编辑器..........275
11.5 MAX+PlusⅡ软件模块..........276
  11.5.1 编译器模块..........276
  11.5.2 仿真器模块..........277
  11.5.3 延时分析器模块..........278
11.6 基于MAX+PlusⅡ的数字系统设计流程..........278
11.7 简单逻辑电路设计实例..........280
小结..........290
习题..........291

第4篇 实例篇..........293

第12章 数字电路VHDL设计实例..........294

12.1 组合逻辑电路VHDL设计..........295
  12.1.1 译码器设计..........295
  12.1.2 比较器设计..........297

12.1.3 优先编码器设计...................299
   12.1.4 数据选择器设计...................300
 12.2 时序逻辑电路 VHDL 设计..............302
   12.2.1 R-S 触发器设计...................302
   12.2.2 J-K 触发器设计...................303
   12.2.3 计数器设计........................305
   12.2.4 移位寄存器设计...................309
 小结..310
 习题..310

第 13 章 综合电路设计实例.....................312

 13.1 电路系统设计总体流程...............313
 13.2 单片机控制板电路设计...............314
   13.2.1 总体分析..........................314
   13.2.2 创建原理图符号...................314
   13.2.3 复位电路..........................319
   13.2.4 时钟电路..........................319
   13.2.5 串行接口电路......................320
   13.2.6 扬声器电路........................320
 13.3 ARM 7 精简实验板电路设计..........321
   13.3.1 总体分析..........................322
   13.3.2 创建原理图符号...................322
   13.3.3 时钟电路..........................325
   13.3.4 复位电路..........................325
   13.3.5 LED 数码管电路...................326

   13.3.6 串行接口通信电路.................326
   13.3.7 存储模块 24WC02 电路............327
   13.3.8 ARM 7 实验板的
          电路连接.........................327
 13.4 内存盘电路设计........................328
   13.4.1 总体分析..........................328
   13.4.2 原理图符号设计...................329
   13.4.3 放置元件、布局、连线............330
   13.4.4 U 盘 PCB 电路板参数
          设置.............................333
   13.4.5 网络表和封装载入.................334
   13.4.6 元件布局..........................334
   13.4.7 U 盘电路 PCB 布线...............335
   13.4.8 完善 U 盘电路 PCB...............336
 13.5 基于 CPLD 的交通灯控制器设计......339
   13.5.1 总体分析..........................339
   13.5.2 时钟信号分频电路模块
          VHDL 设计.......................340
   13.5.3 主控制模块 VHDL 设计...........341
   13.5.4 提取十位及个位数模块
          VHDL 设计.......................343
   13.5.5 译码模块 VHDL 设计.............344
 小结..350
 习题..350

参考文献..352

第1篇 Protel 电路板设计

越来越多的电子产品如 MP3 播放器、手机、机顶盒、POS 机等遂渐进入我们的视野，这些产品正改变和影响着我们的生活。这些电子产品是由各种电子元件构成的，而这些元件都是镶接在大小各异的电路板中。例图 1 所示为一 MP3 播放器的内部电路板图，从中可以看到一块绿色的板上集成了密密麻麻的电子元件，这块绿色的板就称为印制电路板，又称 PCB。印制电路板(PCB)可以看成是电子产品的骨架，在电子产品设计中，PCB 设计技术是一种复杂且核心的技术。

例图 1　MP3 内部电路板图

本篇主要以 ALTIUM 公司的 Protel DXP 平台为电子线路板设计环境，介绍原理图设计、原理图库元件设计、PCB 设计、PCB 封装库元件设计、PCB 信号完整性分析等五部分内容，前面四部分以一个简单的 A/D 转换电路为实例贯穿。选择简单电路作为实例，是为了让初学者易于接受；以一个实例贯穿于四部分内容，是为了保持知识的连贯性。PCB 信号完整性分析部分主要针对高速电路，故而选择 Protel DXP 自带的实例"4 Port Serial Interfac"为例证进行介绍。

读者不应孤立本篇各部分的内容而是应以互相联系的观点去学习这五部分内容。只有将这些知识融会贯通，才能达到学习本篇的最终目的——设计出符合要求的 PCB。

第 1 章
电子线路 CAD 技术概述

学习目标

- 理解电子线路 CAD 的概念
- 了解电子线路 CAD 的发展概况
- 理解传统 CAD 技术与 EDA 技术的区别
- 熟悉常用 CAD/EDA 软件工具

本章知识结构

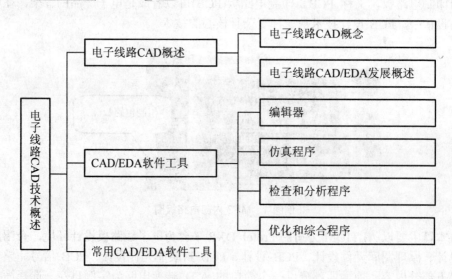

第 1 章 电子线路 CAD 技术概述

1.1 电子线路 CAD 概述

1.1.1 电子线路 CAD 概念

电子线路设计，就是根据给定的功能和特性指标要求，通过各种方法，确定采用什么样的电路拓扑结构以及电路中各个元器件参数。对于一个具体的电子设计任务，一般需经过设计方案提出、验证和修改(若需要的话)三个阶段，有时甚至要经历几个反复。

按照上述三个阶段中完成任务的手段不同，可将电子线路的设计方式分为不同的类型。如果设计方案的提出、验证和修改都是人工完成的，就称为人工设计。人工设计是一种传统的设计方法，其中设计方案的验证一般都采用搭建试验电路的方式进行。这种方法花费高、效率低。从 20 世纪 70 年代开始，随着集成电路技术的发展、对电子线路设计要求的提高以及计算机的广泛应用，人工设计已经不再适用，电子线路设计的方法发生了根本性的变革，出现了电子线路 CAD 技术。

电子线路 CAD 是电子线路计算机辅助设计的简称，是以计算机为硬件平台，以计算机图形学、电路系统、拓扑逻辑优化和人工智能等多学科理论的最新成果为基础而以开发的软件工具包为支撑的，目的是帮助电子工程师实现在计算机上调用元器件图元系统设计原理图、设置激励信号、完成电路仿真模拟、布局布线、进行电路分析、生成逻辑网表等。其涵盖的范围有：印制电路板设计，集成电路版图设计、验证和测试，数字逻辑电路设计，可编程逻辑电路设计，数模混合电路设计，嵌入式系统设计，专用集成电路设计等。

电子线路 CAD 技术是电子信息技术发展的成果，它的出现取代了传统电子系统的设计方式，使得电路设计在效率、复杂性、精度等方面都有大幅度地提高，引发了电路设计的革命。

1.1.2 电子线路 CAD/EDA 发展概述

电子线路 CAD 源于 20 世纪 70 年代初，最初是利用计算机程序进行绘图，随着不断的发展，电路 CAD 系统的功能也不断增强，从传统的 CAD 系统，到当今的 EDA 技术，其发展大致可分为如下三个阶段。

(1) 第一阶段——20 世纪 70 年代初到 80 年代初。电子计算机的运行速度、存储量和图形功能等方面还在起步发展之中，电路 CAD 和 EDA 技术尚没有形成系统，仅是一些孤立的软件程序。这些软件在逻辑仿真、电路仿真和印制电路板(PCB)、IC 版图绘制等方面取代了设计人员依靠手工进行烦琐计算、绘图和检验的方式，大大提高了电子系统的设计效率和可靠性。但这些软件一般只有简单的人机交互能力，所能处理的电路规模不是很大，计算和绘图的速度也都受到限制。而且由于没有采用统一的数据库管理技术，程序之间的数据传输和交换也很不方便。

(2) 第二阶段——20 世纪 80 年代后期。这是计算机与集成电路高速发展的时期，也是 CAD 技术真正迈向自动化并形成产业的时期。这一阶段能够实现逻辑电路仿真、模拟电路仿真、集成电路的布局和布线、IC 版图的参数提取与检验、印制电路板的布图与检验及设计、文档制作等各设计阶段的自动设计，并将实现这些功能的工具集成为一个有机的CAD系统，在工作站或超级计算机上运行。它具有直观、友好的图形界面，可以用电路原理图的形式输入，以图形菜单的方式选择各种仿真工具和不同的模拟功能。每个工具都有自己的元件库，工具之间用统一的数据库进行数据存放、传输和管理，并有标准的CAM(Computer Aided Manufacture)输出接口。这种EDA系统能有效地完成自顶向下(Top-Down)的设计任务，即从电路原理图构思到逻辑仿真、电路仿真、版图布局布线，一直到最后形成可以交付生产的IC版图等一系列的自动化设计过程。在这里说明一下，通常不把EDA和电子线路CAD作严格区分，本书也沿用这种做法。

(3) 第三阶段——20世纪90年代后。这个阶段，EDA步入了一个崭新的时期。微电子技术以惊人的速度发展，一个芯片上可以集成百万甚至千万个晶体管，工作速度可达到几个GB/s。电子系统朝着多功能、高速度、智能化的趋势发展，如数字声广播(DAB)与音响系统、高清晰度电视(HDTV)、多媒体信息处理与传播、光通信电子系统等。它们对集成电路和专用集成电路(Application Specific IC，ASIC)的容量、速度、频带等都提出了更高的要求。这种高难度的集成电路要在短时间内正确设计成功，就必须将EDA技术提高到一个更高的水平，所以说，EDA代表了20世纪90年代电子电路设计的革命，其特点为全程自动化、工具集成化、操作智能化、执行并行化、成果规范化等。

1.2 CAD/EDA 软件工具

一般情况下，CAD/EDA软件工具主要由编辑器、仿真程序、检验和分析程序、优化和综合程序等集成。

1. 编辑器

编辑器可以算是CAD/EDA中最基本的工具，编辑器的输入方式可以是图形或文本的输入方式。文本输入方式可用来编辑系统级作规格声明的自然语言，或编辑从电路级到芯片级的硬件描述语言。如VHDL就是一种专用于电路级描述的硬件描述语言。图形输入方式则可用来编辑原理图、图元等。

2. 仿真程序

仿真程序可以是随机的或确定的。随机型仿真在系统级执行，如测试某个功能部件工作状态"忙"的时间占总时间的百分比。确定型仿真可以在硅片级以上的各级进行使用。

3. 检验和分析程序

检验(或称检查)和分析程序可用于各级。在版图级，设计规则检查程序用来保证设计的电路版图能可靠实现；在其他层级，用规则检查程序来检查是否违反了连接规则。时序分析程序用来查找逻辑电路或系统中的最长路径；各种分析程序都用来检查结构和语义上的错误。

4. 优化和综合程序

优化和综合程序将设计转化为另一种表现形式，转化后的形式被认为在某方面有所改进。例如，在门级可以使用最小化程序来产生简化的布尔表达式，在寄存器级则可用优化程序来决定控制序列和数据通路的最佳组合。在各个层次中，各种形式的综合程序将设计向着接近实现的低级层次的表现形式转化。

典型的 CAD/EDA 软件工具分类，如图 1.1 所示。

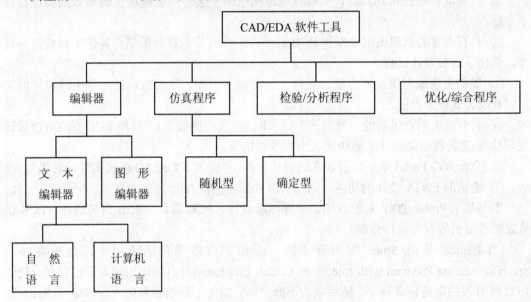

图 1.1 CAD/EDA 软件工具分类总览

1.3 常用 CAD/EDA 软件工具

常用的 CAD/EDA 软件工具有 Altium 公司的 Protel、Cadence 公司的各种软件包(包括 PSD、Allegro、Virtuoso)、Mentor Graphice 公司的 ModelSim、OrCAD 公司的 PSpice，Altera 公司的 MAX+Plus II、Quartus II 等。

本书涉及的工具为 Protel DXP(SP3)、PSpice 9.1、MAX+Plus II。

(1) Protel DXP 是 Altium 公司 2002 年推出的板级电路设计系统。它采用优化的设计浏览器 Design Explorer，通过把设计输入仿真、PCB 绘制编辑、拓扑自动布线、信号完整性分析和设计输出等技术的完美融合，为用户提供全面的设计解决方案，使用户可以轻松进入并完成各种复杂的电路板设计。

Protel 的发展情况如下：

① 1985 年 DOS 版 Protel。
② 1991 年 Protel for Widows。
③ 1998 年 Protel 98：第一个包含五个核心模块的 EDA 工具。
④ 1999 年 Protel 99：既有原理图的逻辑功能验证的混合信号仿真，又有 PCB 信号完

整性分析的板级仿真，构成从电路设计到真实板分析的完整体系。

⑤ 2000 年 Protel 99se：性能进一步提高，可以对设计过程有更大控制力。

⑥ 2002 年 Protel DXP：集成了更多工具，使用方便，功能强大。

Protel DXP 主要特点如下：

① 通过设计文档包的方式，将原理图编辑、电路仿真、PCB 设计及打印等功能有机地结合在一起，提供一个集成开发环境。

② 具有混合电路仿真功能，为设计原理图电路中某些功能模块正确与否的验证提供了方便。

③ 具有丰富的原理图组件库和 PCB 封装库，并且为设计新的器件提供了封装向导程序，简化了封装设计过程。

④ 提供层次原理图设计方法，支持"自上向下"的设计思想，使大型电路设计的工作组开发方式成为可能。

⑤ 具有强大的查错功能。原理图中的 ERC(电气规则检查)工具和 PCB 的 DRC(设计规则检查)工具能帮助设计者更快地查出和改正错误。

⑥ 全面兼容 Protel 系列以前版本的设计文件，并提供了 OrCAD 格式文件的转换功能。

⑦ 全新的 FPGA 设计的功能，这是以前的版本所没有的功能。

本书基于 Protel DXP 对原理图、原理图库设计、PCB 设计、PCB 封装设计、PCB 信号完整性分析等内容进行介绍。

(2) PSpice 是由 Spice 发展而来的，是用于微机系列的通用电路分析程序。Spice(Simulation Program with Integrated Circuit Emphasis)是由美国加州大学伯克利分校于 1972 年开发的电路仿真程序，随后版本不断更新，功能不断增强和完善。1988 年 Spice 被定为美国国家工业标准。目前微机上广泛使用的 PSpice，是由美国 MicroSim 公司开发并于 1984 年 1 月首次推出的。高版本的 PSpice 不仅可以分析模拟电路，还可以分析数字电路及数模混合电路。其模型库中的各类元器件、集成电路模型多达数千种并且精度很高。1998 年，著名的 EDA 商业软件开发商 OrCAD 公司与 MicroSim 公司合并，自此 MicroSim 公司的 PSpice 产品正式并入 OrCAD 公司的商业 EDA 系统中。不久之后，OrCAD 公司已正式推出了 OrCAD PSpice Release 系列软件，与传统的 Spice 软件相比，PSpice 在三大方面实现了重大变革。

① 在对模拟电路进行直流、交流和瞬态等基本电路特性分析的基础上，实现了蒙特卡罗分析、最坏情况分析以及优化设计等较为复杂的电路特性分析。

② 不但能够对模拟电路进行仿真，而且能够对数字电路、数/模混合电路进行仿真。

③ 集成度大大提高，电路图绘制完成后可直接进行电路仿真，并且可以随时分析观察仿真结果。

PSpice 软件的使用已经非常流行。在大学，它是工科类学生必须掌握的分析与设计电路工具；在公司，它是产品从设计、实验到定型过程中不可缺少的设计工具。

本书基于 PSpice 9.1 下的 PSpice A/D，利用 PSpice 仿真程序对电路进行仿真分析。

(3) MAX+PlusⅡ是 ALTERA 公司专为自己公司的 PLD 芯片开发设计的软件。该软件功能全面，使用方便，易懂易学，其前身是 ALTERA 公司在 1988 年推出的 A+Plus 软件，在 DOS 环境下运行；随着 Windows 的出现和升级，ALTERA 推出适合在 Windows 下运行的 MAX+Plus II 软件，由于其集成度在 A+Plus 系列软件中最高，可适用器件非常广，所以被广泛应用。本书基于 MAX+Plus II，利用硬件描述语言 VHDL 设计数字电路。

小　结

本章主要介绍电子线路 CAD 的概念及发展状况，CAD/EDA 软件工具的组成以及常用的 CAD/EDA 软件工具，并对本书涉及的 Protel DXP(SP3)、PSpice 9.1、MAX+Plus II 这三个软件工具的功能特点及它们在本书中的作用进行了说明。

习　题

1. 电子线路 CAD 是_____的简称。
2. EDA 是_____的简称，可以看成是电子线路 CAD 技术的_____。
3. 电子线路 CAD/EDA 软件工具一般包含四部分程序：_____、_____、_____、_____。
4. 判断下列说法是否正确，不正确的请改正。
(1) 电子线路 CAD 技术是以计算机硬件平台为基础的。　　　　　　（　）
(2) Protel DXP 不能兼容 Protel 99 所产生的文件。　　　　　　　　（　）
(3) PSpice 只针对模拟电路进行分析。　　　　　　　　　　　　　（　）
(4) MAX+Plus II 是主要针对 CPLD 设计的软件。　　　　　　　　　（　）
5. 电子线路 CAD 与 EDA 两者的关系是什么？
6. 列出与图 1.1 中 CAD/EDA 软件工具分类相匹配的特定工具。
7. "文本编辑器"编辑的自然语言与平时说话的自然语言是不是同一概念？

第 2 章

电路原理图设计

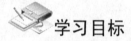 学习目标

- 掌握电路原理图的概念、设计流程和设计方法
- 熟悉 Protel DXP 的原理图编辑环境
- 掌握元器件的基本操作和绘图工具的使用
- 掌握电气规则检查的设置方法

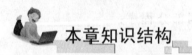 本章知识结构

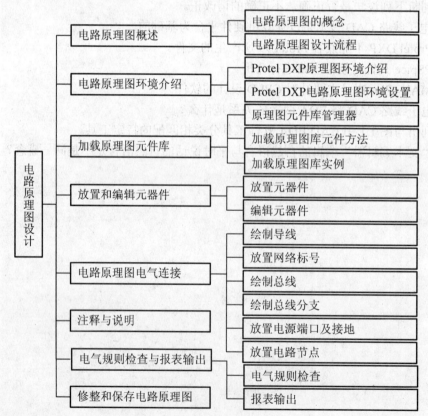

第 2 章 电路原理图设计

2.1 电路原理图概述

2.1.1 电路原理图的概念

电路原理图是将电子元器件电气图形符号，按照一定功能布局法则，用导线、网络标号等连接起来表示电路系统、分系统、装置、部件、设备等的基本组成部分和功能的一种图形化语言。其中，电气图形符号是指一套符合 GB/T 4728—2005～2008 标准的符号。

图 2.1 所示为一 A/D 转换电路的原理图，它由 11 个元件符号组成，包括 2 个电阻符号、2 个电容符号、1 个放大器符号、1 个接插件符号，图中使用了导线、接地符号、网络标号、电气接点，将各个元件连接在一起，形成了具有模数转换功能的电路。本章的目的是通过设计如图 2.1 所示的原理图，使读者学会设计电路原理图。

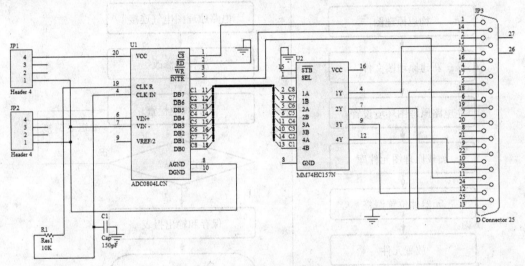

图 2.1 A/D 转换电路的原理图

 **特别提示**

如果对 A/D 转换电路工作原理不清楚，请参阅本篇最后的阅读材料。

2.1.2 电路原理图设计流程

图 2.2 所示为基于 Protel DXP 编辑环境下的原理图设计流程。下面对该流程的关键步骤进行简要说明。

(1) 构思原理图：在进入原理图的设计系统之前，首先应对需要设计的原理图进行详细的构思，知道所设计的项目需要由哪些电路和子电路构成，然后在 Protel DXP 原理图编辑器中画出电路图。

(2) 电路原理图环境设置：根据设计的需要，对 Protel DXP 中的原理图环境参数进行设置，包括确定设计图纸大小等。

(3) 放置元件：从装入的元件库中选定所需的各种元器件符号，将其逐一放置到已建立好的工作平面上，然后根据美观清晰的设计要求，调整元件位置，并对元件的序号、封装形式和显示状态等进行设置，以便为下一步的布线工作打好基础。

(4) 电路原理图电气连接：将放置好的元器件符号的各引脚用具有电气意义的导线、网络标号等连接起来，使各元件之间具有用户所设计的电气连接关系。

(5) 电气规则检查：原理图完成布线后，利用 Protel DXP 所提供的各种检验工具，根据设定规则对前面所绘制的原理图进行检查，并做进一步的调整和修改，以保证原理图正确无误。

(6) 保存和输出报表：Protel DXP 提供了利用报表工具生成报表的功能，同时也可以对设计好的原理图和各种报表进行存盘以及打印输出等工作。

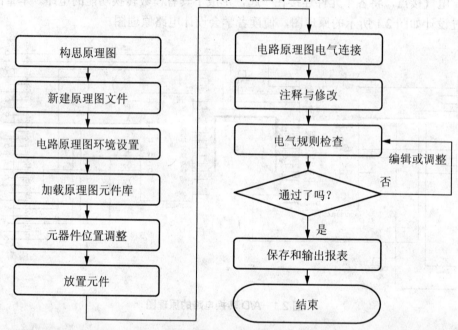

图 2.2 原理图设计流程

以下各节以电路原理图设计流程为向导，从"电路原理图环境设置"这个步骤开始，介绍怎样设计如图 2.1 所示的 A/D 转换电路原理图。

2.2 电路原理图编辑环境设置

2.2.1 Protel DXP 原理图环境介绍

执行菜单命令 File|New|Schematic，启动 Protel DXP 原理图编辑环境，此时新建一原理图文档，默认名称为"Sheet1.schdoc"。Protel DXP 原理图设计环境界面，如图 2.3 所示，主要包括如下部分。

第 2 章 电路原理图设计

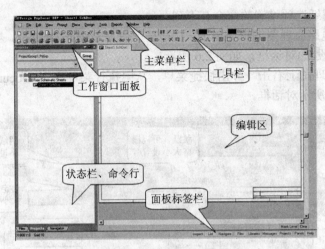

图 2.3 Protel DXP 原理图编辑环境主窗口

(1) 主菜单栏。图 2.4 所示为 Protel DXP 原理图编辑器的主菜单栏,主要完成对原理图的各种编辑操作。

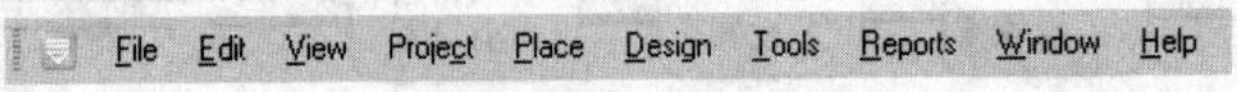

图 2.4 标准主菜单栏

(2) 工具栏。工具栏主要分为标准工具栏、项目管理工具栏、布线工具栏、绘图工具栏。工具栏所完成的功能与菜单栏相应的功能对应。

标准工具栏主要为设计者提供一些常用的命令,如"新建"命令、"保存"命令等,如图 2.5 所示。执行菜单命令 View|Toolsbars|Schematic Standard 可以打开或关闭标准工具栏。

图 2.5 标准工具栏

(3) 工作窗口面板。Protel DXP 大量使用工作窗口面板,可以通过工作窗口面板方便地实现打开文件、访问库文件、浏览各个设计文件和编辑对象等功能。

(4) 编辑区。在编辑区中进行原理图绘制。

(5) 状态栏、命令行。状态栏、命令行用于显示当前的工作状态和正在执行的命令。状态栏、命令行的打开与关闭可利用 View 菜单下 View|Status 选项和 View|Command Status 选项进行设置。

(6) 面板标签栏。单击标签,屏幕中会出现相应标签的工作窗口面板。如单击 Projects 面板标签,可启动如图 2.3 所示中的 Projects 工作窗口面板。

2.2.2 Protel DXP 电路原理图环境设置

绘制原理图前要进行原理图环境设置,主要包括图纸选项和文档选项的设置。图纸选项设置主要设置纸张大小、颜色和游标网格大小等;文档选项设置主要设置标题框、设计文件信息等。这里主要介绍原理图图纸选项设置。

执行原理图图纸选项设置的命令有下列两种。

(1) 在 SCH 电路原理图编辑环境下，执行菜单命令 Design|Options，将弹出 Document|Options(图纸属性设置)对话框，如图 2.6 所示。

(2) 在当前原理图上右击，弹出快捷菜单，从中执行菜单命令 Document Options，也可以弹出如图 2.6 所示对话框。

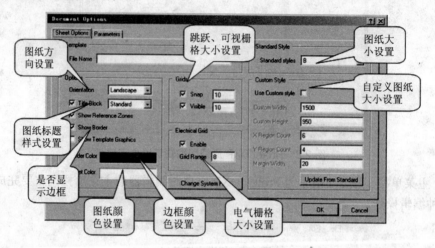

图 2.6 图纸设置对话框

下面对图纸设置对话框进行简要介绍。

(1) Sheet Options 选项卡，可以设置图纸的显示和边框属性，其中包括 Template、Options、Grids、Standard Styles、Custom Style 等区域。Options 区域主要设置图纸方向、标题样式、是否显示边框、边框颜色、图纸背景颜色等。Grids 和 Electrical Grid 区域主要设置跳跃栅格、可视栅格和电气栅格大小，单位为 mil(mil 为英制单位，1 000mil=25.4mm)。Standard Style、Custom Style 区域主要设置图纸大小。如果没有勾选 Custom Style 区域的 Use Custom Style 复选框，则相应的 Custom Width 等设置选项呈现灰色状态，不能进行设置。

A/D 转换电路由于本身元件不多，选择 A4 图纸已经足够，图纸方向采用横向，跳跃栅格大小为 1mil，可视栅格为 10mil，电气栅格为 2mil。Sheet Options 选项卡设置完成后如图 2.7 所示。

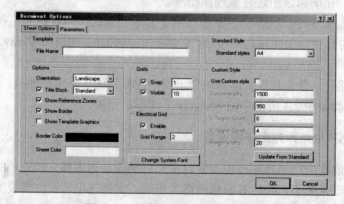

图 2.7 Sheet Options 选项卡设置

特别提示

① 纸张大小的设置应在绘图之前进行，绘图后不方便再修改图纸大小。
② 网格是 CAD 工具在绘图过程中经常要使用的概念，Protel DXP 绘图中涉及三种网格。
③ 跳跃网格(Snap Grids)指控制绘图过程中光标在 X 方向或者 Y 方向上有效移动的最小距离，系统默认为 10 个单位，对于比较精细的原理图绘制，需采用较小单位设置。
④ 可视网格(Visible Grids)指图纸上显示出来的网格，其作用是向绘图者标示相对或者绝对坐标位置。
⑤ 电气网格(Electrical Grids)指电气元件的电气捕获距离，当某个具有电气特性的接点在 X 方向或者 Y 方向的距离小于电气网格的设定值时，该元件的电气接点便会自动捕获到另一元件上。电气网格的数值设置应略小于跳跃网格的数值设置。

(2) Parameters 选项卡，可根据用户需要，设置图纸名称、设计日期、设计者姓名等内容，如图 2.8 所示。

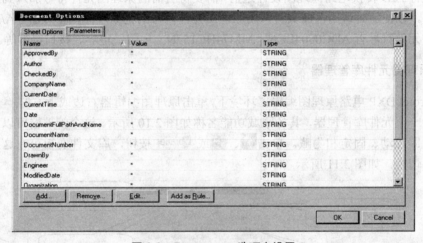

图 2.8　Parameters 选项卡设置

选中需要修改的一项，然后单击 Edit 按钮或双击选中项即可进行修改。以修改 DocumentName 为例，先选中 DocumentName 这一项，单击 Edit 按钮，将弹出 Parameter Properties 对话框，如图 2.9 所示，设置其中的参数，在 Value 处填入"A/D 转换电路"作为 DocumentName，再单击 OK 按钮确定。

特别提示

Protel DXP 文本框中不能直接填写中文，可在某个纯文本编辑器下编辑中文文字并复制，然后粘贴在 Protel DXP 文本框的相应处。

电子线路 CAD

图 2.9　Parameter Properties 对话框设置

2.3　加载原理图元件库

在进行 A/D 转换电路原理图设计之前,需要将所需的原理图元件符号加入到原理图库管理器中,以便随时调用,而负责调用原理图元件符号的是原理图库管理器。A/D 转换电路用到的元件符号有 ADC0804LCN、MM74HC157N、电阻、电容、接口符号等。

2.3.1　原理图元件库管理器

在 Protel DXP 电路原理图编辑器环境下,单击原理图编辑器右边或下方的 Libraries 按钮即可弹出一个元件库管理器,其各区域功能名称如图 2.10 所示。这个管理器可以有三种显示方式,即浮动、固定和隐藏。单击 、 或 Libraries 按钮,库文件面板可在这三种显示方式之间切换,如图 2.11 所示。

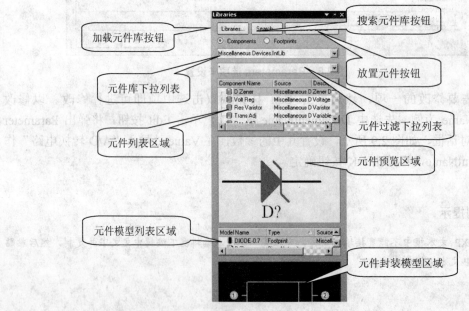

图 2.10　元件库管理器

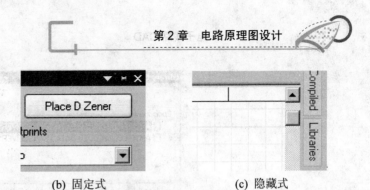

(a) 浮动式　　　　　　(b) 固定式　　　　　　(c) 隐藏式

图 2.11　三种显示方式

2.3.2 加载原理图元件库方法

设计原理图之前必须将原理图所需元件所在的元件库加载到系统中。所有的元件都位于元件库中，Protel DXP 提供了许多元件库来装载这些元件。元件库目录在默认安装目录下的 LIBRARY 目录里。这些元件库可能是原理图库文件(*.Schlib)或者集成库文件(*.Intlib)。原理图元件库一般通过以下三种途径获取。

1. 利用以前 Protel 版本的资源库

利用以前设计者已经开发好的库文件，可以作为资源导入到 Protel DXP 中，比如 Protel 99 系列版本中的 DDB 文件，DDB 文件是 Protel 99 的数据库文件，存放在 Protel 99 的安装目录下。将 DDB 文件导入到 Protel DXP 的方法如下。

(1) 执行命令 File|Open，或者单击工具栏上的 按钮，弹出打开项目文件对话框，找到将要导入的 DDB 文件，单击"打开"按钮，弹出如图 2.12 所示对话框，对话框提示"是否确认导出 DDB 数据库中的文件并导入 Protel DXP 形成项目文件"。

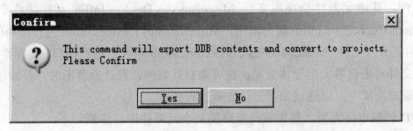

图 2.12　Protel DXP 中导入 DDB 文件对话框

(2) 单击 Yes 按钮确认，Protel DXP 的 Projects 面板中罗列了 DDB 数据库文件中包含的*.Lib 文件。选中其中一个*.Lib 文件，再单击 Library Editor 按钮，出现如图 2.13 所示的 Library Editor 面板。

在 Library Editor 工作面板的第一个列表框中罗列了包含于 DDB 文件中的原理图元件符，第二个框是元件符的别名，第三个框是所需元件符的引脚(旧称管脚)信息，第四栏是其 PCB 封装信息。

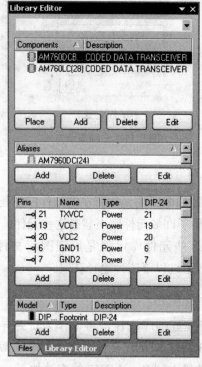

图 2.13 Library Editor 面板

2. 获取外部库资源或者第三方库资源

Protel DXP 在其安装目录 Library 下保存了一些常用的元件库，以及各个公司提供的元件库文件，其中元器件杂项库文件 Miscellaneous Devlces.Inflib 和接插件杂项库文件 Miscellaneous Connectors.Intlib 最为常用，Miscellaneous Devices.Intlib 包含常用的晶体管、开关、电阻等分立元件，Miscellaneous Connectors.Intlib 包含常用的接口、支座等接口元件。其他的库文件可来自各大半导体公司，也可来自互联网，设计原理图时，若知道所需的元件在哪个原理图库中，可通过如下方法加载原理图库。

以 A/D 转换电路为例，想加载此电路的某个元器件库，步骤如下。

(1) 打开库文件面板。在工作区右侧单击 Libraries 标签。系统已经默认装入了两个库，一个是电气常用元器件杂项库 Miscellaneous Devlces.Inflib；另一个是常用接插件杂项库 Miscllaneous Connectors.Intlib。

(2) 载入原理图所需的元件库。单击库文件面板中的 Libraries 按钮，弹出如图 2.14 所示的添加或移除元器件对话框。该对话框中 Add Library... 按钮和 Remove 按钮主要作用是用来装入所需的元件库或移出不需要的元件库。

(3) 在图 2.14 所示的窗口中单击 Add Library... 按钮，弹出选择要加载的库文件对话框，如图 2.15 所示。

第 2 章 电路原理图设计

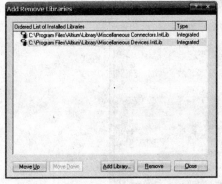

图 2.14 添加或移除元器件对话框

图 2.15 选择库文件对话框

双击所需器件的厂商的一级元器件库文件夹。本电路芯片为 National Semiconductor 公司生产，故而先打开"National Semiconductor"文件夹。选中所需种类的二级库，这里需要的是 National Semiconductor 公司的"NSC Converter Analog to Digital.Intlib"和"NSC Logic Multiplexer.Intlib"，再单击 打开(O) 按钮，如图 2.16 所示。所选中的库文件即出现在添加或移除元器件对话框中的 Ordered List of Installed Libraries 列表框中，成为当前活动的库文件。然后单击 Close 按钮关闭添加或移除元器件对话框。此时，所装入的元件库以及该元件库包含的所有元器件，就会出现在库文件面板中，如图 2.17 所示。

图 2.16 打开子元件库

图 2.17 新添加的元件库

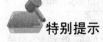

特别提示

Protel DXP 自带的库文件与以往版本 Protel 的库文件有所不同，是全新的集成库文件，它的扩展名不再是.Lib 或者.ddb，而是.Intlib（integrated libraries）。所谓集成就是同一个库文件中，可以同时包含元器件的原理图符号、PCB 封装、SPIC 仿真模型和信号完整性分析模型的相关信息，所包含信息在库文件面板中都会有所显示。

以上是知道所需元件在某一具体原理图库里添加原理图库文件的方法，但很多时候设计者并不知道元件具体在哪个图库文件里，此时需要用到 Protel DXP 提供的元件搜索功能。单击 Library 工作面板中的 Search 按钮，弹出如图 2.18 所示的对话框。

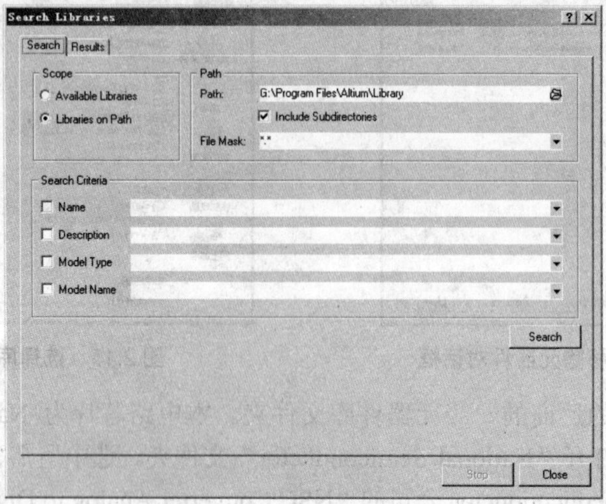

图 2.18 搜索元件对话框

根据要搜索的元件的关键字类型，勾选 Search Criteria 区域的其中一项。Protel DXP 提供了四种搜索条件(即 Name：元件名；Description：元件描述；Model Type：模型类型；Model Name：模型名字)，选择某一种搜索条件后，填入关键字，单击 Search 按钮即可进行搜索。

3. 自己设计原理图元件库

有关如何设计自定义原理图元件库，在第 3 章有详细介绍。

2.4 放置和编辑元器件

2.4.1 放置元器件

加载好所需原理图元件库以后，就可以在原理图上的工作区放置元件。放置元件有两种方法，一是使用 Library 库文件面板进行操作，二是利用命令项进行操作。以放置 A/D 转换电路中的一普通电阻为例。

方法一：使用 Library 库文件面板放置元器件。启动 Library Libraries 面板，如图 2.19 所示，选中元件列表框里的电阻元件，然后单击库文件面板右上角的 Place Res2 按钮，此时在原理图编辑工作区上浮动着电阻元件，随着鼠标的移动而移动，选定好元件位置，单击即可放置好元件。

在未按下【Esc】键或未右击情况下，放置 Res2 的命令仍然有效，可连续放置多个 Res2 元件。

方法二：通过命令项放置元器件。在原理图编辑环境下，执行菜单命令 Place|part 或单击 Wiring 工具栏上的 按钮，或连续按【P】键两次，出现如图 2.20 所示的放置元件对话框。

第 2 章 电路原理图设计

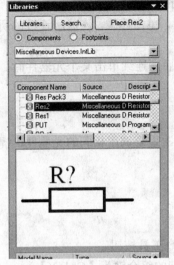

图 2.19 利用 Libraries 面板放置电阻元件

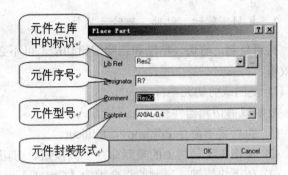

图 2.20 放置元件对话框

图 2.20 所示中所有标注项都可作为放置某元件的条件，在相应的栏中输入关键字后，单击 OK 按钮即可。类似使用库文件面板放置元器件的操作，用鼠标拖动元件，在原理图编辑区中选定元件位置，单击即可完成放置元器件工作，右击则可以回到 Place Part 对话框。

 特别提示

在放置元器件时，当元器件处于浮动状态时，连续按【Space】键，可逆时针旋转元器件。每按一次【Space】键，元件旋转 90°。

2.4.2 编辑元器件

放置好元件后，即可对元件进行编辑操作，包括选择或取消选择元器件，复制、剪切、粘贴、删除元器件，元器件属性编辑。

1. 选择或取消选择元器件

在原理图的绘制中，对元器件的一切编辑操作都应以选择操作为基础，下面介绍使用不同方法进行选择操作。使用主菜单命令，在菜单 Edit 的 Select 和 Deselect 两个子菜单下包含了各种选择、取消操作，Select 子菜单包括 Inside Area、Outside Area、Connection 和 Toggle Selection 等命令选项。

(1) Inside Area：区域内选取命令，执行此命令后，鼠标指针变成浮动十字状，在原理图环境下拖动鼠标形式虚框，虚框中的元件即被选中。

(2) Outside Area：区域外选取命令，作用与 Inside Area 相反，即虚框框住部分以外的元件被选中。

(3) ALL：全部选取命令，用于选中原理图中所有的元器件。

(4) Connection：网络连接选取命令，执行该命令后，单击连线，连线所连接的所有元件都被选中。

(5) Toggle Selection：切换选取命令，执行该命令后，连续单击某个元器件时，可在选取和撤选之间来回切换。

2. 复制、剪切、粘贴、删除元器件

利用复制、剪切、粘贴和删除编辑功能，可不必每次重复调用相同的元器件，提高绘图效率。

1) 复制或剪切元器件

复制或剪切元器件有以下三种方式。

(1) 执行菜单命令 Edit|copy，Edit|cut。

(2) 单击主工具栏上的复制命令工具按钮、剪切命令工具按钮。

(3) 按下快捷键，复制的组合键为【Ctrl+C】，剪切的组合键为【Ctrl+X】。

2) 粘贴元器件

粘贴元器件有以下三种方式。

(1) 执行菜单命令 Edit|Paste。

(2) 单击主工具栏的 Paste 工具按钮。

(3) 按组合键【Ctl+V】或者【E+P】。

3) 删除元器件

删除元器件的操作比较简单，如要删除单个元器件，操作方法如下。

(1) 选中需要删除的元器件，按【Delete】键或执行菜单命令 Edit|Delete，鼠标指针变为十字状，在需要删除的元器件上单击即可。

(2) 选中需要删除的元器件，执行菜单命令 Edit|Clear。

3. 元器件属性编辑

放置好元件后需要对元件属性进行设置，这里以 A/D 转换电路中的电阻为例介绍编辑元件属性的几种方法。

方法一：在原理图编辑环境下，执行菜单命令 Edit|Change 后，鼠标指针成为浮动的十字状，将光标移动到需要进行编辑的元器件上单击，打开元件属性编辑对话框，右击则取消编辑状态。

方法二：将鼠标指针停留在元件上，双击元件。

方法三：在放置过程中即浮动状态下，按【Tab】键。

以上三种方法，都可以编辑元件的属性，弹出如图 2.21 所示的对话框。该元件属性对话框分为四部分，下面说明各部分的含义。

(1) Properties 区域部分：包括 Designator(元器件序号)、Comment(元器件注解)、Library Ref(元器件名称)、Library(元器件所在库的名称)、Description(对元器件的声明描述)、Unique Id(元器件编号)、Sub-Design(子设计文件)等选项。

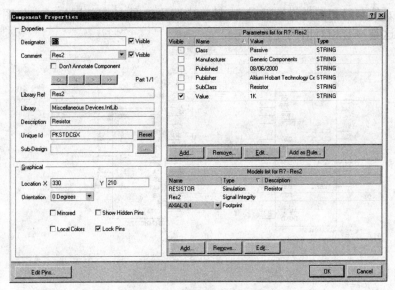

图 2.21 元件属性对话框

(2) Graphical 区域部分：包括 Location X(设置元器件在原理图上 X 方向的坐标)、Location Y(设置元器件在原理图上 Y 方向的坐标)、Orientation(设置元器件在原理图上的方向，只可设置四个直角方向)、Show Hidden Pins(选择该复选框，可显示元器件所有隐藏引脚)、Local Colors(选择该复选框，元件边框、引脚颜色改变)、Lock Pins(选择该复选框，使得元器件的各引脚不能脱离元器件，即锁定引脚)等选项。

(3) Parameters list for 区域：包括 Class(元器件的归类信息)、Manufacturer(元器件生产厂商)、Published(元器件的发行日期)、Publisher(元器件的发行者)、SubClass(元器件子类)等选项。

(4) Models list for 区域：包括元器件的仿真模型、信号完整分析模型 PCB 封装形式，一般采用 Protel DXP 默认形式。当然对元器件模型也可以进行增加、编辑和移除，分别单击 Add 按钮、Edit 按钮和 Remove 按钮即可。

特别提示

准确而又恰当地编辑元器件的属性，为绘制原理图以及高效率完成后续工作提供了保证。Protel DXP 中并不是所有的元件都有现成的仿真模型、信号完整分析模型，PCB 封装被置在集成库中，需要设计者自行指定。

2.5 电路原理图电气连接

在原理图编辑环境下放置好元件后，此时应将各个独立的元件连接以形成电气网络。形成电气网络包括导线布置、放置网络标号、放置总线、放置电源端口/接地符号、放置节点等。这里还是以 A/D 转换电路为例来介绍如何建立各元件之间的电气连接。图 2.22 所示为已完成元件布局和属性设置的 A/D 转换电路原理图(注意新国标的电气图形符号与之有所不同,这是一套相对旧的元件符号)。

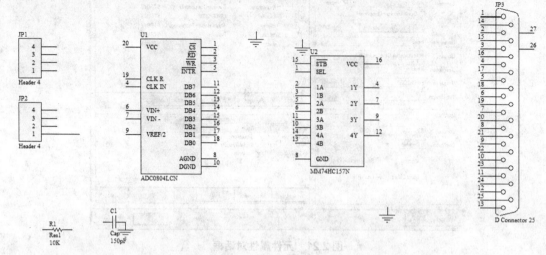

图 2.22　已完成元件布局和属性设置的原理图

2.5.1　绘制导线

绘制导线的步骤如下。

(1) 绘制导线的方法有以下三种。

① 单击工具栏中的 按钮。

② 执行菜单命令 Place|Wire。

③ 按组合键【P+L】。

其中执行 Place|Wire 命令,如图 2.23 所示。

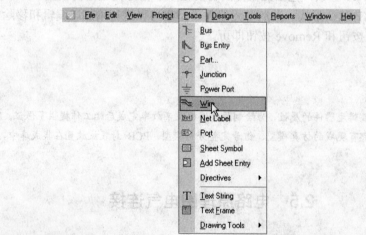

图 2.23　执行菜单命令 Place|Wire

(2) 执行绘制导线的命令后,鼠标指针出现十字光标。将光标移到电容 C1 右边的引脚上单击，确定导线的起始点，如图 2.24 所示。注意，导线的起始点一定要设置在元件的引脚上，否则导线与元件并没有电气连接，因此，在绘制图的时候，一定注意要设置系统自动寻找电气节点，在图 2.24 中光标处出现米字形标志(即当前系统捕获的电气节点)，此时开始画的导线将以此为起始点。

(3) 确定导线的起始点后，拖动鼠标开始绘制导线。将线头随光标拖动到 JP1 的引脚 4 上，单击确定该段导线的终点，如图 2.25 所示，导线的终点也一定要设置在元件的引脚上。当用户需要在导线拐弯处绘制倾斜 45°的斜线时，可以在绘制导线的命令状态下按【Shift+Space】键，系统将自动随用户的鼠标移动在导线折弯处绘制出相应的倾斜 45°线，每按一次就切换到一种斜线状态，共有三种状态。

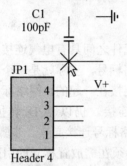

图 2.24　确定导线起始点

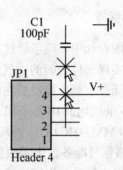

图 2.25　确定导线终点

(4) 右击取消绘制导线状态，也可按【Esc】键完成取消。

(5) 完成一条导线的绘制工作后，程序仍处于画导线的命令状态。重复上述的步骤，即可继续绘制其他导线。

(6) 导线绘制完毕后，右击或按【Esc】键，即可退出画导线的命令状态，这时十字光标消失。

(7) 若对绘制的某段导线不满意，可以双击该段导线，或者在绘制导线状态下按【Tab】键，即可在所弹出的如图 2.26 所示的导线属性设置对话框中设置该段导线的有关参数，如线宽、颜色等。

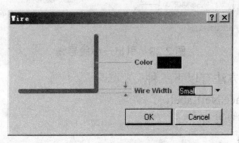

图 2.26　导线属性设置对话框

(8) 如果用户想要将某段导线延长，只需选中该段导线，该段导线的各个转折处就出现绿色小方块，如图 2.27 所示。将鼠标指针接近某一小方块后，鼠标指针变成双箭头，按住鼠标左键拖动到合适的地方，松开左键即可。导线延长后的效果，如图 2.28 所示。

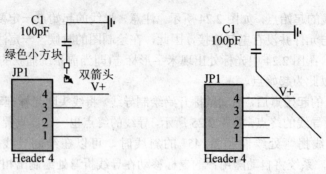

图 2.27 选中导线　　　　图 2.28 导线延长后的效果

2.5.2 放置网络标号

在电路原理图设计中，除了通过用导线来表示元件之间具有电气连接外，还可以通过设置网络标号来实现元件之间的电气连接。所谓网络标号，实际就是一个电气节点，具有同一网络标号的元件引脚、导线等在电气关系上是连接在一起的。网络标号主要用于复杂层次式电路或多重式电路中各个模块电路之间的连接。仍以 A/D 转换电路为例，将 ADC0804LCN 和 MM74HC157N 的八个引脚通过网络标号连接起来。步骤如下：

（1）放置网络标号准备。为了放置网络标号，必须在需放置标号的引脚处绘制一小段导线，目的是使网络标号与引脚连接起来，同时可以留出空间放置网络标号，图 2.29 所示为引出一小段导线的情况。

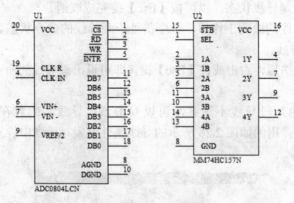

图 2.29 引出一小段导线

（2）网络标号放置的方法有以下三种。

① 执行菜单命令 Place|NetLabel。

② 单击布线工具栏 Netl 按钮。

③ 按组合键【P+N】。

（3）执行放置网络标号命令后，鼠标指针变为十字形状，并出现一个随光标而移动的带虚线方框的网络标号 NetLabel1。没有出现红色的交叉符号时，表明此时网络标号尚未与需要设置的节点建立关联。将光标移动到 ADC0804LCWM 的引脚 1 上方合适的位置，当红色米字形电气捕获标志出现时，单击确认，即可将网络标号放置上去。如果不继续放置网络标号，则右击或按【Esc】键退出放置命令状态。放置好的网络标号如图 2.30 所示，默认名称为 NetLabel1。

若设置网络标号属性，则可双击图 2.30 中的网络标号或在放置状态下按【Tab】键，弹出如图 2.31 所示的设置网络标号属性对话框，可修改包括颜色(Color)、位置(Location)、方向(Orientation)、网络标号名称(Net)、字体大小颜色等属性。

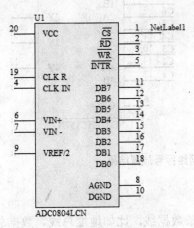

图 2.30 放置好的网络标号

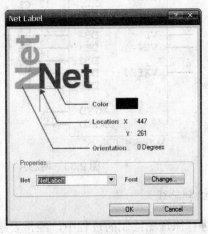

图 2.31 设置网络标号属性对话框

设置好网络标号属性后，单击 OK 按钮，即可完成网络标号的设置工作，效果如图 2.32 所示。

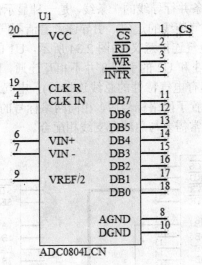

图 2.32 设置完成的网络标号

(4) 用同样的方法放置其他网络标号，完成各个网络标号放置操作后的结果如图 2.33 所示。此时具有相同网络标号的引脚具有电气连接关系，如 ADC0804LCN 的第 11 号引脚与 MM74HC157N 的 13 号引脚。

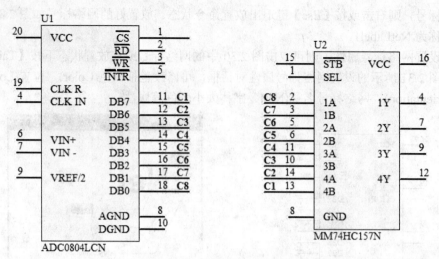

图 2.33　两芯片八个引脚网络标号放置结果

2.5.3　绘制总线

在进行原理图绘制的过程中，经常要绘制多条数据线，比如地址总线、数据总线等。这些总线都是由许多线并列构成的，如果我们分别绘制那些导线，将非常烦琐，前面已学过网络标号的绘制，若在此基础上设立总线连接方式，将大大简化原理图的绘制工作，而且使图样简洁明了。

所谓总线，就是代表数条并行导线的一条线，是一种显示性质的连线，外观比导线粗，用于强调一组功能类似的电气连线的走向，引导读者看清不同元器件间的电气连接关系。

总线本身并没有任何电气连接意义(如图 2.34 所示，U1 的引脚 11 与 U2 的引脚 4 是相互连通的，而 U1 的引脚 3 和 U2 的引脚 8 并不相互连通，因为前者是通过电气导线连接的，后者之间是通过不具有电气特性的总线连接的)，电气连接关系是靠网络标号来实现的，当为数条并行导线设置了网络标号后，相同网络标号的导线之间已经具备了实际的电气连接关系，绘制总线通常需要与总线分支线相配合。

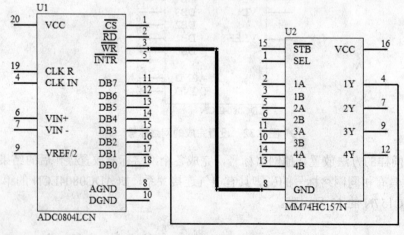

图 2.34　总线没有电气连接特性

下面采用绘制总线的方法将如图 2.33 所示的 ADC0804LCN 和 MM74HC157N 芯片的八位端口连接起来。

绘制总线步骤如下。

(1) 执行绘制总线命令，方法有以下三种。

① 执行菜单命令 Place|bus。

② 单击工具中的按钮 。

③ 按组合键【P+B】。

(2) 绘制总线。执行绘制总线的命令后，出现十字光标，移动鼠标指针到合适位置上，单击确定总线起始点，如图 2.35 所示，然后拖动光标开始绘制总线。在拖动过程中，按【Shift+Space】键，就可以在直角、45°折线以及一般斜线三种形式之间切换，如图 2.36 所示。在末尾处单击确认总线的终点。最后右击即可结束总线的绘制工作。

(3) 绘制完这条总线后，程序仍处于绘制总线的命令状态。可以按照上述方法继续绘制其他总线，也可右击或按【Esc】键退出绘制总线的命令状态。绘制好的总线如图 2.37 所示。

(4) 对于需要修改的总线，将鼠标指针停留在其上方双击，在弹出的总线属性对话框中对总线的宽度、颜色进行设置即可，其设置方法与对导线属性设置一样，如图 2.38 所示。

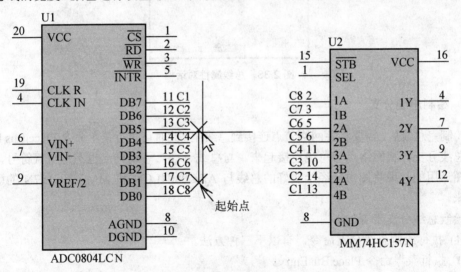

图 2.35　确定总线起始点

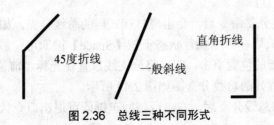

图 2.36　总线三种不同形式

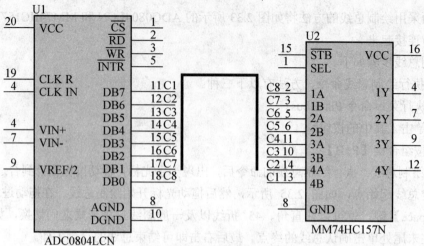

图 2.37　绘制好的总线

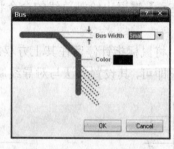

图 2.38　总线属性对话框

2.5.4　绘制总线分支

绘制完总线后，需要将各网络节点连接到总线上，此时可执行菜单命令 Place|Bus Entry，放置总线分支，将网络点与总线连接起来。与总线一样，总线分支也不是电气符号，只是美化图形用的。现将图中已经绘制好的总线与 ADC0804LCN 和 MM74HC157N 的引脚连接起来。

绘制总线分支步骤如下。

(1) 执行绘制总线分支命令，有以下三种方法。

① 执行菜单命令 Place|BusEntry。

② 单击绘图工具栏(Wiring)中的 按钮。

③ 按组合键【P+U】。

(2) 执行绘制总线分支命令后，会出现斜杠式样的总线分支，如图 2.39 所示。要改变总线分支线的方向，只要在命令执行状态下按【Space】键即可；放置总线分支时，只要将十字光标移动到所要的位置单击，即可将分支线放置在光标当前位置。然后就可以继续放置其他分支线。放置好的总线分支图如图 2.40 所示。

(3) 放置完所有的总线分支后，右击或按回车键即可退出命令状态，回到空闲状态。

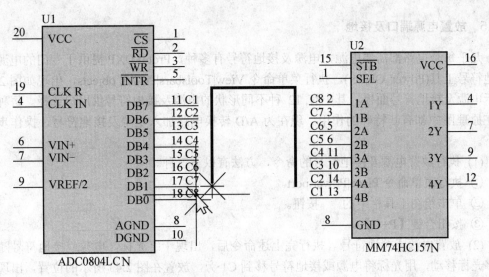

图 2.39 放置总线分支

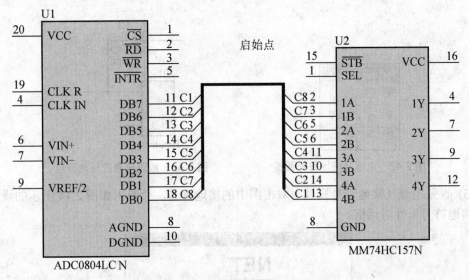

图 2.40 放置好的总线分支图

(4) 如果总线分支需要修改，将鼠标指针停留在分支线上双击，在弹出的总线分支线属性对话框中对总线分支线的位置坐标、宽度和颜色等进行设置即可，如图 2.41 所示。

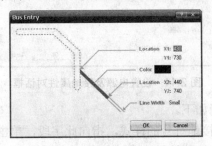

图 2.41 总线分支线属性对话框

2.5.5 放置电源端口及接地

几乎每个电路都需要电源，电源及接地符号有多种，Protel DXP 提供了专门的电源及接地符号工具(Power Object)，执行菜单命令 View|Toolsbars|Power objects，出现如图 2.42 所示电源及接地符号面板。其中有 12 种不同形状的电源及接地符号供用户选择。每种符号在原理图中都有其特殊的作用。现在为 A/D 转换电路加入电源及接地符号，操作步骤如下。

(1) 执行放置电源及接地符号的命令，方法有以下三种。

① 执行菜单命令 Place|Power port。

② 单击绘图工具栏中的 ⊥ 按钮。

③ 按组合键【P+O】。

(2) 放置电源或接地符号。执行完上述命令后，出现十字光标，电源或接地符号随着十字光标移动，用光标将电源或接地符号移到 C1 旁，放置在图 2.43 所示的位置，出现红色米字形时单击确认。

图 2.42 电源及接地符号面板

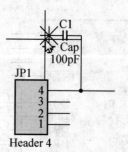

图 2.43 放置电源或接地符号

(3) 设置电源及接地符号属性。双击图中的接地符号，会弹出如图 2.44 所示的设置电源及接地符号属性对话框。

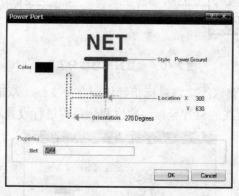

图 2.44 设置电源及接地属性对话框

这里对每部分设置说明如下。

① Style：设定电源及接地符号的样式，指向此字段，单击即可拉出菜单，如图 2.45 所示，其中包括七种电源及接地符号选项，如图 2.46 所示。

第 2 章 电路原理图设计

图 2.45 电源及接地符号样式菜单

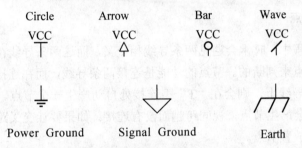

图 2.46 电源及接地符号选项

② Color：设定该电源及接地符号的颜色，若要改变其颜色，可双击 Color 右边的色块，即可打开如图 2.47 所示的颜色设置对话框，可在其中选择所要采用的颜色。

③ Location：可分为 X 与 Y 两个字段，其中所显示的分别为该电源及接地符号的 X 轴与 Y 轴坐标。可直接在其中的蓝色数字部分修改指定新的坐标值，不过通常采用系统默认的设定。

④ Orientation：设定该电源及接地符号的方向，其中包括 0 Degrees、90 Degrees、180 Degrees、270 Degrees 等四个选项，可以选择其不同的方向。

⑤ Net：设定该电源及接地符号所连接的网络。

(4) 设置完电源及接地符号属性后，单击 OK 按钮即可完成放置电源端口及接地符号的工作。若要删除某电源或接地符号，可指向该符号用鼠标选取，按【Delete】键即可删除。

(5) 采用相同方法，可完成如图 2.48 所示电源符号 VCC 的放置。

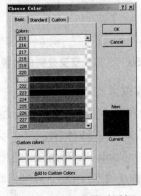

图 2.47 颜色设置对话框

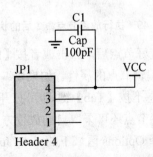

图 2.48 放置好的电源端口及接地符号

 **特别提示**

① 放置电源及接地符号就相当于在热点处放置了一个网络标号,这个网络标号就是电源端口属性中的 Net 属性,而电源及接地符号的风格对电气连接是没有影响的。

② 绘制完电源及接地符号后,注意要检查 Net 属性值是否出现错误,避免电源端口连接到其他网络上。

2.5.6 放置电路节点

设计原理图过程中,时常会遇见两条导线相交叉,而这两条导线在电气上是否相连是依据交叉处有无节点来判断的。节点的功能是连接两条导线,而在连接线路时,如果导线的端点是在另一条导线上,则会在"T"型连接处自动产生一个节点。如果两条导线交叉但没有停留,则不会产生节点,视同跨越而没有连接;如果要让交叉跨越的两条导线相连接,可在其交叉处放置节点。

放置节点步骤如下。

(1) 执行放置电路节点的命令,方法有以下三种。

① 执行菜单命令 Place|Junction。

② 单击布线工具栏的 按钮。

③ 按组合键【P+J】。

(2) 执行完上述命令后,会在工作区出现带着电路节点的十字光标,如图 2.49 所示。光标上带一个浮动的节点,用鼠标将节点移动到两条导线的交叉点处单击,即可将节点放置在交叉点处,放置该节点后,系统仍处于放置节点命令状态,可以继续放置节点,或右击结束放置节点状态。放置线路节点后的效果如图 2.50 所示,此时两条导线真正具有了连通关系。

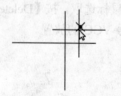 

图 2.49 执行放置节点命令后的状态　　图 2.50 在导线交叉处完成放置电气节点

(3) 放置好节点后,右击或者按【Esc】键,结束放置节点状态。节点是一种单纯的元件,通常不编辑节点的属性。如果要编辑节点的属性,可指向已固定的节点上,双击(或在放置节点状态下按【Tab】键)即可打开其属性对话框,如图 2.51 所示。

(4) 放置节点还可采取自动放置方式。执行菜单命令 Tools|Preferences,弹出 preferences 对话框,选择 Options 区域下的 Auto Junction 复选框,如图 2.52 所示,即可自动放置节点。

第 2 章 电路原理图设计

图 2.51 节点属性设置对话框

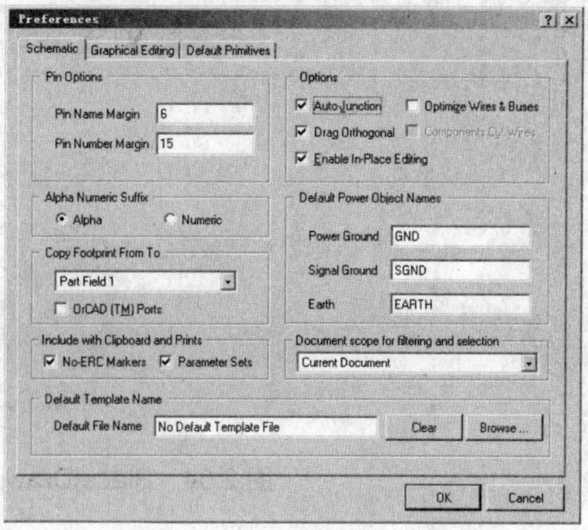

图 2.52 自动放置节点设置

2.6 注释与说明

原理图设计中，有时要对原理图进行进一步的修饰、说明，以完善原理图设计。Protel DXP 提供了功能强大的图形工具(Drawing)，使用该图形工具可方便地在原理图上绘制直线、曲线、圆弧和矩形等图形，以便说明和注释。Protel DXP 中的图形工具栏如图 2.53 所示。其图形工具的功能见表 2-1。

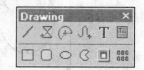

图 2.53 Drawing 工具栏

表 2-1 图形工具栏中的图形工具的功能

图 标	功 能	图 标	功 能
/	绘制直线	⚡	绘制多边形
⌒	绘制椭圆弧	∿	绘制贝塞尔曲线
T	添加文字标注	▦	添加文本框
□	绘制矩形	▢	绘制圆角矩形
○	绘制椭圆	◔	绘制饼图
▣	粘贴图片	▦	阵列粘贴图片

特别提示

用图形工具(Drawing)绘制的图形主要起标注的作用，并没有任何电气含义，这是图形工具(Drawing)和布线工具(Wiring)的关键区别。

在原理图中放置这些图形，可以单击 Drawing 工具栏上的各个按钮，也可以执行菜单命令 Place|Drawing Tools 中的相应子命令，如图 2.54 所示。

电子线路 CAD

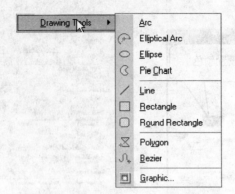

图 2.54 Place|Drawing Tools 菜单子命令

将各个图形放置在原理图上，如图 2.55 所示。

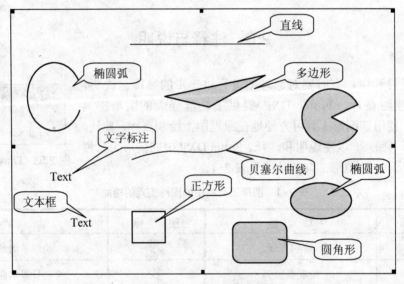

图 2.55 放置的各种图形

特别提示

图 2.55 中的文字标注与文本框都是进行文字注释说明的，区别在于文字标注一般用于简短的说明，而内容较多的说明则采用添加文本框的方式。

2.7 电气规则检查与报表输出

2.7.1 电气规则检查

要使最终设计的电路原理图正确无误，必须进行电气规则检查(Electrical Rules Check)。Protel DXP 提供了多种多样的电气规则检查项目，几乎覆盖了在电路设计过程中所有可能出现的错误。

进行电气规则检查需要应用 Protel DXP 的工程编译功能,但编译工程之前,需要对编译项目选项进行设置。

1. 项目属性错误报告选项设置

执行菜单命令 Project|Project Options,弹出如图 2.56 所示的项目属性错误报告设置对话框,这里介绍其主要选项卡。

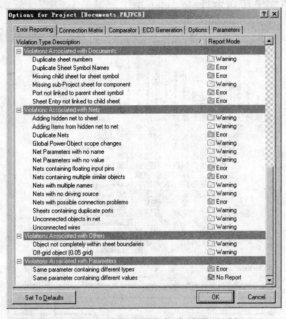

图 2.56 项目属性错误报告设置对话框

1) Error Reporting 选项卡

Error Reporting 选项卡用于报告原理图设计的错误。主要有如下几个方面的报告。

(1) Violations Associated with Buses(总线错误检查报告);

(2) Violations Associated with Components(组件错误检查报告);

(3) Violations Associated with Documents(文档错误检查报告);

(4) Violations Associated with Nets(网络错误检查报告);

(5) Violations Associated with Others (其他错误检查报告);

(6) Violations Associated with Parameters(参数错误检查报告)。

对每一种类型错误都设置相应的报告类型,单击其后的 Report Mode 项,会弹出错误报告类型的下拉列表,电气规则错误报告的级别包括 No Report(不报告)、Warning(警告)、Error(错误)和 Fatal Error(致命错误)。

用户在进行电路电气检查时,一般不用修改这些默认的错误报告类型,除非遇到特殊情况。若要恢复 Protel DXP 的默认设置,可单击该对话框左下角的 Set To Defaults 按钮。

2) Connection Matrix 选项卡

该选项卡可以设置引脚连接的错误报告,如图 2.57 所示,该设置采用一个交叉矩阵表示,将鼠标移动到方块上单击,即可在不同的颜色间来回切换,颜色就会按绿-黄-橙-红-绿循环变化。单击 Set To Defaults 按钮,可以恢复到系统默认设置。横坐标和纵坐标交叉点为红色、橙色、黄色和绿色,分别表示当横坐标代表的引脚和纵坐标代表的引脚相连接时,将出现 Fatal Error 信息、Error 信息、Warning 信息和 No Report 信息。

例如,在矩阵图的横向找到 Output Pin,纵向找到 Open Collector Pin,在相交处是橙色的方块。当项目被编译时,这个橙色方块表示在原理图中从一个 Output Pin 连接到 Open Collector Pin 时将激活一个错误条件。

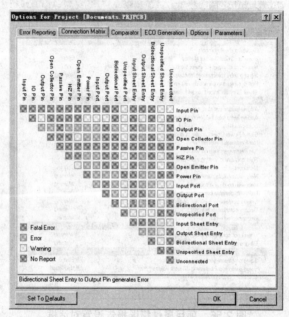

图 2.57 电气连接矩阵设置对话框

3) Comparator 选项卡

该选项卡用于设置当一个项目被编译时,是显示各文档之间的不同还是忽略彼此的不同,如图 2.58 所示。在一般电路设计中不需要将一些表示原理图设计等级的特性之间的不同显示出来,所以在 Differences Associated with Components 单元找到 Changed Room Definitions、Extra Room Definitions 和 Extra Component Classes,在这些选项右边的 Mode 下拉列表中选择 Ignore Differences,这样原理图设计等级特性之间的不同就被忽略。对不同的项目可能设置会有所不同,但是一般采用默认设置。单击 Set To Defaults 按钮,可以恢复到系统默认设置。

4) ECO Generation 选项卡

ECO(Engineering Change Order)Generation 选项卡主要设置与组件、网络和参数相关的变换,如图 2.59 所示。对于每种变换都可以在 Mode 列表框的下拉列表中选择 Generate Change Orders(检查电气更改命令)或 Ignore Differences(忽略不同)。单击 Set To Defaults 按钮,可以恢复到系统默认设置。

第 2 章　电路原理图设计

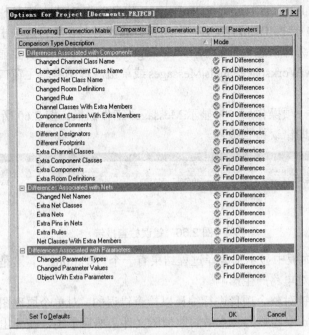

图 2.58　工程选项设置对话框

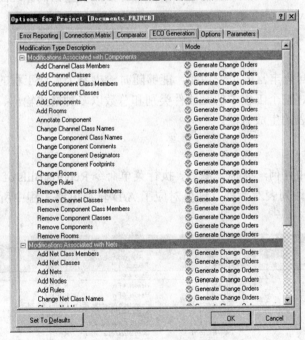

图 2.59　电气更改命令设置对话框

2. 项目编译

项目编译就是在设计文件中检查原理图的电气规则错误。这里仍然以 A/D 转换电路为例进行项目编译。

执行菜单命令 Project|Compile PCB Project 或者单击 Project 工具栏上的编译类按钮，系统开始编译 A/D 转换电路.PrjPCB，当项目被编译时，在项目选项中设置的错误检查都会被激活，生成的编译信息全部显示在 Messages 工作面板中。若要显示该工作面板，可执行菜单命令 View|WorkspacePanels|Messages 或单击原理图编辑主窗口状态栏右下角中的 Messages 按钮。

执行以上任何一项操作后，将显示 Messages 工作面板。图 2.60 所示为 A/D 转换电路原理图编译的结果即错误检查报告。

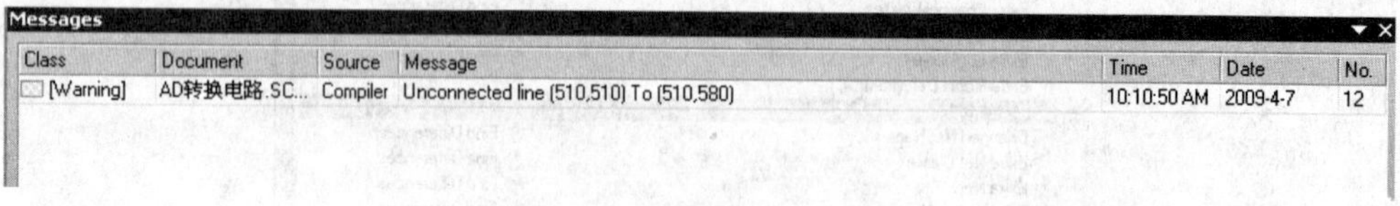

图 2.60 错误检查报告

Message 工作面板中显示了编译过程结果有一个"Warning"，这是由于总线连接带来的警告，一般不会对电路产生影响。

以上操作都是针对整个项目进行编译以检查错误的。对单个原理图文件进行检查的方法为：在 Navigator 中选中需要查错的原理图文件，然后单击，在弹出的浮动菜单中执行 Analyze 命令，或者在 Protel DXP 编辑主窗口中打开需要查错的原理图文件，然后执行菜单命令 Project|AnalyDocument。

2.7.2 报表输出

Protel DXP 中含有丰富的报表功能，能够随时输出整个设计工程的相关信息，它可将设计过程中的修改、整个工程中的元器件类别和总数以多种格式输出、保存及打印。下面介绍几种常用的报表的生成方法。

1. 元器件报表

打开工程文件中任何一张原理图后，执行菜单命令 Reports|Bills of Material，弹出整个工程中用到的元器件列表对话框。这里对应了 A/D 转换电路工程中所用元器件列表，如图 2.61 所示。

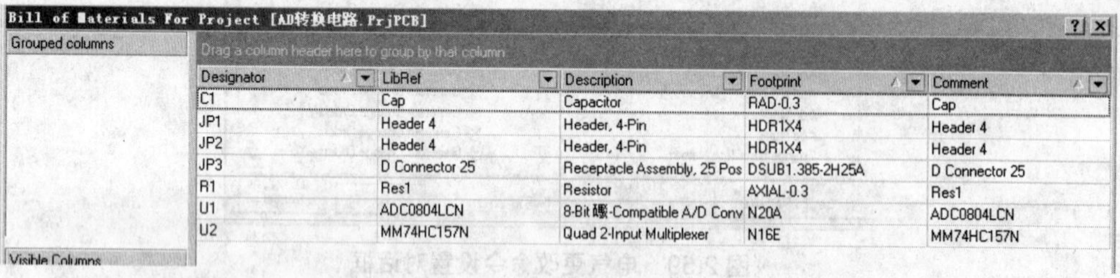

图 2.61 A/D 转换电路工程中所用元器件列表

在图 2.61 所示的列表对话框中，单击 Report... 按钮(图 2.61 中未显示)，可以生成报告单(或称表单)，如图 2.62 所示。

表单中有三个预览按钮，分别是 100%、All、Width (图 2.62 中未显示)，用

第 2 章 电路原理图设计

来显示表单内容。单击 Print 按钮，若已经安装打印机，系统就会打印出元器件表单。单击图 2.61 中的 Export 按钮，系统会弹出输出报表对话框，在保存类型下拉列表中选择"Microsoft Excel Worksheet(*.xls)"后，单击 保存(S) 按钮，若系统已经安装 Microsoft Excel 软件，系统会直接调用 Microsoft Excel 软件显示"A/D 转换电路"原理图的元器件报表，如图 2.63 所示。

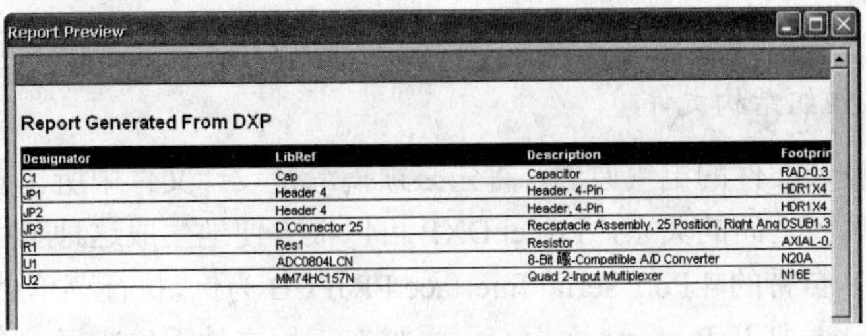

图 2.62 元器件表单

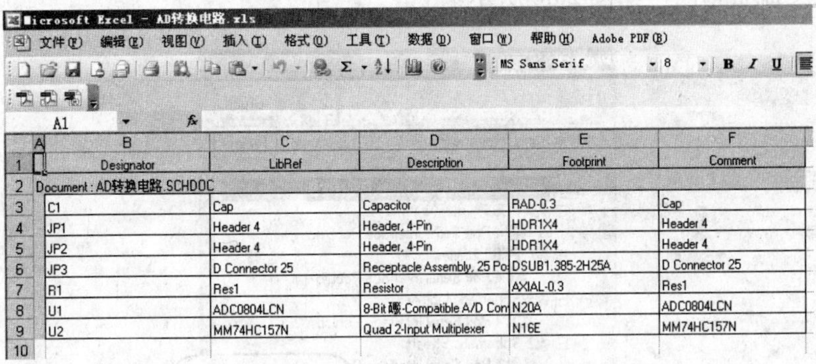

图 2.63 输出 Excel 格式报表文件

2. 整个项目元器件报表

有时一个项目由多个原理图组成。Protel DXP 可以根据它们所处原理图的不同对整个项目的元件分组显示。

打开工程的任意一个项目文件，如对 Protel DXP 自带的 4 Port Serial Interface 例子进行查看。执行菜单命令 Reports|Component Cross Deference 或按组合键【R+C】，弹出元件表单，如图 2.64 和图 2.65 所示。

可以看出，其对 4 Port Serial Interface 工程项目文件下的两个原理图文件 4 Port UART and Line Drivers.SchDoc 和 ISA Bus and Address Decoding.SchDoc 的元件进行了分组显示。同样单击 Export 按钮，此报表也可以不同的格式输出。

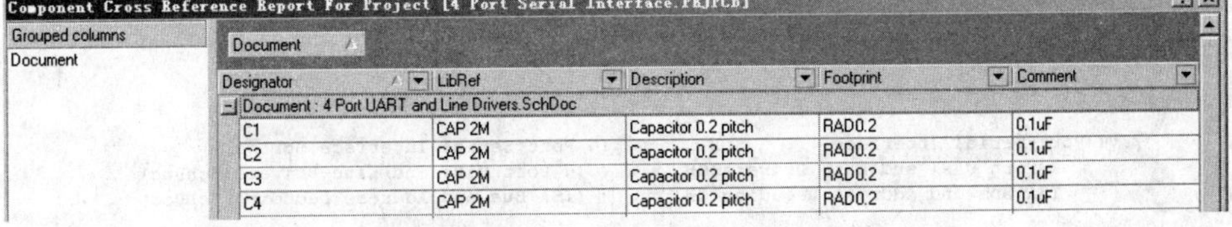

图 2.64 4Port UART and Line Drivers.SchDoc 元件表单

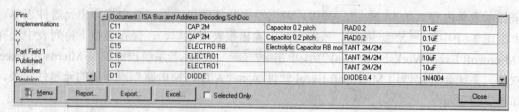

图 2.65 ISA Bus and Address Decoding.SchDoc 元件表单

3. 工程项目组织结构文件

要看懂一个设计文件的电气原理，首先必须搞清楚设计文件中所包含的各原理图的母子关系以及子原理图之间的关系，Protel DXP 可以很方便地生成这种工程项目结构文件。

以 Protel DXP 自带的 4 Port Serial Interface.PRJPCB 为例，执行菜单命令 Reports|Report Projects Hierarachy，打开 Projects 面板，可看见在工程文件下生成了一个报告文件，其文件名和工程文件名相同，如图 2.66 所示。

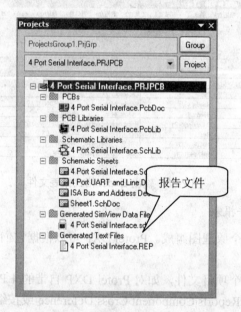

图 2.66 生成报告文件

双击"4 Port Serial Interface.REP"文件，将其打开，可看到如图 2.67 所示具体报告文件的内容。

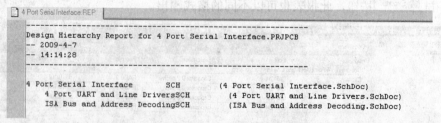

图 2.67 生成的工程项目组织结构报告文件

2.8 修整和保存电路原理图

根据原理图设计流程,完成"A/D 转换电路"原理图的设计,对其进行局部修整(如去掉设计过程中多余的导线、符号)后,执行菜单命令 Files|Save 或 Files|Save as 可对原理图进行保存。设计好的"A/D 转换电路"原理图如图 2.68 所示。

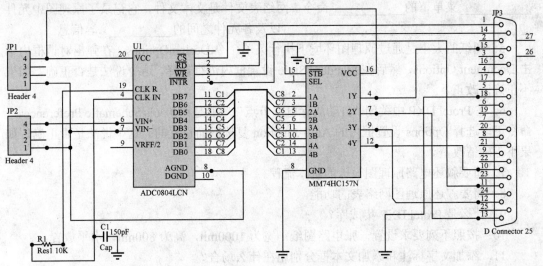

图 2.68 设计好的 A/D 转换电路原理图

小 结

本章首先介绍了电路原理图基本概念、原理图设计流程、原理图环境设置(包括图纸大小、栅格大小设置)以及系统参数设置等。

然后以设计 A/D 转换电路原理图为例,根据电路原理图设计流程,介绍了原理图编辑环境的各种工具的功能、各种菜单命令的功能、库文件管理(包括添加、删除元件库和查找元件库)、原理图布线、原理图电气规则检查、生成原理图元件报表等内容。通过学习 A/D 转换电路原理图的设计,读者应举一反三,能够设计出各种不同的电路原理图。

习 题

1. Protel DXP 主界面下,执行菜单命令 File|New|Schematic,创建一个新原理图的文件,扩展名是_____。

2. 在 Protel 99 SE 的"设计文件管理器"窗口,执行菜单命令 File|New,将弹出新文档选择窗口,该窗口列出了 Protel 99 SE 可以管理的文件类型,其中 Schematic 是指

_____、Schematic Library Document 是指_____、PCB Document 是指_____、PCB 是指_____。

3．在编辑原理图时，执行放置元件操作，在元件未固定前，可通过【Space】键进行元件的方向调整，用【X】键进行_____方向调整，用【Y】键进行_____方向调整。

4．编辑原理图的最终目的是为了_____，为生成网络表文件，要执行_____菜单下的_____命令。网络表文件是文本文件，它记录了原理图中元件_____、_____、_____以及各元件之间的_____等信息。

5．图纸的大小是通过原理图环境下执行菜单命令 Design|Options，在弹出对话框内单击 Document Options，然后在 Standard Style 设置框内进行选择。这个说法是否正确？如果不正确请改正。

6．在 Protel DXP 中关闭"自动放置电气节点"功能是在 Tools|Schematic Preferences…命令下，选择 Options 设置框内的 Auto-Junction 复选框而设置的。这个说法是否正确？如果不正确请改正。

7．简要叙述电路原理图设计的基本流程。

8．简要叙述原理图网络表的功能。

9．什么是 Protel DXP 集成库？

10．按照下列要求设置一张电路图纸：宽为 1000mil，高为 800mil，水平放置。

11．添加文字标注和添加文本框分别用在什么场合？

12．对所绘制的原理图进行编译和电气规则测试，查看其中的错误信息，并对原理图进行相应的修改。

13．练习将原理图图纸设置为 A3、横向。

14．练习在设计项目中添加以下原理图元件库：/Altium/Library/ST Micoelectronics/ST Operational Amplifer.Intlib。

15．按照图 2.70 所示，将图 2.69 所示的元件用导线连接起来，导线的宽度设置为"Small"。

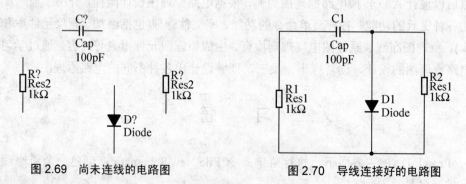

图 2.69 尚未连线的电路图　　　　图 2.70 导线连接好的电路图

16．差动放大电路如图 2.71 所示，其特点是对温度漂移和共模信号有抑制作用，对差模信号有放大作用。试在 Protel DXP 中设计这一差动放大电路原理图。

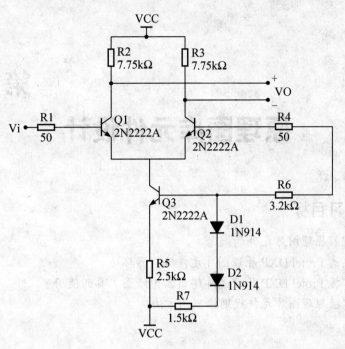

图 2.71 差动放大电路

第 3 章
原理图库元件设计

 学习目标

- 理解原理图库元件的概念
- 熟悉 Protel DXP 原理图库元件编辑器环境
- 掌握 Protel DXP 原理图库编辑器中绘图工具的使用
- 掌握原理图库元件规则检测的方法

 本章知识结构

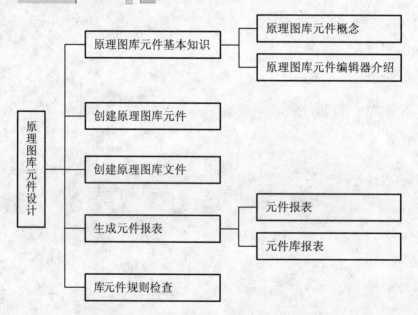

第3章 原理图库元件设计

3.1 原理图库元件基本知识

3.1.1 原理图库元件概念

原理图库元件是指原理图符号，是代表二维空间内元器件的引脚名称和引脚序号关系的符号，图 3.1 所示为一个 14 针的双排塑料插座的原理图符号。

原理图符号只表明元器件引脚序号和名称分布关系，没有任何实际的电气意义，并不能代表实际元件的形状，故这些元件符号的外形可以被设计成各种形状，但必须保证原理图符号所包含的元器件引脚信息是正确的。例如，图 3.1 所示的 14 针双排塑料插座的原理图符号，也可用图 3.2 所示的符号来表示。

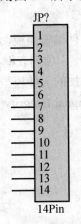
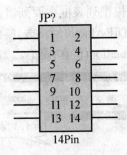

图 3.1 14 针双排塑料插座的原理图符号 1　　图 3.2 14 针双排塑料插座的原理图符号 2

3.1.2 原理图库元件编辑器介绍

在 Protel DXP 初始界面下，执行菜单命令 File|new|Schematic Library，即可启动原理图库文件编辑器，如图 3.3 所示。

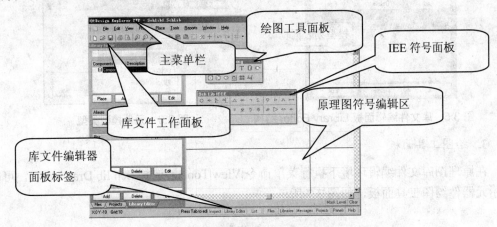

图 3.3 原理图库文件编辑器窗口

原理图库文件编辑环境与原理图编辑环境类似，初学者容易混淆。下面介绍原理图库元件编辑器的主要组成部分。

1. 主菜单栏

图 3.4 所示为原理图库文件编辑环境的主菜单栏。

图 3.4　主菜单栏

主菜单栏共包括九项，分别为：File(文件)菜单、Edit(编辑)菜单、View(视图)菜单、Project(项目文件)菜单、Place(放置)菜单、Tools(工具)菜单、Reports(报告)菜单、Windows(窗口)菜单、Help(帮助)菜单。

2. 库文件工作面板

单击面板标签的 Library Editor 标签，在窗口中将显示库文件编辑面板，如图 3.5 所示。

库文件编辑面板 Library Editor 分为四部分：元件列表部分、别称列表框、引脚信息框、模型列表框。模型列表框主要列出元器件列表框中的元件所添加的元件模型。元件模型有四类，包括 EDIF Macro(网络表)模型、Footprint(封装)模型、Signal Integrity(信号完整性分析)模型、Simulation(仿真)模型，如图 3.6 所示。

图 3.5　库文件编辑面板 Library Editor 结构

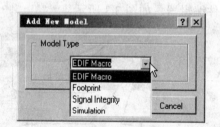

图 3.6　元件模型类型

3. 绘图工具面板

在原理图库文件编辑环境下执行菜单命令 View|Tools，选择 Sch lib Drawing 项，可以显示元器件绘图工具面板，如图 3.7 所示。

第3章 原理图库元件设计

图 3.7 元器件绘图工具面板

元器件绘图工具面板上各个绘图工具功能见表 3-1。

表 3-1 元器件绘图工具功能

图标	功能	图标	功能
/	绘制直线(Line)		绘制矩形
	绘制贝塞尔曲线		绘制圆角矩形
	绘制椭圆弧		绘制椭圆
	绘制多边形		粘贴图片
T	标注文字		阵列粘贴图件
	新建元器件		绘制元器件引脚
	当前编辑的元器件中添加子件		

4. IEEE 符号面板

执行菜单命令 View|Toolsbars|IEEE，可打开或关闭 IEEE 符号工具栏，如图 3.8 所示。

图 3.8 IEEE 符号工具栏

IEEE 符号工具栏的各个按钮功能见表 3-2。

表 3-2 IEEE 符号工具栏的功能

图标	功能说明	图标	功能说明
	低电平触发符号		信号左向传输符号
	时钟上升沿触发符号		电平触发输入符号
	模拟信号输入符号		无逻辑性连接符号
	延时输出符号		具有开集极输出符号

续表

图标	功能说明	图标	功能说明
▽	高阻抗状态符号	▷	大电流符号
⊓	脉冲符号	⊢⊣	延时符号(Delay)
]	多条FO线组合符号	}	二进制组合符号
⅄	低触发输出符号	π	Π 符号
≥	大于等于符号	⇔	具有高电阻的开射极输出符号
◇	开射级输出符号	⇕	具有电阻接地的开射极输出符号
#	数字信号输入符号	▷	反向器符号(Inverter)
◁▷	双向信号流符号(InputOutput)	←	信号数据左移传输符号
≤	小于等于符号	Σ	Σ 符号
⊓	施密特触发输入特性符号	→	数据右移符号

IEEE符号工具栏中各个按钮的功能也可以通过执行菜单命令 Place|IEEE Symbols1… 来实现。特别注意事项如下。

① Place|IEEE Symbols|Or Gate：调用或门命令。
② Place|IEEE Symbols|And Gate：调用与门命令。
③ Place|IEEE Symbols|Xor Gate：调用或非门命令。

此三条命令在 IEEE 符号工具栏中没有对应按钮。

3.2 创建原理图库元件

熟悉原理图库文件编辑器以及常用工具后，就可以创建一个原理图元件。第2章在介绍设计 A/D 转换电路如何调用元件库时提到，模数转换器 ADC0804LCN 是 Protel DXP 集成库中自带的，那么我们能否自己设计这个库元件呢？下面将讲解如何设计这个元件。首先查阅 ADC0804LCN 的相关资料，ADC0804LCN 是一个具有 20 个引脚，8 位 CMOS 连续近似的 A/D 转换器，其集成块实物图如图 3.9 所示。

图 3.9 ADC0804LCN 实物图

这 20 个引脚的名称及功能见表 3-3。

第3章 原理图库元件设计

表 3-3 ADC0804LCN 集成块实物引脚名称及功能

引脚序号	引脚名称	功 能	引脚序号	引脚名称	功 能
1	$\overline{CS}$	芯片选择信号	2	$\overline{RD}$	外部读取转换结果的控制输出信号
3	WR	启动转换的控制信号	4	CLK IN	频率输入/输出
5	INTR	中断请求	6	VIN(+)	差动模拟信号的输入正端
7	VIN(-)	差动模拟信号的输入负端	8	AGND	模拟电压的接地端
9	VREF	辅助参考电压	10	DGND	数字信号接地端
11	D7	数字输出端	12	D6	数字输出端
13	D5	数字输出端	14	D4	数字输出端
15	D3	数字输出端	16	D2	数字输出端
17	D1	数字输出端	18	D0	数字输出端
19	CLKR	时钟输入	20	VCC	电源

特别提示

在设计新的原理图元件时，设计者应该查阅该设计元件的相关资料手册或根据实际元件的外形和引脚名称，设计必须符合电气规范。

设计步骤如下：

(1) 在 Protel DXP 初始界面下执行菜单命令 File|New|Schematic Library(文件|新建|原理图库)，新建一个原理图库文件，进入原理图库文件编辑工作。

(2) 执行菜单命令 File|Save(文件|保存)或按组合键【Crtl+S】，打开如图 3.10 所示的保存原理图库文件对话框，然后单击"保存"按钮，并返回原理图库编辑工作环境。

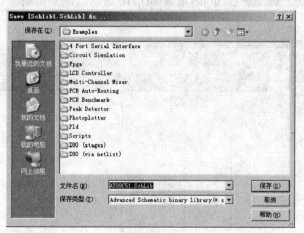

图 3.10 保存原理图库文件对话框

(3) 执行菜单命令 Tools|DocumentOptions(工具|文档选项)，打开如图 3.11 所示的 Library Editor Workspace(库编辑器工作面板)对话框。

(4) 在"Size"(大小)下拉列表框中选择"A4"选项，设置本原理图库的图纸大小为 A4，Snap 和 Visible 项分别设为 2mil 和 3mil，单击 OK 按钮，返回原理图库文件编辑工作环境。

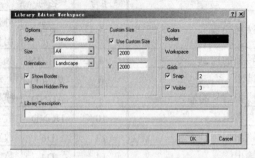

图 3.11 库编辑器工作面板对话框

(5) 执行菜单命令 Tools|New Component(工具|新元件)，打开如图 3.12 所示的 New Component Name(新元件名)对话框。

(6) 在文本框内输入此元件的元件名为"ADC0804LCN"，然后单击 OK 按钮，返回到原理图库文件编辑工作环境。

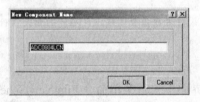

图 3.12 新元件名对话框

(7) 执行菜单命令 Edit|Jump|Origin(编辑|跳转|原点)，使光标跳转到工作区原点位置。

(8) 执行菜单命令 Place|Rectangle(放置|矩形)，进入绘制矩形命令状态，绘制好的矩形如图 3.13 所示。

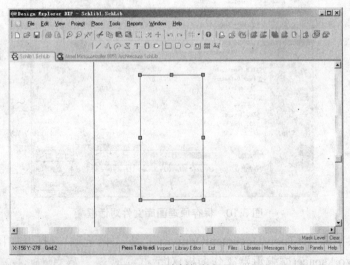

图 3.13 绘制好的矩形

第3章 原理图库元件设计

(9) 执行菜单命令 Place|Pin(放置|引脚)或者单击工具栏中的按钮，进入放置引脚命令状态，按【Tab】键打开如图 3.14 所示的 Pin Properties(引脚属性)对话框。

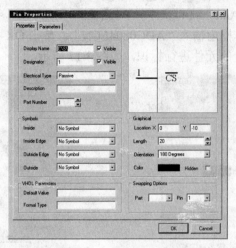

图 3.14 引脚属性对话框

特别提示

引脚名称上面有一根横线，通过一个文本符号"\"来控制是否在名称的上面显示一个长度等于一个字符宽度的横线，故而在 Display Name 处填写 C\S\。"Designator"(编号)为"1"，"Electrical Type"(电气类型)为"Input"(输入)，"Orientation"(方向)为"180 Degrees"，如果要使引脚的功能更加清晰，图形更专业，可以设置 IEEE System 符号选项组。

(10) 进入图 3.15 所示的放置引脚命令状态，移动鼠标指针到矩形左边顶点位置，引脚的一个端点与矩形的其中一边形成 T 形连接，并使引脚位于矩形区域内，然后单击放置此引脚。

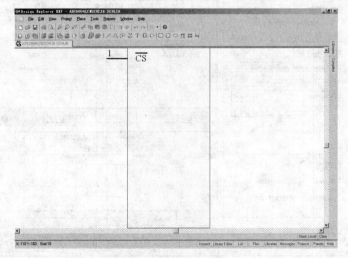

图 3.15 添加元件引脚

(11) 按同样的方法添加其他引脚，注意各个引脚间的距离。

(12) 执行菜单命令 Place|Text String(放置|文本行)，进入放置文本行命令状态，按【Tab】键打开如图 3.16 所示的 Annotation(文本行)对话框。

(13) 在"Text"文本框内输入"ADC0804LCN"，单击 OK 按钮确定，再拖动文本到合适位置处，以便为设计的元件进行标识，如图 3.17 所示。

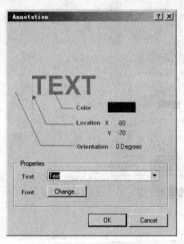 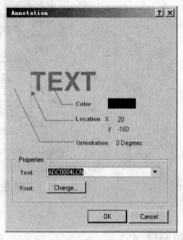

图 3.16　文本行对话框　　　　　　　　图 3.17　添加文本

(14) 执行菜单命令 Tools|Edit Part(工具|编辑元件)，打开如图 3.18 所示的 Component Properties(库元件属性)对话框。

(15) 修改"Designator"(默认元件编号)文本框内容为"U？"，保持其他选项为系统默认设置，然后单击 OK 按钮，返回原理图库编辑工作环境。

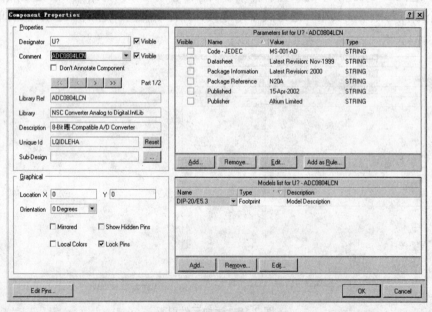

图 3.18　库元件属性对话框

第 3 章 原理图库元件设计

(16) 执行菜单命令 File|Save(文件|保存)，存储该文件，从而完成 ADC0804LCN 原理图库元件符号的创建，如图 3.19 所示。

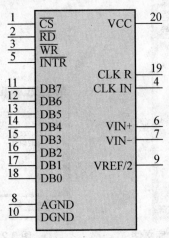

图 3.19 ADC0804LCN 原理图库元件符号

3.3 创建原理图库文件

原理图库元件集合在一起形成原理图库文件，随着设计的库元件越来越多，可以将自己设计的库元件集合在一起，形成一个库文件，这样能为电路原理图设计带来很大的方便。首先执行菜单命令 File|New|Schematic Library，可新建一个原理图库文件，如图 3.20 所示。

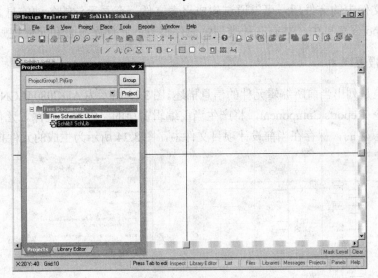

图 3.20 新建的原理图库文件

在 Projects 面板中，已经默认存在一个名为"Schlib1.SchLib"的文件，执行"另存为"命令，将文件名改为"Mylib1.SchLib"，如图 3.21 所示。

切换到 Library Editor 选项卡，单击 Add 按钮增加新元件，这里添加 A/D 转换电路的两个主要元件：ADC0804LCN、MM74HC157N，如图 3.22 所示。

图 3.21 工程面板显示改名后的库文件

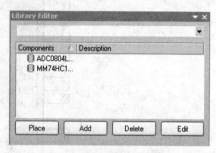

图 3.22 增加两个新元件

用鼠标选中需要创建的元件名称，可直接切换到当前库文件编辑环境，在此库文件编辑环境下进行原理图符号的创建。创建完毕后，执行菜单命令 File|Save，即可保存"Mylib1.SchLib"文件。

3.4 生成元件报表

创建库文件中的元件后，可以通过生成报表文件，查看元件的各种信息。产生报表功能集中在 Reports 菜单中，共有三种类型：元件报表、元件库报表和元件规则检查报表。

3.4.1 元件报表

元件报表是列出当前所编辑元件的信息描述。图 3.23 所示为 ADC0804LCN 的编辑界面，执行菜单命令 Reports|Component，将产生当前编辑窗口的元件报表文件。元件报表文件是以.cmp 为扩展名的，保存在当前设计项目文件中，图 3.24 所示为生成的元件报表文件。

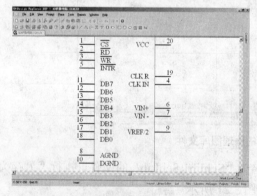

图 3.23 ADC0804LCN 的编辑界面

图 3.24 生成的元件报表文件

3.4.2 元件库报表

元件库报表列出当前元件库中所有元件的名称及其相关属性描述，元件库报表文件的扩展名为.rep。在原理图库文件编辑窗口下，执行菜单命令 Reports|Library，将对当前编辑的元件库产生报表。图 3.25 所示为 A/D 转换电路的所有库元件的元件库报表文件。

图 3.25 A/D 转换电路的元件库报表文件

3.5 库元件规则检查

Protel DXP 能对设计好的元件进行规则检查，通过对元件进行进一步的检查和验证工作，可以将错误的元件列出来，同时对每个元件进行一定的分类查实。执行菜单命令 Report|Component Rule Check，弹出如图 3.26 所示的库元件规则检查设置对话框。此设置对话框中，分为两组选项：Duplicate 选项组和 Missing 选项组。Duplicate 选项组主要用于检查重复项，Missing 选项组用于设置对每个元件检验的项目。

设置检查时，选择相应复选框即可。这里对 A/D 转换电路.SchLib 文件进行检查，为了检查的全面性，选择所有复选框，单击 OK 按钮，检查结果如图 3.27 所示，生成*.err 报表文件。

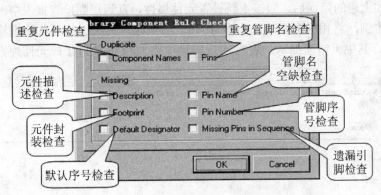

图 3.26 库元件规则检查设置对话框

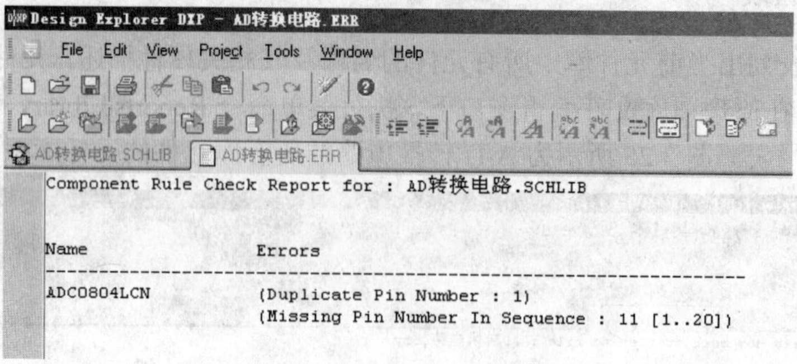

```
Component Rule Check Report for : AD转换电路.SCHLIB

Name            Errors
-----------------------------------------------------------
ADC0804LCN      (Duplicate Pin Number : 1)
                (Missing Pin Number In Sequence : 11 [1..20])
```

图 3.27 库元件规则检查结果报表

从报表结果 Errors 栏下可以看到两项提示："Duplicate Pin Number : 1"和"Missing Pin Number In Sequence: 11 [1..20]"，提示有一引脚数字重复并且少一个引脚序号。返回到设计的 ADC0804LCN 元件处，查找元件错误的地方，可以看到第 6 个引脚本应该是序号 6，却变成了序号 1，从而与第 1 个引脚的引脚序号重复，如图 3.28 所示。

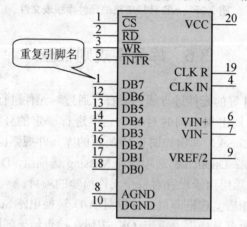

图 3.28 元件错误部分

出现诸如上述的错误后，应该重新设置元件属性，直到规则检查报表中没有错误提示为止。对于本例，将相应引脚修改为序号"6"后保存，再次运行元件规则检查。结果如图 3.29 所示，其中无错误提示，表明 A/D 转换电路.SchLib 通过了库元件规则检查。

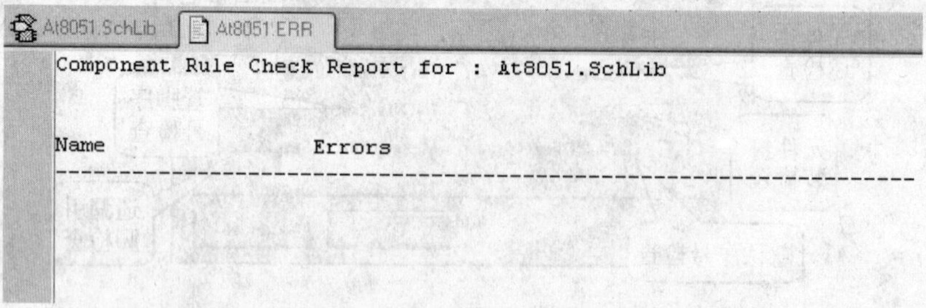

```
Component Rule Check Report for : At8051.SchLib

Name            Errors
-----------------------------------------------------------
```

图 3.29 改正错误后的库元件规则检查结果报表

第3章 原理图库元件设计

小　结

本章首先介绍了原理图库元件的概念、Protel DXP 的原理图库元件编辑环境的使用、原理图库元件的设计原则等。

在 Protel DXP 环境下，以设计 A/D 转换电路的原理图库元件"ADC0804LCN"为例，介绍了原理图库元件设计的全过程，包括原理图库元件绘图工具的使用、原理图库元件规则检查及如何生成元件库报表文件等内容。

习　题

1. 所谓原理图库，即在绘制原理图时用于表达设计意图的一种元器件符号库，其 Protel DXP 环境下原理图库文件扩展名为_____。
2. 在 Protel DXP 环境下，启动原理图库编辑环境的菜单命令为_____。
3. SCH Library 工作面板由以下四部分组成：_____区域、Aliases(别名)区域、_____信息框和 Model 信息框。
4. Protel 99SE 环境下，原理图库文件的扩展名为_____。
5. 报表文件类型有三种：_____、_____、_____。
6. 设计一个原理图元件的基本依据是什么？
7. 一个原理图元件由哪几个部分组成？哪些部分具有电气属性？
8. 怎样创建一个属于自己的原理图元件库？
9. 怎样将已存在的元件库的所有元件导入自定义的元件库中？
10. 怎样将以前 Protel 版本的元件库导入到 Protel DXP 中？
11. 创建一个新的原理图库文件并命名为"user.SchLib"。
12. 新建一个原理图库文件，保存该文件并命名为"Mylib.SchLib"，在该文件中创建如图 3.30 所示的元件符号。

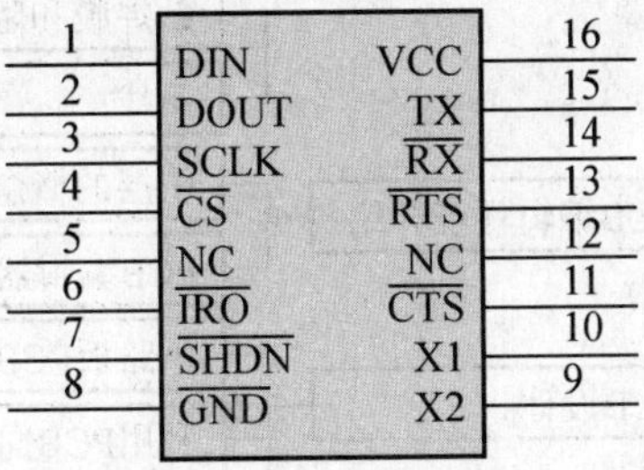

图 3.30　元器件 MAX3100

第 4 章 PCB 设计

学习目标

- 理解 PCB 的基本概念、分类和 PCB 的相关概念
- 熟悉 Protel DXP 的 PCB 编辑器环境
- 掌握加载和卸载 PCB 元器件封装库以及加载网络表的方法
- 掌握 PCB 元件布局、布线以及手工调整的方法
- 掌握 PCB 包地、补泪滴、覆铜和设计规则检查设置的方法

 本章知识结构

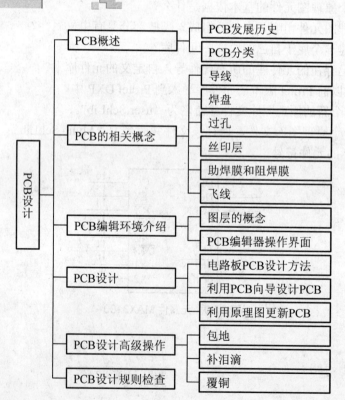

4.1 PCB 概述

PCB 是英文 Printed Circuit Board(印制电路板)的简称。通常把在绝缘材料上，按预定设计制成印制线路、印制元件或两者组合而成的导电图形称为印制电路；而在绝缘基材上提供元器件之间电气连接的导电图形，称为印制线路。把印制电路或印制线路的成品板，称为印制线路板，又称印制板或印制电路板。

PCB 用途非常广泛，几乎能见到的电子设备都离不开它。小到电子手表、计算器、个人计算机，大到巨型计算机、通信设备、航空、航天、军用武器系统，只要有电子元器件，它们之间的电气互连都要用到 PCB。PCB 提供电路的各种电子元器件固定装配的机械支撑，实现各种电子元器件之间的布线和电气连接或绝缘，为自动锡焊提供阻焊图形，为元器件插装、粘装、检查、维修提供识别字符标记图形。

特别提示

本章利用 Protel DXP 设计 PCB，这里所指的 PCB 是指 CAD 软件生成的一种图形文件，这个文件包含了 PCB 制板的信息。图 4.1 所示为 A/D 转换电路的 PCB 图，PCB 制板加工厂可根据这个 PCB 图制造出 A/D 转换电路的印制实物板。

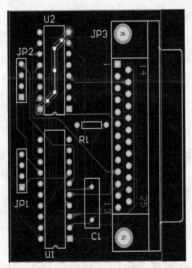

图 4.1 A/D 转换电路的 PCB 图

4.1.1 PCB 发展历史

PCB 的发展按时间顺序，可分为如下六个时期。

(1) 20 世纪 30～40 年代：印制电路技术采用涂抹法、喷射法、真空沉积法、蒸发法、化学沉积法、涂敷法等工艺，在绝缘板表面添加导电性材料形成导体图形，称为"加成法工艺"。使用这类生产专利的印制板曾应用于无线电接收机中。

(2) 20世纪50年代：制造方法主要是减成法。通信设备制造业对PCB日渐重视，开始使用覆铜箔纸基酚醛树脂层压板(pp基材)，用化学药品溶解除去不需要的铜箔，留下的铜箔成为电路的导线，称为"减成法工艺"，以手工操作为主。腐蚀液是三氯化铁，溅在衣服上面，衣服就会变黄。当时应用PCB的代表性产品是索尼公司制造的手提式晶体管收音机。

(3) 20世纪60年代：应用覆铜箔玻璃布基环氧树脂层压板(GE基材)。日本开发了GE基板新材料，并用GE基板材料批量生产电气传输装置的PCB。

(4) 20世纪70年代：开始采用电镀贯通孔，实现PCB的层间互连，通信公司的电子交换机用到3层板，大型计算机用到多层印制板(MLB)，MLB得到重用而急速发展。超过20层的MLB用聚酰亚胺树脂层压板作为绝缘基板。这个时期的PCB从4层向6、8、10、20、40、50层等更多层发展，实现高密度化(细线、小孔、薄板化)。线路宽度与间距从0.5mm向0.35、0.2、0.1mm发展，PCB单位面积上布线密度大幅提高。同时，PCB上元件的安装方式也开始了革命性变化，原来的插入式安装技术(TMT)改变为表面安装技术(SMT)。

(5) 20世纪80年代：MLB的产值接近双面板产值，PCB高密度化明显提高，有能力生产62层玻璃陶瓷基MLB。MLB高密度化推动了移动电话和计算机的开发。

(6) 20世纪90年代：MLB和挠性板有了巨大增长，而单面板与双面板产量开始下跌。积层法MLB进入实用期，产量急速增加，集成芯片构成封装形式，走向小型化、超高密度化安装。

4.1.2 PCB分类

PCB可按照用途、基材和结构进行分类。

1. 按用途分类

(1) 民用印制板(消费类)：包括电视机用印制板、音响设备用印制板、电子玩具用印制板、照相机用印制板等。

(2) 工业用印制板(设备类)：包括计算机用印制板、通信设备用印制板、仪器仪表用印制板等。

(3) 军用印制板：包括宇航用印制板等。

随着科学技术的发展，它们相互的差别越来越模糊。

2. 按基材分类

(1) 纸基印制板：包括酚醛纸基印制板、环氧纸基印制板等。

(2) 玻璃布基印制板：包括环氧玻璃布基印制板、聚四氟乙烯玻璃布基印制板等。

(3) 合成纤维印制板：包括环氧合成纤维印制板等。

(4) 有机薄膜基材印制板：包括尼龙薄膜印制板等。

(5) 陶瓷基板印制板。

(6) 金属芯基板印制板。

(7) 刚性印制板。

3. 按结构分类

(1) 单面板：在最基本的 PCB 上，零件集中在其中一面，导线则集中在另一面上。因为导线只出现在其中一面，所以称这种 PCB 为单面板(Single-Sided)。因为单面板在设计线路上有许多严格的限制(只有一面允许布线，布线不能交叉而必须绕独立的路径)，所以只有早期的电路才使用这类板子。单面板主要用于收音机和自动贩卖机等。

(2) 双面板：是指包括 Top(顶层)和 Bottom(底层)的双面都敷有铜箔的电路板，双面都可以布线焊接，中间为一绝缘层，为常用的一种电路板。主要用于话机、车载电器、计算机外设、电子玩具、通信器械等。

(3) 多层板：为了增加可以布线的面积，多层板使用数片双面板，并在每层板之间放进一绝缘层后粘牢(压合)。板子的层数代表有几层独立的布线层，通常层数都是偶数，并且包含最外侧的两层。因为 PCB 中的各层都紧密结合，所以一般不太容易看出实际数目。多层板主要用于计算机主板、半导体测试机、通信交换等复杂的电路。

4.2 PCB 的相关概念

4.2.1 导线

电路板制作时用铜膜或铜箔制成铜膜导线(Track)，用于连接各焊点。铜膜导线是物理上实际相连的导线。在 PCB 图中，导线只在电气层面中才能起到电气连接的作用，在其他层面中仅为起视觉效果的普通图线。如图 4.2 所示，图中红色或者蓝色的线就是导线。

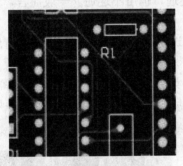

图 4.2 PCB 图中的导线

4.2.2 焊盘

焊盘是 PCB 设计中最常接触也是最重要的概念之一，其基本作用是焊接元件间引脚，图 4.3 所示即为 PCB 图中的焊盘。初学者容易忽视它的选择和修正，在设计中千篇一律地使用圆形焊盘。选择元件的焊盘类型，要综合考虑该元件的形状、大小、布置形式、振动和受热情况、受力方向等因素。Protel 在封装库中给出了一系列大小和形状不同的焊盘，如圆、方、八角、圆方和定位用焊盘等，但有时这还不够用，需要自己编辑。如对发热且受力较大、电流较大的焊盘,可自行设计成"泪滴状"。一般而言,自行编辑焊盘时还要考虑下述原则。

(1) 形状上长短不一致时,要考虑连线宽度与焊盘特定边长的大小差异不能过大。

(2) 需要在元件引脚之间走线时,选用长短不对称的焊盘往往事半功倍。

(3) 各元件焊盘孔的大小,要按元件引脚粗细分别编辑确定,原则是孔的尺寸比引脚直径大 0.2～0.4mm。

图 4.3　PCB 图中的焊盘

4.2.3　过孔

为连通各层之间的线路,在各层需要连通的导线的交汇处钻上一个公共孔,这就是过孔。图 4.4 所示为 PCB 图中的过孔。工艺上在过孔的孔壁圆柱面上,用化学沉积的方法镀上一层金属,用以连通中间各层需要连通的铜箔,而过孔的上下两面做成普通的焊盘形状,可直接与上下两面的线路相连通,也可不连通。一般而言,设计线路时对过孔的处理遵守以下原则。

(1) 尽量少用过孔,一旦选用了过孔,务必处理好它与周边各实体的间隙,特别是容易被忽视的中间各层跟过孔不相连的线与过孔的间隙。如果是自动布线,可在"过孔数量最小化"(Via Minimization)子菜单里选择"on"项来自动解决。

(2) 需要的载流量越大,所需的过孔尺寸越大,如电源层和地层与其他层连接所用的过孔也要大一些。

图 4.4　PCB 图中的过孔

特别提示

过孔的形状与焊盘比较类似，Protel DXP 中过孔中间默认用淡黄色表示，而焊盘中间默认用淡蓝色表示。

4.2.4 丝印层

为方便电路的安装和维修，采用丝印层在印制板的上下两表面印制上所需要的标志图案和文字代号等，如元件标号和标称值、元件外廓形状、厂家标志、生产日期等。不少初学者设计丝印层的有关内容时，只注意文字符号放置得整齐美观，忽略了实际制出的 PCB 效果。他们设计的印制板上的字符不是被元件挡住就是侵入了助焊区域而被抹除，还有的把元件标号打在相邻元件上，如此种种情况都将会给装配和维修带来很大不便。正确的丝印层字符布置原则是，所标示的字符不产生歧义，尽量利用空间标示且美观大方。

4.2.5 助焊膜和阻焊膜

在 PCB 设计、制造过程中，各种膜(Mask)是必不可少的。按膜的作用和所处的位置，可分为助焊膜和阻焊膜两类。其中，助焊膜是涂于焊盘上，提高可焊性能的一层膜，也就是在绿色板子上比焊盘略大的各浅色圆斑。阻焊膜正好相反，为了使制成的板子适应波峰焊等焊接形式，要求板子非焊接处的铜箔不能有焊锡，因此在焊盘以外的各部位都要涂覆一层涂料，用于阻止这些部位上锡。

4.2.6 飞线

飞线是 CAD 软件中特有的概念，它是在 PCB 自动布线时供观察用的类似橡皮筋的网络连线。在 Protel DXP 的 PCB 环境下，执行菜单命令 View|Connections|show(或 hide)，可显示(或隐藏)与元件相连(Component)、网络相连(Nets)的飞线和全部(All)飞线。通过网络表载入元件并做初步布局后，应不断调整元件的位置使这种交叉最少，以获得最大的自动布线的布通率。另外，自动布线结束后，还有哪些网络尚未布通，也可通过上述飞线显示或隐藏命令来查找。找出未布通网络之后，可用手工完成布通。图 4.5 中的那些纵横交错的线便是飞线。

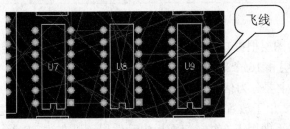

图 4.5 PCB 图中的飞线

4.3 PCB 编辑环境介绍

4.3.1 图层的概念

许多字处理软件或绘图软件中为实现图、文、色彩等的嵌套与合成而引入了虚拟的"层"的概念。Protel DXP 中的"层"与此有些不同，其图层不全是虚拟的，而代表印制板材料本身的各铜箔层，如图 4.6 所示。Protel DXP 中的图层不仅与物理层相对应，而且还引入了逻辑层面。

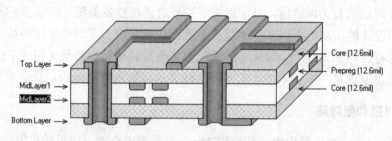

图 4.6　Protel DXP 中的图层

执行菜单命令 Design|Board Layer&Colors 打开 Board Layers(图层设置)对话框，如图 4.7 所示，从这个对话框中，可以看到 PCB 设计过程中可能被使用到的各个图层的情况。

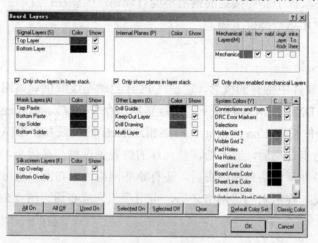

图 4.7　图层设置对话框

Protel DXP 中的图层根据功能的不同大致分为电气类层、机械类层、外观类层。电气类层包括 32 个信号层和 16 个平面层。

(1) 电气类层：主要分为信号层、内部电源或接地层、多层。

① 信号层：主要用于放置元件和走线，包括 Top Layer(元件顶层)，一般用于放置元件，单面板中元件层不能用于布线，双面板中元件层可以布线。Bottom Layer(焊接层)是在单层板焊接层中唯一可以布线的层面。

② Mid Planes：中间信号层，用于在多层板设计中切换走线。

③ 内部电源或接地层：该层主要用于放置电源和地线，通常是一块完整的锡箔。

④ 多层：又称为穿透层，是一种抽象层，包含一些不特定属于某个层的对象，而是牵涉所有几个层的对象的特殊层，例如，穿越几个层的焊盘、过孔等。

(2) 机械类层：Protel DXP 可提供 16 个机械层，用于标示电路板在制造或组合中需要的标记，如尺寸线、对齐标记、数据标记、螺钉孔、组合指示与用于信号层之间的绝缘等。

(3) 外观类层：主要包括面层、阻焊层、锡膏层、丝印层、禁止布线层。

① 面层：该层用于对电路板表面进行特殊处理，对应于前面所提到的膜。

② 阻焊层(膜)：Top Solder 为顶层阻焊层，Bottom Solder 为底层阻焊层。

③ 锡膏层(膜)：Top Paste 为顶层锡膏防护层，Bottom Paste 为底层锡膏防护层。

④ 丝印层：用于记录电路板上供查看的信息，如放置元件标号、声明文字，以便于焊接和维护电路板时查找器件。

⑤ 禁止布线层：禁止布线层(Keep-Out Layer)是图板中重要的一个层面，用于规范元器件与布线区域，任何有电气特性的对象不能跨越该区域的边界，并且要和边界保持一定距离，否则在进行错误检查时，会提示相应的错误。

Protel DXP 中的禁止布线层如图 4.8 所示。

图 4.8 禁止布线层示意图

 特别提示

禁止布线层中绘制一个封闭的形状和大小，实际设计中图板和禁止布线层中的封闭区域常常是重合的。可以尽量把禁止布线层理解为一个具有电气特性的层，它对线路板的走线产生影响，自动布线和自动布局时都需要预先设定好禁止布线层。

4.3.2 PCB 编辑器操作界面

执行菜单命令 File|New|PCB 创建一个 PCB 设计文件，生成一个新文件，弹出如图 4.9 所示的编辑器窗口。

1. 菜单栏

与其他编辑器菜单栏相同，菜单栏的下拉菜单包括编辑器所有的执行命令。

以下是几个特殊菜单的说明。

(1) Design：设计菜单。主要包括一些布局、布线的预处理设置和操作，如加载封装库、PCB 电气规则检查设置、网络表文件的引入和预定义分组等操作，如图 4.10 所示。Design 菜单各个命令的功能见表 4-1。

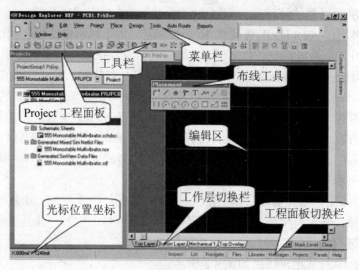

图 4.9　PCB 编辑器窗口

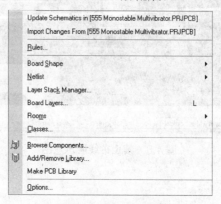

图 4.10　Design 菜单

表 4-1　Design 菜单功能表

菜单命令	功　　能
Rules	设置布线规则
Board Shape	设置印制板的形状
Netlist	提供网络表编辑、清除、导出、创建、更新等操作
Layer Stack Manager	层管理器
Board Layers	层设置菜单
Rooms	"容器"有关菜单
Browse Components	启动元件库管理器
Add/Remove Library	添加和移除元件库
Make PCB library	将当前设计的 PCB 的所有封装生成与 PCB 相同名称的封装库文件
Options	设置度量单位、栅格大小、图纸位置等

(2) Tools：工具菜单。主要包括设计完 PCB 图后的一些后处理操作，如设计规则检查、取消自动布线、测试点设置和自动布局等操作，如图 4.11 所示。

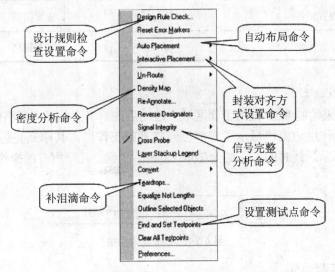

图 4.11　Tools 菜单

2. 工具栏

工具栏为一些常见的菜单操作提供快捷方式，如图 4.12 所示。

图 4.12　工具栏

将图 4.12 所示工具栏的第二排的前一部分用鼠标拖动下来，即成为图 4.13 所示的绘图工具面板。

图 4.13　绘图工具面板

该工具面板主要用于在 PCB 上放置各个元素，具体功能见表 4-2。

表 4-2　绘图工具功能表

图　标	功　能	图　标	功　能
	绘制导线		绘制导线
	放置焊盘		放置过孔
T	放置文字	+10,10	放置位置坐标
	放置尺寸标注		放置坐标原点

电子线路 CAD

续表

图标	功能	图标	功能
	放置元件		放置圆弧
	放置矩形填充		放置铜格

3. 编辑区

编辑区是用来绘制 PCB 图的工作区域。启动后，编辑区的显示栅格间距为 1000mil。编辑区下面的工作层切换栏显示了当前已经打开的工作层，其中高亮的选项为当前工作层。如图 4.14 所示，此时的工作层为 Top Layer。注意，几乎所有的操作都是相对于当前工作层的。

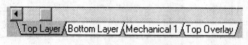

图 4.14　工作层切换栏

4. Project 工程面板

Protel DXP 引入了工程项目文件的概念，Project 工程面板用于对工程项目文件及其链接的其他文件进行管理，类似于资源管理器。

 特别提示

Protel DXP 的"工程文件"不同于 Protel 99se 下的数据库文件(*.DDB)，前者不包含各种设计文件本身，后者则包含各种设计文件本身。

5. 工程面板切换栏

该切换栏如图 4.15 所示，单击每个选项，就可以启动一种面板。

图 4.15　工程面板切换栏

4.4　PCB 设计

4.4.1　电路板 PCB 设计方法

所谓 PCB 设计，这里指利用 CAD 软件工具设计印制板导电图形。利用 Protel DXP 设计 PCB 空板的方法有两种。第一种方法为直接套用 Protel DXP 提供的模板；第二种方法是利用 PCB 向导设计，此种方式通过简单步骤可生成一些符合工业标准的 PCB 空板。

第4章 PCB设计

设计 PCB 的方法也有两种：第一种方法是在 PCB 编辑环境下手工设计 PCB。这种方法适合于简单 PCB 的设计；第二种方法是通过网络表作为中介的方式完成设计，由原理图"更新"为 PCB。第二种方式是最常用的设计方式，大多数利用 CAD 软件设计 PCB 时都以这种方法为主。

利用模板设计时，执行菜单命令 File|New|Other，在弹出的 Files 面板的最下面部分找到 New from template(从模板新建)子功能面板，并选择 PCB Templates(PCB 模板)选项，如图 4.16 所示。

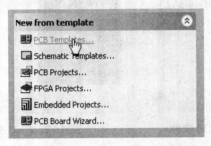

图 4.16 New from template 子功能面板

在接着弹出的对话框中，选择一个合适的模板，如选择 A4 模板，产生如图 4.17 所示的结果。

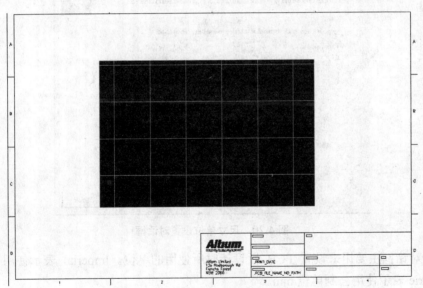

图 4.17 使用模板生成的空 PCB 文件

4.4.2 利用 PCB 向导设计 PCB

Protel DXP 提供了 PCB 生成向导，为设计者提供了方便。设计者使用该向导，在设计出符合通用标准又符合需要的电路板的同时，还能生成新的 PCB 文件。步骤如下：

(1) 在 Protel DXP 初始启动界面下，单击右下角的面板标签的 Files 按钮，弹出 Files 面板，在弹出的文件面板的最下部找到 New from template(从模板新建)选项区，并从中选择 PCB Board Wizard(PCB 板向导)选项,如图 4.18 所示。

(2) 系统将打开 PCB 生成向导启动界面,如图 4.19 所示。

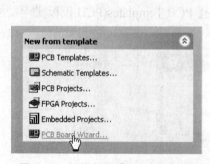

图 4.18　根据向导建立 PCB 文件

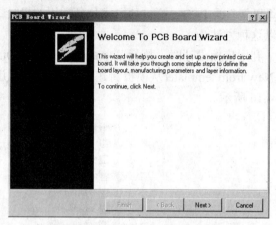

图 4.19　PCB 生成向导启动界面

(3) 单击 Next 按钮,打开如图 4.20 所示的尺寸单位设置对话框。

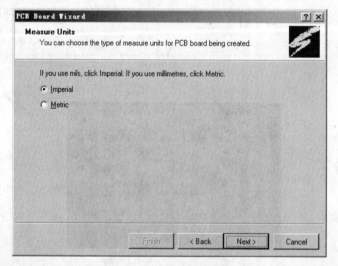

图 4.20　尺寸单位设置对话框

这一对话框主要用来设置 PCB 板设计时所使用的单位。Imperial 表示使用英制单位 mil;Metric 表示使用公制单位 mm。

(4) 单击图 4.20 中的 Next 按钮,就会打开标准电路板模板选择对话框。可通过滑块找到并选择 PCI short card 3.3V-32BIT 模板,如图 4.21 所示。

如果不想利用 Protel DXP 提供的模板,可选择 Custom 选项,自定义电路板形状和参数。

(5) 单击 Next 按钮,弹出电路板参数设置对话框,如图 4.22 所示。这里可采用系统默认设置。

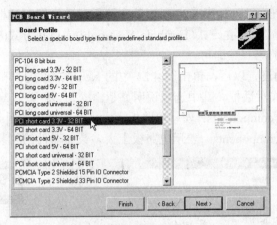

图 4.21 标准电路板模板选择对话框

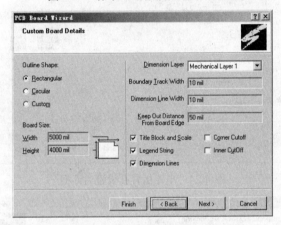

图 4.22 电路板参数设置对话框

(6) 单击 Next 按钮,弹出如图 4.23 所示的对话框,主要用来设置 PCB 板有多少个信号层和内板层。一般设计时多为双面板,即有两个信号层,而没有内板层。此处选择双面板,两层电源。

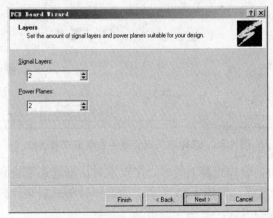

图 4.23 信号层数设置对话框

(7) 单击 Next 按钮，打开如图 4.24 所示的电路板导孔设置对话框。在此对话框中可以设置 PCB 板上导电方式为通孔方式(Thruhole Vias only)或盲孔方式(Blind and Buried Vias only)，一般采用默认的第一项即可。

(8) 在完成导孔的设置以后，单击图 4.24 中的 Next 按钮，打开如图 4.25 所示的选择电路板主要元器件形式对话框。其中选项说明如下。

① Surface-mount components：表示电路板上大多数元器件的封装是表面粘着式封装。

② Through-hole components：表示电路板上大多数元器件的封装是针脚式封装。

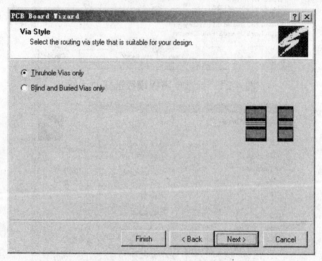

图 4.24　电路板导孔设置对话框

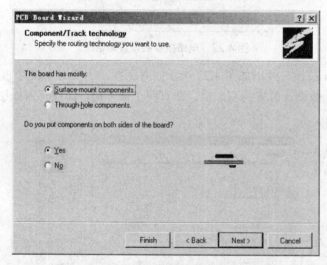

图 4.25　选择电路板元器件主要形式对话框

此外在选择了表面粘着式封装的时候，在设置对话框时还要设置是否在两面都放置元件，通过 Yes 或 No 来选择，如图 4.26 所示。而选择针脚式封装，则可以设置两个导孔之间允许通过的铜膜走线的根数，如图 4.27 所示。

第4章 PCB设计

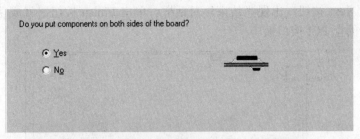

图4.26 两面是否都放置元件的设置对话框

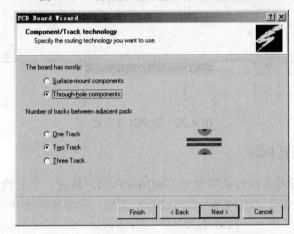

图4.27 针脚式封装时铜膜走线根数设置

(9) 单击Next按钮，打开如图4.28所示的铜膜走线和导孔设置对话框。此对话框主要用来设置铜膜走线的宽度和导孔的大小。其中每一个参数的具体含义如下。

① Minimum Track Size：在文本框中设置铜膜走线的最小宽度。
② Minimum Via Width：在文本框中设置导孔焊盘的最小直径。
③ Minimum Via HoleSize：在文本框中设置导孔孔径的最小直径。
④ Minimum Clearance：在文本框中设置最小安全距离。

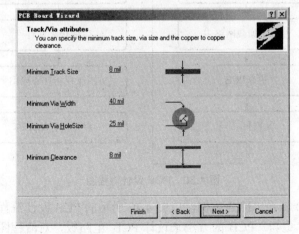

图4.28 铜膜走线和导孔设置对话框

(10) 单击 Next 按钮，出现"结束"对话框。单击 Finish 按钮，就成功地创建了一个如图 4.29 所示的空 PCI 接口板。

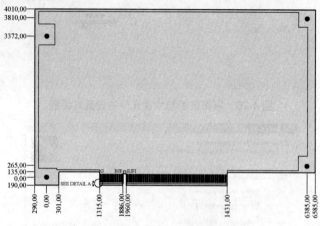

图 4.29 空 PCI 接口板

4.4.3 利用原理图更新 PCB

手工设计 PCB 方式为执行菜单命令 File|New|PCB，新建一个空的 PCB 文件，载入封装库，利用绘图工具直接设计 PCB，该方法直观简单，与原理图设计过程大同小异。下面主要介绍利用原理图"更新" PCB 的方式。该方式设计 PCB 的流程如图 4.30 所示。

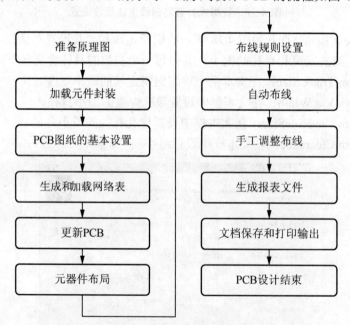

图 4.30 PCB 设计流程图

本节继续以 A/D 转换电路为实例，以图 4.30 所示的 PCB 设计流程图步骤为主线，介绍如何利用原理图"更新" PCB 的方法来设计 PCB 电路板，对流程图的每一步骤所涉及的相关知识点也做详细的介绍。

第 4 章　PCB 设计

1. 准备原理图

这是设计 PCB 的第一步，在原理图编辑环境下设计原理图或打开已经设计好的原理图。

2. 加载元件封装

原理图设计完成后，组件的封装有可能被遗漏或有错误。正确载入网表后，系统会自动地为大多数元件提供封装。但是对于用户自己设计的元件或某些特殊元件，必须由用户自己加载或修改元件的封装。

3. PCB 图纸的基本设置

完成电路原理图和封装的准备后，就需要进行 PCB 图纸各项参数的设置，包括设定 PCB 电路板的工作层参数，规划电路板尺寸、板层数目、通孔的类型、网格的大小等。主要为工作层参数设置和规划电路板尺寸设置。

1) 工作层的参数设置

工作层设置对话框如图 4.31 所示。

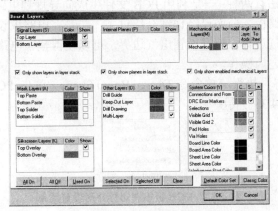

图 4.31　工作层设置对话框

该对话框的各区域说明如下：

(1) Signal Layers 区域。Top Layer 为前面提到过的元件层。设计单面板时，元件层是不能布线的，因而应该取消对这一层的选择。Bottom Layer 为焊接层，即单面板中唯一可以布线的工作层。

Only show layers in layer stack 复选框用来设置是否仅显示使用到的工作层，还是把所有的工作层全部显示。撤选该复选框，可以显示包括中间信号层在内的所有工作层，如图 4.32 所示。

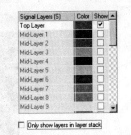

图 4.32　显示所有的工作层

(2) Internal planes 区域。内电源或地层，主要用于放置电源或地线。为对高频信号的辐射起到良好的屏蔽作用，其通常是一块完整的铜箔。

(3) Mechanical Layers 区域。机械层，用于放置一些与电路板的机械特性有关的标注尺寸、信息和定位孔。在 PCB 板层数不多的情况下通常只使用一个机械层。

75

(4) Mask Layers 区域。膜层，对应于前面提到的防护层。Top Paste 顶层焊锡膏层，只有使用贴片封装时才会用到这一层；Bottom Paste 为底层焊锡膏层。Top Solder 为顶层阻焊层，Bottom Solder 为底层阻焊层。

(5) Silkscreen Layers 区域。丝印层，主要用于放置元件标号、声明文字等。主要是为在焊接和维护时便于查找元器件而设置。包括 Top Overlay 顶层丝印层和 Bottom Overlay 底层丝印层。

(6) Other Layers 区域。主要包括 Keep-Out Layer 禁止布线层，用于绘制印制板的电气边框。用禁止布线层选定一个区域非常重要，自动布局和自动布线都需要先设定好禁止布线层。确切地说禁止布线区域应该是允许布线的区域。

(7) System Colors 区域。主要对系统颜色和显示进行设置。

2) 规划电路板尺寸

设计的印制电路板，最终都要装在特殊的位置，因此就有严格的尺寸要求，也需要设计人员根据电路板的内容和安装位置确定电路板的大小，即规划电路板尺寸、确定电路板的边框、定义电气边界。

规划电路板的方法有两种：一是利用 PCB 文件生成向导规划电路板，而如何利用 PCB 文件生成向导规划电路板，前面已经详细介绍过了；二是在电路板设计编辑器中，规划电路板的物理边界和电气边界，通过设置电气边界，可以使得整个电路板的元器件的布局和铜膜走线都在此边界之内操作。

(1) 规划物理边界。执行菜单命令 Design|Board Shape，弹出 PCB 板物理边界外形设置的菜单选项，如图 4.33 所示。

图 4.33　PCB 板物理边界外形设置菜单

执行 Redefine Board Shape 子命令，光标变成十字形，工作窗口变成绿色，系统进入规划物理边界外形的命令状态，如图 4.34 所示。

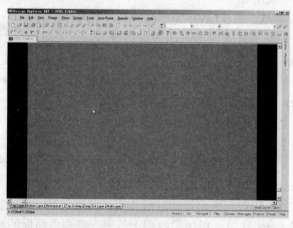

图 4.34　规划物理边界外形

第4章 PCB设计

在工作界面内单击并拖动鼠标确定四周边界、边界起点和终点。绘制完成后的 PCB 板物理边界如图 4.35 所示。

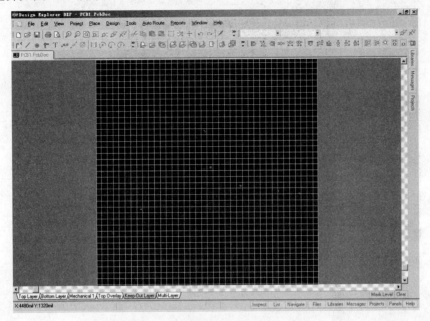

图 4.35 规划好的 PCB 板物理边界

(2) 规划电气边界。切换到 keep-Out Layer(禁止布线层)，执行菜单命令 Place|Track 或单击工具栏上 按钮，光标变成十字形。单击确定第一条边的起点，拖动鼠标到合适位置，然后单击确定终点位置。在 Place|Track 命令状态下，按【Tab】键进入 Track 属性对话框，将线宽设置为 20mil，如图 4.36 所示。

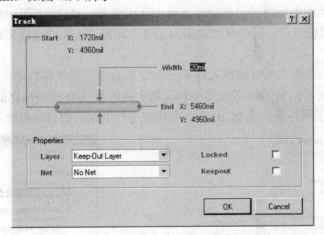

图 4.36 Track 属性对话框

绘制好的电气边界如图 4.37 所示。

电子线路 CAD

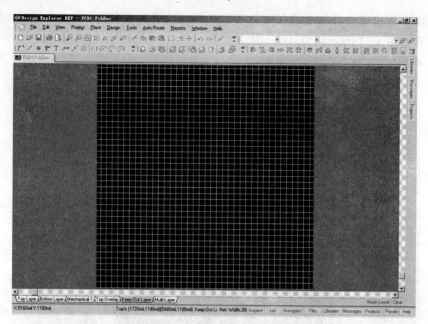

图 4.37 绘制好的电气边界

 特别提示

通常设计者使电气边界与物理边界大小范围相同。实际上，在设计印制电路板时，常常并不设置物理边界，只设置电气边界即可，电气边界的大小就是电路板的实际大小。

4. 生成和加载网络表

完成对电路板的电气边界设置后，下面加载网络表。网络表(简称网表)是连接电路原理图和 PCB 的重要纽带，同时网络表指示了各个元器件之间的连接关系，为自动布线提供了依据。

在原理图编辑器中，执行如图 4.38 所示的菜单命令，系统将自动在当前工程文件下，添加一个与工程文件同名的网络表文件，这里生成的是 A/D 转换电路的网络表文件，如图 4.39 所示。有了网络表，在 PCB 系统中才能进行电路板的自动布线。

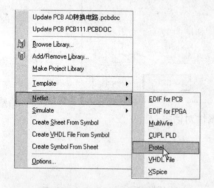

图 4.38 网络表生成命令

图 4.39 A/D 转换电路的网络表文件

双击文件"AD 转换电路.NET",在工作窗口中将显示网络表文件内容,如图 4.40 所示。

```
]
[
U1
DIP-20/E5.3
ADC0804LCN

]
[
U2
DIP-16
MM74HC157N

]
(
NetJP3_10
JP3-10
U2-12
)
(
NetJP3_12
JP3-12
U2-9
)
```

图 4.40 网络表文件内容

图 4.40 所示的网络表文件主要分为两部分,前半部分讲述元件的属性参数(元件序号、元件的封装形式和元件的文本注释),其标志为方括号,以"["为起始标志,接着为元件序号(如 U1)、元件封装和元件注释,再以"]"标志结束该元件属性的描述。例如:

```
[
U1
DIP-20/E5.3
ADC0804LCN
]
```

而后半部分讲述原理图文件中的电气连接,以"("为起始标志,首先是网络标号的名称,然后按字母顺序依次列出与该网络标号相连接的元件引脚号,最后以")"标志结束该网络连接的描述。例如:

```
(
NetJP3_10
JP3-10
U2-12
)
```

必须保证生成的网络表没有任何错误,否则其所有组件不能很好的加载到 PCB 图中。加载网络表后,系统将产生一个内部的网络表,形成飞线。

5. 更新 PCB

由原理图"更新"到 PCB 有两种方法:一是在原理图编辑状态下更新 PCB;二是在 PCB 编辑状态下载入原理图。下面对这两种方法分别进行介绍。

1) 在原理图编辑环境下更新 PCB

执行菜单命令 Design|Update PCB AD 转换电路.pcbdoc，如图 4.41 所示。

图 4.41　在原理图环境下更新 PCB

单击执行，系统会弹出如图 4.42 所示的工程网络变化对话框。

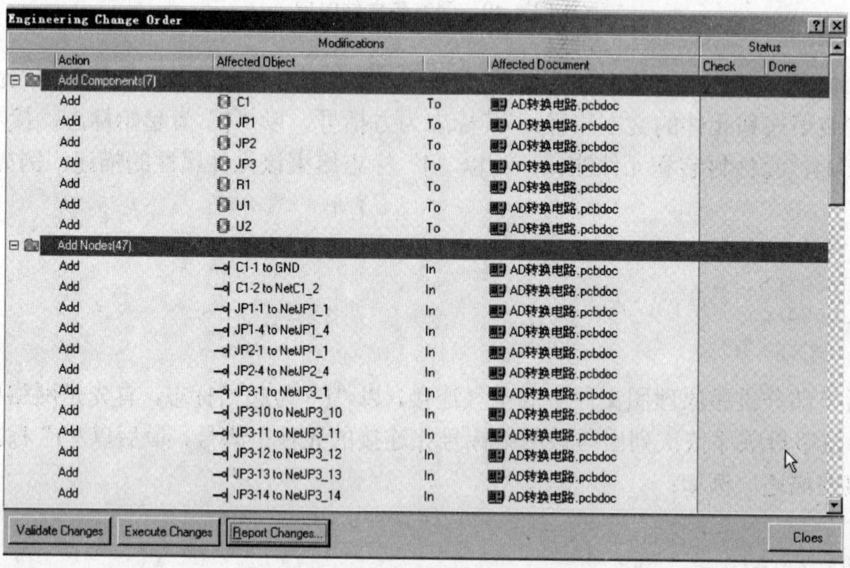

图 4.42　工程网络变化对话框

在其列表框中列出了所有的元器件以及相关网络。在对话框的底部有四个按钮：Validate Changes 为测试更改有效性按钮，用于检查错误；Execute Changes 为执行更改操作按钮，由原理图更新 PCB 图的转换；Report Changes 为变化报表按钮，提示变化的结果；Close 为关闭窗口按钮。

单击 Validate Changes 按钮，将在列表框中显示出"Check"一栏结果，如图 4.43 所示，如果正确将在 Check 一栏中显示 ，如果错误则显示 。

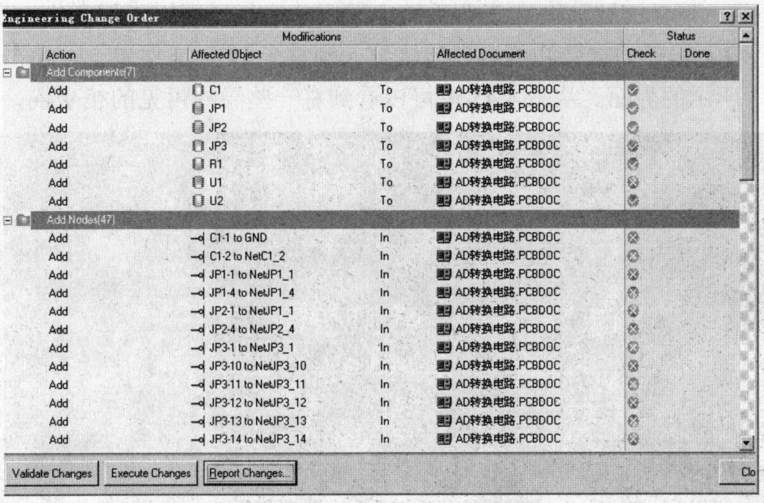

第 4 章　PCB 设计

图 4.43　Check 的显示结果

特别提示

网络表和元器件封装载入过程中经常会出现一些错误，在设计工程变化对话框中单击验证设计变化是否符合电路设计要求时，系统将报错(图 4.43)。系统在载入网络表和元器件封装的过程中，由于种种原因导致载入失败，即上图中有 ❸ 项，其错误原因有以下两种：

(1) Footprint Not Found (元器件封装没有找到)；
(2) Unknown Pin (未知的引脚)。

"Footprint Not Found" 这个错误一般由于元件库未被载入，或者元件封装指定错误；"Unknown Pin" 这个错误是由于飞线被误删除掉所造成的。

回到原理图改正错误后，若在 Check 一栏中都显示为正确，此时单击 Execute Changes 按钮，得到如图 4.44 所示的工程网络变化对话框。

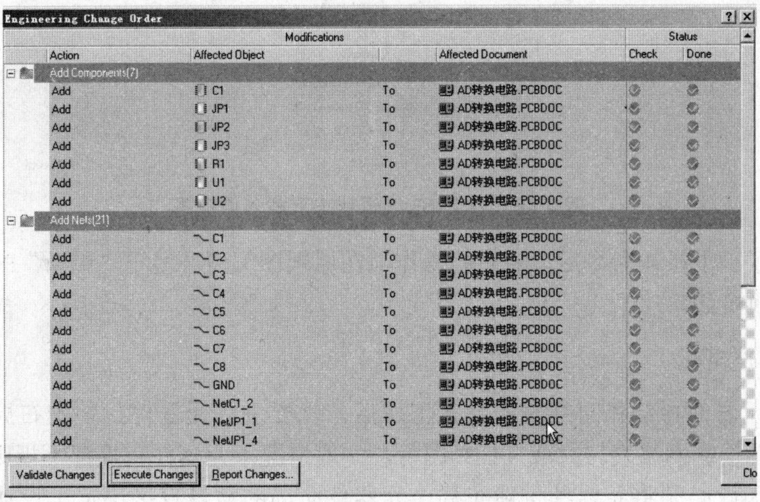

图 4.44　改正错误后的工程网络变化对话框

其中 Done 一列全部显示 ，表明系统已经成功进行了网络工程变化，由此可以知道系统已经自动将元器件的封装和网络表链接导入到整个 PCB 文件中了。单击 Close 按钮，出现如图 4.45 所示的界面。从图 4.45 中可以看到有一些隐约可见的相交线，这便是飞线。

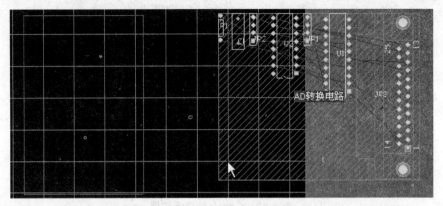

图 4.45　元器件封装导入到 PCB 中

由图 4.45 中可以看到 A/D 转换电路的所有元器件都在一个矩形区域内，这个区域被称为 Room，实际设计过程中将元件移入禁止布线区后，要将这个区域删除，删除方法是单击选中该区域，然后直接按【Delete】键。

2）在 PCB 编辑环境下载入原理图

在工程面板中切换到 PCB 文件，然后执行菜单命令 Design|Import Changes From [AD 转换电路.PRJPCB]，如图 4.46 所示。

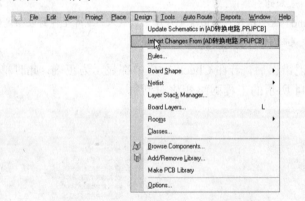

图 4.46　在 PCB 编辑状态下载入原理图

在执行了以上操作命令后，随后的操作与在原理图编辑环境下"更新"PCB 的操作相同，这里不再赘述。

6. 元器件布局

完成了元器件封装和网络表的载入工作后，就要进行元器件封装的布局和布线了。将电路原理图根据网络表转换成 PCB 图后，一般情况下元器件布局都不规则，甚至有的相互重叠，因此必须将元器件重新布局。元器件布局的质量直接决定了设计的电路是否可靠、正常地工作，而要出色地完成这一部分的工作，仅有理论知识是不够的，还得不断地通过实践操作来提高布局、布线的技巧。

在 Protel DXP 中，元器件布局分别有三种方式：自动布局方式、手工布局方式、自动和手工相结合的布局方式。自动布局方式采用自动布线策略对元件进行布局，这种方式可以缩短设计周期，但由于策略的智能化程度不够，因而布局出的 PCB 仅仅可用而已，许多细节的地方没有考虑周全，不够完美。

手工布局方式是在 PCB 编辑器下，以手工的方式将电路板上的元器件放置到合适的位置。这种布局方式可以使设计出来的电路板品质达到完美的程度，但费时、费力，出错率高，一般在元器件数量不大的情况下方可采用此种方式。

将上述两种方式优点保留，尽量去除缺点，便形成了自动和手工相结合的布局方式，这种方式融合了系统提供的自动化布局工具，与普通的手工布局共同完成电路板的布局工作，使得设计出的电路板品质较高，同时也比较节省时间。这是目前主要的布局方式。这里即采用此种方式完成 A/D 转换电路的布局工作。自动和手工相结合布局方式的流程如图 4.47 所示。

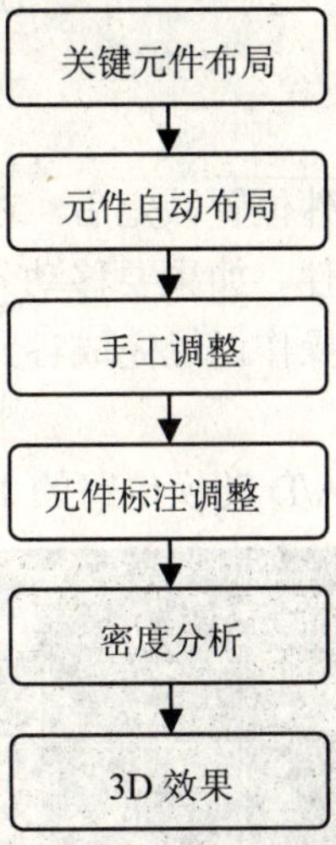

图 4.47　自动和手工相结合布局方式的流程图

对元件布局时应有个先后顺序，对关键元件应先布局，其他元件随后布局。

关键元件布局优先顺序由高到低为：与机械尺寸有关的元器件、与装配相关的元器件、占用位置大的元器件、高发热量的元器件、核心的元器件、高频的时钟电路、对电磁干扰敏感的元件、热敏感元件等。对它们布局采用的大致优先级如图 4.48 所示。

图 4.48　关键元件布局的大致优先级

将关键元器件完成手工布局，并锁定元器件的位置后，再进行自动布局。元器件位置锁定的方法为：在 PCB 编辑器中执行菜单命令 Edit|Change，然后把出现的十字光标指向所要锁定的元器件，单击后会弹出元器件的属性设置对话框，如图 4.49 所示，在该元器件属性中选择 Locked 复选框。在元器件自动布局时，这些元器件就不会移动。这样，既可以充分利用自动布局的优点，实现相对最优的高效率元器件布局，又可以满足电路中的某些特殊布局要求。

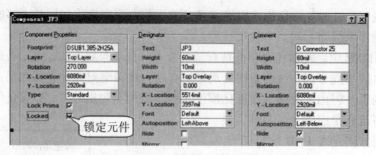

图 4.49 元器件属性设置对话框

当元器件位置锁定后,在工作窗口中鼠标对元器件的位置定位就不起作用了,不能移动这些元器件。如果要移动元器件的位置,应取消元器件的锁定状态,即撤选 Locked 复选框。前述操作已经完成各元件封装的载入,现为"A/D 转换电路"元件布局,操作步骤如下:

(1) 将 A/D 转换电路的 JP3 接口进行手工布局并且锁定,如图 4.50 所示。

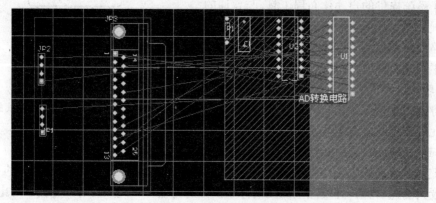

图 4.50 JP3 接口锁定

(2) 执行菜单命令 Tools|Auto placer,弹出菜单选项,如图 4.51 所示。

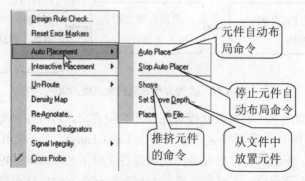

图 4.51 自动布局命令

推挤元件的命令的作用,即以某元件为中心(称为基准元件),使周围其他元件与其形成所设置的距离。Set Shove Depth 用于设置推挤命令的深度,单位为次。

执行此命令后,弹出如图 4.52 所示的对话框。在对话框中设置参数为整数,在本例中,设定的参数值为"10",则在执行推挤命令时,将会连续向四周推挤 10 次。

(3) 执行菜单命令 Auto Placemnet|Auto Placer,将弹出元件自动布局方式选择对话框,如图 4.53 所示。

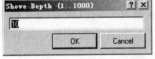

图 4.52 推挤深度设置对话框　　图 4.53 元件自动布局方式选择对话框

在该对话框中可以选择元件自动布局的方式。对话框中各选项的含义如下:

① Custer Placer:成组布局方式。这种基于组的元件自动布局方式,将根据连接关系将元件划分成组,然后按照几何关系放置元件组。该方式比较适合元件较少的电路。

② Statistical Placer:统计布局方式。这种基于统计的元件自动布局方式,根据统计算法放置元件,以使元件之间的连接长度最短。该方式比较适合元件较多的电路。

③ Quick Component Placement:快速元件布局。该选项只有在选择成组布局方式后才能使用。

在这里,考虑到我们的原理图元件比较少,故使用成组布局方式进行元件的自动布局。

(4) 设置好自动布局参数后,单击 OK 按钮,开始元件自动布局。

(5) 图 4.54 所示为自动布局正在进行,此时状态栏的进度条会显示布局的进程。

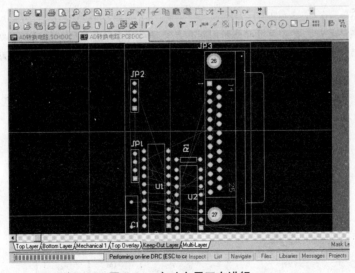

图 4.54 自动布局正在进行

(6) 手工调整元件。从图 4.54 来看，PCB 编辑器内的元件自动布线系统，对元件的布局并不能完全符合设计需要，因此我们不能完全依赖程序的自动布局，在自动布局结束后，往往还需要对元件布局进行手工调整。手工调整元件可从机械结构，散热，电磁干扰，布线方便与否，电路是否工作正常、整齐美观、易于查找、大小适中等方面入手。

手工调整的步骤如下：

① 单击选中元件 U1，同时按住鼠标左键不放，此时光标变为十字形，然后拖动鼠标，则所选中的元件会被光标带着移动。先将 U1 移动到适当的位置，松开鼠标左键即可将元件放置在当前位置。

② 采用同样的方法将 U2 移动到适当的位置，然后将晶振 Y1 移到其附近。

③ 旋转元件 C1，按【Space】键(逆时针旋转 90°)即可调整元件的放置方向。利用上述方法再对其他元件的位置和方向进行必要调整，综合上面提到的各方面因素，元件调整后的结果如图 4.55 所示。

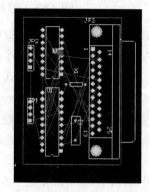

图 4.55　调整后的元件布局

在进行手工调整之前，有必要对栅格的间距和光标移动的单位距离进行设定，否则在元件调整时，将会遇到很多麻烦。执行菜单命令 Design|Options，在弹出的对话框中即可对栅格的间距和光标移动的单位距离进行设定，设定好的参数如图 4.56 所示。

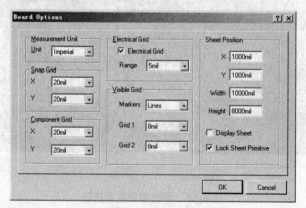

图 4.56　选项设置对话框

(7) 元件标号的调整。从图 4.55 中可以看出元件在自动布局和手工调整后，其标注过于杂乱。尽管标号的杂乱并不影响电路的正确性，但影响了电路板的美观，照此设计出来的电路板，会给电路板焊接时查找元件带来很大的麻烦。所以还需要对元件标注进行调整。

放置好元件位置后，可以对元件标注进行编辑，如双击待编辑的元件标注 JP3，将会弹出如图 4.57 所示的编辑文字标注对话框。

编辑元件标注的作用是对文字标注内容、字体高度、位置、字型、所在层面、自动放置位置等属性进行设置，这里将标注的文字名称改为 D25，内容名称的改变最好应该具有提示作用，其他的元件采用默认设置，最终布局结果如图 4.58 所示。

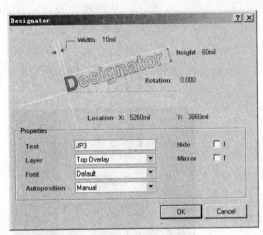

图 4.57　编辑文字标注对话框

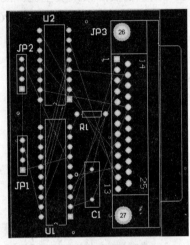

图 4.58　最终布局结果

(8) 布局性能评定。在元件自动布局和手工调整后，布局是否合理是个棘手的问题，Protel DXP 提供了两种布局性能评定工具——网络密度分析和 3D 效果图。

① 网络密度分析。网络密度布局分析工具是布局优化工具，其原则为元件在 PCB 上的各个部分网络密度相差越大，元件的布局就越不合理。执行菜单命令 Tools|Density Map，可得到网络密度分布结果。颜色越深的地方网络密度越大，从而可以直观地看出电路板中网络的密度，如图 4.59 所示。

图 4.59　元件密度分析

特别提示

有了密度分析这个工具，一般认为，网络密度相差很大，元件布局就不合理。但也不要认为分布绝对均匀就合理。实际密度分配和具体电路有很大关系，如一些大功耗元件，产生热量大，就需要周围元件少些，从而密度小。相反，小功率元件就可以排得密一些。所以密度分析仅仅是一个参考，还要具体问题具体分析。除此以外，还可以利用 3D 效果来分析元件的布局效果。

② 3D 效果图。3D 效果图是一个很好的元件布局分析工具，在 3D 效果图上用户可以看到 PCB 板的实际效果及全貌。根据 3D 效果图，可以看到元件封装是否正确，元件之间的安装是否有干扰因素，可以在 PCB 设计阶段将这些错误改正，从而缩短设计周期和降低成本。执行菜单命令 View|Board in 3D，弹出一个提示对话框，如图 4.60 所示。

此对话框是提示设计人员，必须配置支持 OpenGL 语言的显示卡(目前生产的显示卡都支持 OpenGL 语言)，才能使用 3D 显示功能。单击 OK 按钮，弹出如图 4.61 所示的 A/D 转换电路布局 3D 效果图。

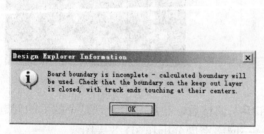

图 4.60　提示对话框

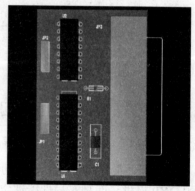

图 4.61　A/D 转换电路布局 3D 效果图

7. 布线规则设置

完成元件布局工作后，就可以开始布线工作了。Protel DXP 提供了强大的自动布线功能，在设置好布线规则后，可以用系统提供的自动布线功能进行自动布线。只要设置的布线规则正确、组件布局合理，一般都可以成功完成自动布线。

所谓自动布线，就是 PCB 编辑器内的自动布线系统，根据用户设定的有关布线参数和布线规则，根据一定的拓扑算法，按照预先生成的网络，自动在各个元件之间进行连接，从而完成电路的布线工作。

执行菜单命令 Design|Rules，系统会弹出如图 4.62 所示的 PCB 设计规则设置对话框，在此对话框中即可设置自动布线的规则参数。

几乎所有的设计规则都覆盖在该对话框中。PCB 设计规则分为十大类，包括了设计过程中的电气特性、布线、电层和测试等方方面面，类型存在于左边部分，右边区域则显示对应设计规则的设置属性。这里将对经常用到的以及 A/D 转换电路中需要的布线规则进行介绍。

选中一个规则，如图 4.62 中的高亮部分，右击鼠标弹出快捷菜单，在该设计规则的快捷菜单中，有如下几项。

(1) New Rule：新建一类型规则。

(2) Delete Rule：删除规则。

(3) Report：将当前规则以报告文件的方式给出。

(4) Export Rules：将规则导出，以.rul 为扩展名导出到文件中。

(5) Import Rules：从文件中导入规则。

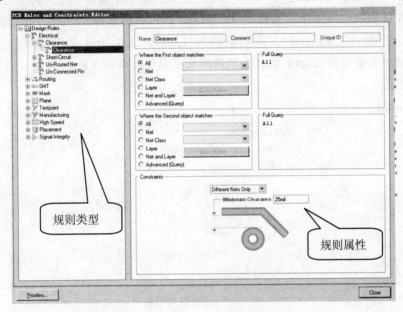

图 4.62 PCB 设计规则设置对话框

选中某一规则后，右击在弹出的快捷菜单中选择 New Rule 选项，如图 4.63 所示，可以新增加某一规则。这对于需要设置多个设计规则并考虑其优先权时很有作用。

下面介绍几种常用设计规则的设置。

(1) Electrical(电气特性)规则。设置电气特性，主要用于 DRC 电气检验(又称校验)。当布线过程中违反电气特性规则时，DRC 设计检验器将会自动报警，提醒设计者。单击 Electrical 选项，将会弹出如图 4.64 所示的文本框。在该文本框中，主要包括三个选项。

图 4.63 快捷菜单

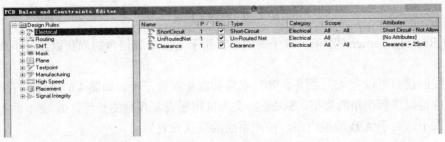

图 4.64 设置电气特性

① Short Circuit：短路规则，短路规则表达的是两个物体之间的连接关系，默认情况下，系统的设置为不允许存在短路。

② UnRoutedNet：未布线网络选项区域设置，可以指定网络、检查网络布线是否成功，如果不成功，将保持用飞线连接。

③ Clearance：安全距离设置，安全距离设置的是 PCB 板在布置铜膜导线时，组件焊盘和焊盘之间、焊盘和导线之间、导线和导线之间的最小距离，如图 4.65 所示。

由于 A/D 转换电路简单，元件较少，安全距离可以设置得大一些。在 Constraints 选项域中的 Minimum Clearance 文本框里输入 15mil。这里 mil 为英制单位，1 000mil=25.4mm，文中其他位置的 mil 也代表同样的长度单位。单击 Close 按钮，退出设置，系统自动保存更改。

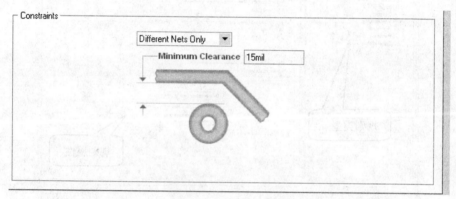

图 4.65　安全距离设置

(2) Routing (布线规则)主要包含如下几种子规则，如图 4.66 所示。

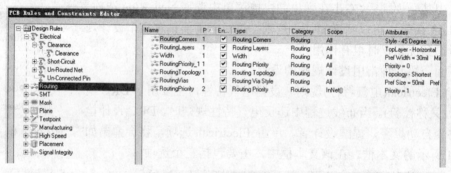

图 4.66　布线规则设计

① Routing Corners(拐角)：该子规则设置用于定义布线拐角的形状以及最小和最大的允许尺寸。

布线的拐角可以有 45°拐角、90°拐角和圆形拐角三种，如图 4.67 所示，在 Style 下拉列表中可以选择拐角的类型，Setback 文本框用于设定拐角的长度，to 文本框用于设置拐角的大小。对于 A/D 转换电路，按照系统的默认设置即可。

第 4 章　PCB 设计

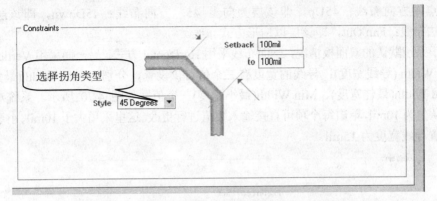

图 4.67　Routing Corners(拐角)选项区域设置对话框

② Routing Layers(布线工作层面)：该子规则设置布线的工作层面以及各个布线层面上走线的方向。包括顶层和底层布线层，共有 32 个布线层可以设置，如图 4.68 所示。

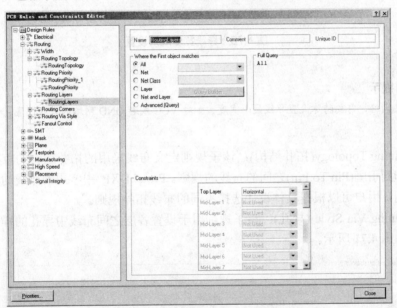

图 4.68　Routing Layers 设置对话框

由于 A/D 转换电路简单，为双层板，故 Mid-Layer 1～30 都不存在，这些选项为灰色不能使用，只能使用 Top Layer 和 Bottom Layer 两层。每层对应的右边下拉列表框为该层的布线走法。Prote DXP 提供了 11 种布线走法，如图 4.69 所示。

各种布线方法为：Not Used，即该层不进行布线；Horizontal，即该层按水平方向布线；Vertical，即该层为垂直方向布线；Any，即该层可以任意方向布线；10"Clock，即该层为按一点钟方向布线；20"Clock 该层为按两点钟方向布线；40"Clock，即该层为按四点钟方向布线；50"Clock，即该层

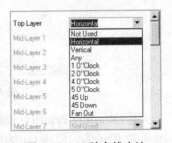

图 4.69　11 种布线走法

为按五点钟方向布线；45Up，即该层为向上 45°方向布线；45Down，即该层为向下 45°方法布线；Fan Out，即该层以扇形方式布线。

对于系统默认的双面板情况，一面布线采用 Horizontal 方式，另一面采用 Vertical 方式。

③ Width (导线宽度)：导线的宽度有三个值可供设置，分别为 Max Width(最大宽度)、Preferred Width(最佳宽度)、Min Width(最小宽度)三个值，如图 4.70 所示。系统对导线宽度的默认值为 10mil，单击每个项可直接输入数值进行更改。这里采用大于 10mil、小于 30mil、推荐设置导线宽度为 15mil。

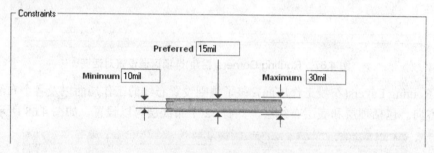

图 4.70　导线宽度规则设置

 **特别提示**

对于某些网络，需要特殊设置导线最小宽度。如对 VCC 或者 GND 网络的布线设置，布线的宽度在 20～30mil。

④ Routing Topology(拓扑结构)：该子规则定义布线采用的拓扑逻辑约束，即主要用于定义引脚到引脚(Pin To Pin)之间的布线的规则。Protel DXP 中常用的布线约束为统计最短逻辑规则，用户可以根据具体设计选择不同的布线拓扑规则。

⑤ Routing Via Style (导孔)：该子规则用于设置各层之间布线中导孔的样式和尺寸，具体设置如图 4.71 所示。

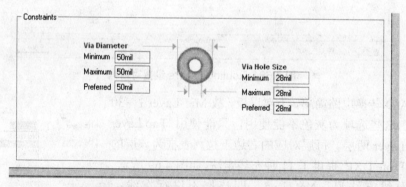

图 4.71　Routing Via Style(导孔)子规则设置

⑥ Routing Priority(布线优先级)：该子规则用于设置各个网络布线的优先次序，图 4.72 所示为一网络 C1 的优先级别设置，设置范围为 0～100，数值越大，优先级越高。

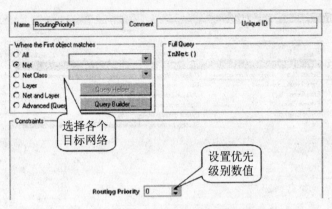

图 4.72　网络 C1 的布线优先级别设置

8. 自动布线

完成布局工作和布线参数的设置后，进入布线操作部分。布线工作将分自动布线和手动布线两种，首先介绍自动布线。Protel DXP 内集成了一个功能强大的自动布线服务程序。如果想通过自动布线程序来获得满意的布线结果，除了要合理设置布线参数，还要合理设置自动布线策略。执行 Auto Route 命令后会弹出如图 4.73 所示的自动布线下拉菜单。

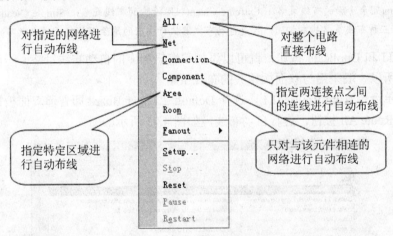

图 4.73　自动布线下拉菜单

选择 ALL 布线方式(即对整个电路布线)，弹出自动布线器策略选择对话框，自动布线系统为设计者提供了 7 种布线策略，如图 4.74 所示。

(1) Default 2 Layer Board：普通双面板默认的布线策略。
(2) Default 2 Layer With Edge Connectors：边缘有接插件的双面板默认的布线策略。
(3) Default Multi Layer Board：多层板默认的布线策略。
(4) Extra Clean：冗余清除的布线策略。
(5) Extreme Clean：极限清除的布线策略。
(6) Simple Cleanup：简单清除的布线策略。
(7) Via Miser：最少过孔数目的多层板布线策略。

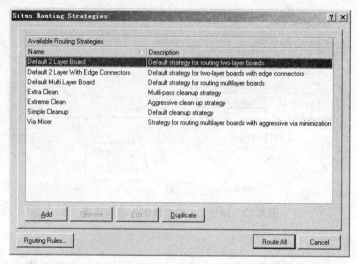

图 4.74　自动布线器策略选择对话框

特别提示

　　Extra Clean(冗余清除的布线策略)、Extreme Clean(极限清除的布线策略)、Simple Cleanup(简单清除的布线策略)等三种布线策略基本相同，只是自动布线器执行相应的清除布线方式的次数不一样。

　　单击 Add 和 Duplicate 按钮，就可以添加和编辑相应的自动布线策略。一般设计的都是双面板，所以一般采用与双面板相关的布线策略。

　　执行菜单命令 Auto Route|ALL，选择 Default 2 Layer Board 即普通双面板默认的布线策略，单击 Route All 按钮，进行自动布线，如图 4.75 所示。

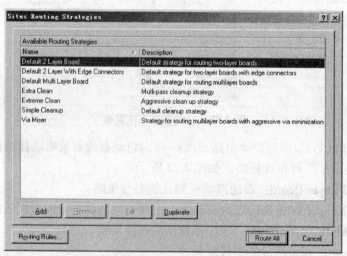

图 4.75　选择普通双面板默认的布线策略

　　最终自动布线器按照设计者设置的布线规则和布线策略进行布线，其结果如图 4.76 所示(注意 U2 上的电源布线比其他的布线要宽一些)，图中的 Message 对话框，提供了自动布线的状态信息，即每个时刻完成什么样的工作。

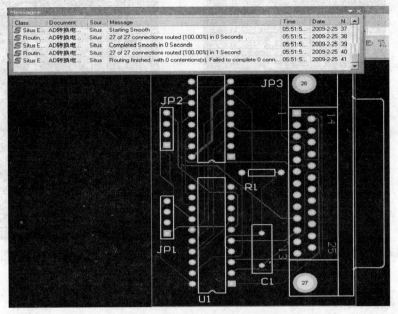

图 4.76　自动布线结果

 特别提示

实际布线中，红色线表示在顶层的布线，蓝色线表示在底层的布线(图 4.76 由于黑白印刷原因，不能从颜色上区分分布在底层和顶层的线，但从图中交叉的线中可以看出。凡有交叉线的地方，一条是蓝色线，一条便是红色线，并非 Protel DXP 布线出错)。

9. 手工调整布线

在自动布线结束后，有可能因为组件布局或别的原因，自动布线无法完全解决问题或产生布线冲突，或不能顾全特殊地方的布线(例如对于电源的输入和输出线，若我们没有在布线规则中设置其宽度，此时就应根据需要修改其宽度)，即需要用手工布线加以设置或调整。如果自动布线完全成功，可以不必进行手工布线。

手工调整时应考虑以下因素。

(1) 连线不能从元件的引脚间穿过。连线从引脚间穿过时，焊接元件容易造成短路。

(2) 引脚的连线应尽量短而简洁，自动布线时，由于算法的原因，最大的缺点就是布线时拐角太多，这就增加了电路发生错误的概率。

对于本 A/D 转换电路，只需对其一处进行修改，如图 4.77 所示。修改处是由于导线与 U1 的焊盘太近，焊接时容易短路。修改后的布线图如图 4.78 所示。

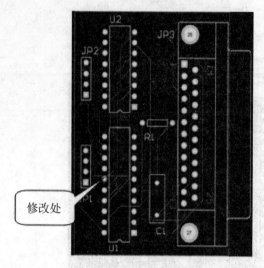
图 4.77 需手工修改的布线处

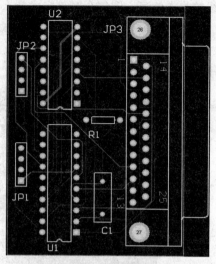
图 4.78 修改后的 PCB 图

10. 生成报表文件

PCB 电路板布线完成后，就可以生成相应的各类报表文件，如元件清单、电路板信息报表等。这些报表可以帮助用户更好地了解设计完成的 PCB 板所使用的器件。

11. 文档保存和打印输出

生成了各类文档后，可以将各类文档打印输出保存，包括 PCB 文件和其他报表文件均可打印，同时永久存盘。PCB 板文件以扩展名"*.pcbdoc"形式保存。

4.5 PCB 设计高级操作

4.5.1 包地

包地操作是在某些选定的非常重要的输入信号走线或关键的网络部分周围，用同一工作层中的导线和圆弧将它们围起来，使这些关键走线或关键网络不受到干扰信号的影响。同一工作层中的这些导线和圆弧即称为外围线。系统默认的外围线宽度为 8mil，外围线没有网络名称，它并不属于电路板上的任何一个网络。现为 A/D 转换电路的 VCC 网络走线进行包地操作，步骤如下：

(1) 执行菜单命令 Edit|Select|Net，使系统切换到选取网络模式，光标变成十字形，将其移动到电源线处，单击网络名为"VCC"的焊盘，即可选中 VCC 网络，如图 4.79 所示。

(2) 选择完毕后，执行菜单命令 Tools|Outline Selected Objects，为选中的网络添加外围线，结果如图 4.80 所示。

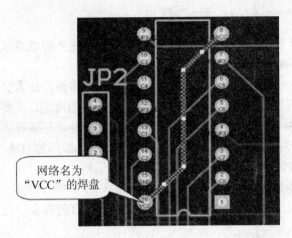
图 4.79 选取电源网络的"VCC"焊盘

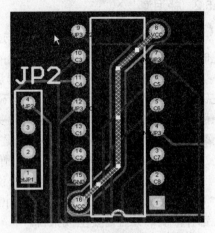
图 4.80 为 VCC 网络添加外围线

(3) Protel DXP 只是为电源 VCC 网络走线添加了外围线，设计者还需要将外围线连接到地线上，有两种方法：一是利用手工布线将其连接到 GND 网络；二是修改外围线的属性，使网络名称为 GND，图 4.81 所示即为按此方法将外围线连接到 GND 网络。

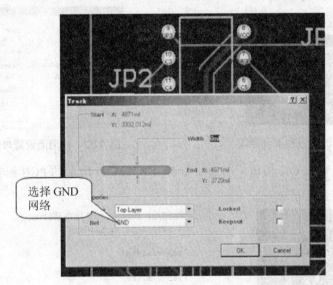
图 4.81 修改外围线的属性为 GND

 特别提示

设计者也可以通过其他选择网络的命令，比如执行菜单命令 Edit|Select Area，即可对选定的区域进行包地。包地操作可能导致违反设计规则的情况发生，所以必须使用 DRC 来验证电路板文件内容的完整性与规范性，必要时应调整元器件外形或其走线方式。

4.5.2 补泪滴

补泪滴操作就是为元件的焊盘、过孔添加泪滴导线。泪滴导线是指导线进入焊盘或过孔时，其线宽逐渐变大，形成泪滴状的一种衔接性导线，如图 4.82 所示。

补泪滴的作用是可加强电路板焊盘(或过孔)与导线的连接强度。硬件电路板设计人员在钻孔或者焊接电路板过程中，总会碰到焊盘脱落或与焊盘的走线出现断线的情况，主要原因是诸如此类的调试时，"应力"集中于导线和焊盘(或过孔)之间的连接处，导致导线断裂。通过补泪滴可解决以上问题。建议对电路板上的所有元器件焊盘、过孔都添加泪滴。

执行菜单命令 Tools|Teardrops，弹出如图 4.83 所示的补泪滴设置对话框。

补泪滴选项设置对话框中各部分说明如下：

(1) General：可设置补泪滴的范围和是否需要生成报告，这里我们对所有的焊盘、过孔都补泪滴，并且需要生成报告。

(2) Action：用来设置是要进行补泪滴操作还是移除已补的泪滴，其中 Add 单选按钮表示进行补泪滴操作，而 Remove 单选按钮表示移除已有的泪滴操作。

(3) Teardrop Style：用来设置要补泪滴的具体形状，Arc 单选按钮设置用圆弧形铜膜走线来进行补泪滴操作，Track 单选按钮设置用直线铜膜走线来进行补泪滴操作。

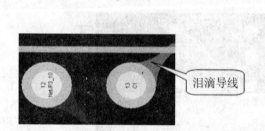

图 4.82　添加泪滴导线

图 4.83　补泪滴设置对话框

设置完毕后，单击 OK 按钮，得到如图 4.84 和图 4.85 所示的 PCB 板补泪滴结果和补泪滴结果报告。

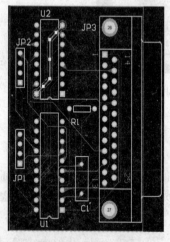

图 4.84　补泪滴结果

```
Teardrop Report AD转换电路.PCBDOC
On 2009-2-26 at 11:04:47

Pads visited                    : 49

Vias visited                    : 0

Pad teardrops failed : 7

Pad U2-16(4750mil,3170mil)   Multi-Layer
Pad U2-8(5050mil,3870mil)    Multi-Layer
Pad JP3-11(5550.078mil,2485.196mil)   Multi-Layer
Pad JP3-12(5550.078mil,2376.496mil)   Multi-Layer
Pad C1-2(5280mil,2460mil)    Multi-Layer
Pad U1-3(5050mil,2190mil)    Multi-Layer
Pad U1-17(4750mil,2290mil)   Multi-Layer

Via teardrops failed : 0
```

图 4.85　补泪滴结果报告

第4章　PCB设计

从报告中可以看出，A/D 转换电路补泪滴一共有七处操作失败，设计者可根据给出的详细信息进行分析，并对电路板进行调整，将剩余的焊盘或者过孔补上泪滴。

4.5.3　覆铜

PCB 设计过程中经常遇见需要通过大电流的电源层、需要通过大电流、需要提供完成电磁屏蔽的实心接地层等。这些问题可以通过覆铜解决。所谓覆铜，就是把电路板上没有布线的地方铺满铜箔。覆铜的对象可以是电源网络、地线网络和信号线等。

对地线网络进行覆铜尤为常见，一方面覆铜可以增大地线的导电面积，降低电路由于接地而引入的公共阻抗；另一方面增大地线的面积，可以提高电路板的抗干扰性能和过大电流的能力。

对已布好线的 PCB 板的地线网络进行多边形覆铜的步骤如下。

(1) 执行菜单命令 Place|Polygon Plane，弹出多边形铜层属性设置对话框，如图 4.86 所示。按照图 4.86 所示的设置后，单击 OK 按钮，会出现十字形光标，与绘制边界一样，绘制一个封闭的区域，将需要覆铜的区域围在其中。

(2) 执行覆铜命令后，沿着电气边界，绘制一个封闭的形状，单击确定放置的覆铜网络，得到如图 4.87 所示的覆铜后的 PCB 图，将图放大，如图 4.88 所示，从图中可以看出元器件 JP3 的 18 引脚焊盘与地铜是相连的，同为 GND 网络。

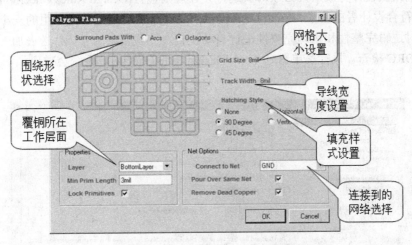

图 4.86　多边形铜层属性设置对话框

特别提示

利用覆铜可以很方便地完成地线等网络的布线工作，还可以增强电路的抗干扰能力。但要注意覆铜的电气间距不能设置得太小。设置得太小会有焊盘边缘和覆铜区域短路的风险，选择的间距应该在 15mil 以上。

电子线路 CAD

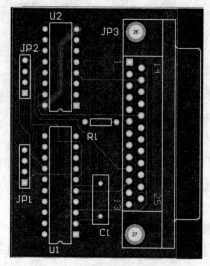

图 4.87 A/D 转换电路覆铜结果

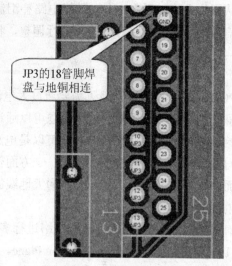

图 4.88 覆铜后的放大图

4.6 PCB 设计规则检查

一块电路板设计完成后,必须对其进行设计规则检查(Design Rules Check,DRC),确保 PCB 板符合设计者的要求。Protel DXP 提供的设计规则检查是非常有用的一个规则检查工具,可对逻辑完整性和物理完整性进行自动检查。一块复杂的 PCB 送去加工之前,一定要经过 DRC 检查。执行菜单命令 Tools|Design Rule Checker,系统会弹出如图 4.89 所示的对话框。

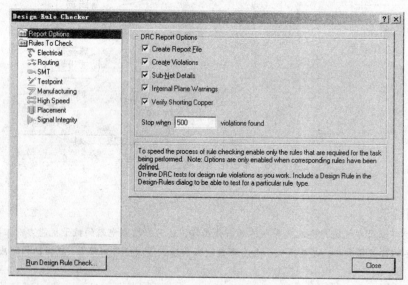

图 4.89 DRC 选项设置对话框

设计规则检查的结果形式可在 DRC Report Options 中设置。

(1) Create Report File：选择此项，设计检验的结果将生成报表文件。

(2) Create Violations：选择此项，设计检验的结果将违反设计规则的地方在 PCB 板上用浅绿色标志显示。

(3) Sub-Net Details：选择此项，系统将在生成的报表文件中详细列出违反设计规则的子网络，包括焊盘、过孔和导线等具有网络标号的图件。

(4) Internal Plane Warnings：选择此项，系统将会对内电层违反设计规则的地方提出警告。

(5) Verify Shortiny Copper：选择此项，完成了检查规则的选择，单击对话框左下角按钮，系统会自动完成整个电路板的设计规则检查，并且将检查结果以扩展名为".DRC"的文件进行显示。

本例 A/D 转换电路 DRC 检查结果如下：

Protel Design System Design Rule Check

PCB File\Backup1\AD 转换电路.PCBDOC

Date 2009-11-26

Time 22:07:46

Processing Rule：Hole Size Constraint (Min=1mil) (Max=100mil) (All)

Violation：Pad JP3-26(5605.984mil,3846.22mil) Multi-Layer Actual Hole Size = 128.346mil

Violation：Pad JP3-27(5605.984mil,1993.78mil) Multi-Layer Actual Hole Size = 128.346mil

Rule Violations：2

Processing Rule：Width Constraint (Min=8mil) (Max=30mil) (Prefered=10mil) (All)

Rule Violations：0

Processing Rule：Clearance Constraint (Gap=8mil) (All),(All)

Rule Violations：0

Processing Rule：Broken-Net Constraint ((All))

Rule Violations：0

Processing Rule：Short-Circuit Constraint (Allowed=Not Allowed) (All),(All)

Rule Violations：0

Processing Rule：Width Constraint (Min=10mil) (Max=40mil) (Prefered=20mil) (InNet('VCC'))

Rule Violations：0

Violations Detected：2

Time Elapsed：00:00:01

从报告的结果可以看出，共有两项违反了电气规则。参考上面生成的详细报告文件，并结合电路板上的标志，对违反规则的地方进行修改。

特别提示

电气规则检查的目的在于查出与设计规则相冲突的错误,但是并非所有与设计规则相冲突的错误都要改正,如本例的错误提示为 "Violation: Pad JP3-26(5605.984mil,3846.22mil)Multi-Layer Actual Hole Size = 128.346mil",即孔径大小发生了错误,实际孔径为 128.346mil,大于规则的设置值 100mil。但结合电路板上的标志,可以看到孔径为 128.346mil 的孔是安装固定孔,并非作为电气连接的焊盘,故此类错误并不会影响电路板的电气工作性能,可以不予理会。

小　　结

本章首先介绍了印制电路板的基本概念、Protel DXP 下的 PCB 设计环境及其环境参数设置、PCB 设计相关的一些基本概念如图层、导线、焊盘、导孔等。

为保持与前面章节的知识连贯性,本章继续以 A/D 转换电路为例详细介绍了 PCB 的设计的全过程。主要包括 PCB 设计的基本流程,PCB 设计的两种方法,Protel DXP PCB 环境下如何设置参数(包括光标显示、栅格大小等),PCB 布局布线以及 PCB 电气规则检查。

PCB 的设计是一项复杂烦琐的工作,需要设计人员多次实践并不断积累经验,这样才能设计出优质的 PCB。

习　　题

1. PCB 从结构上分为_____、_____、_____三种。
2. 焊盘的作用是_____。
3. PCB 文件的设计方法有_____、_____。
4. Protel DXP 下放置焊盘的命令为_____。
5. 过孔是为连通各层之间的线路,在各层需要连通的导线的交汇处钻上一个_____。
6. 简述印制电路板的概念与作用。
7. 印刷电路板根据导电图形的层数,一般分为哪几类?各有何特点?
8. 简述飞线的作用。
9. 焊盘和过孔有何区别?
10. PCB 中禁止布线层有什么作用?
11. 网络表和元器件封装的载入方法有哪几种?
12. 新建一个 PCB 工程文件,命名为 "user2.PRJPCB",然后利用向导生成一个 PCB 文件,命名为 "user2.PCBDOC",其中电路板外形为长方形,宽为 5000mil,高为 3500mil 的单层板,主要元件为贴片式元件。
13. 新建一个 PCB 文件,在顶层布线绘制一条导线,设置其宽度为 20 mil,并将其一端点设置为坐标原点。

14. 图 4.90 所示为一放大电路的原理图，利用手工方式或原理图"更新"方式到 PCB 的方式设计此放大电路 PCB 图，采用单面板，尺寸长为 2 000mil，宽为 1 000mil，电源和地线宽度为 20mil，其余布线宽度为 15mil。

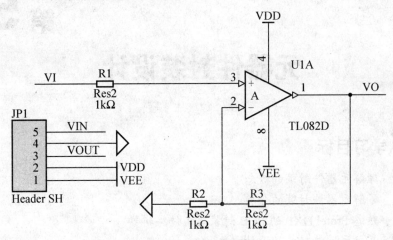

图 4.90 放大电路原理图

第 5 章

元器件封装设计

 学习目标

- 理解元器件封装的概念
- 了解元器件封装的分类
- 熟悉 Protel DXP 的 PCB 封装库文件编辑器
- 掌握元器件封装的设计方法

 本章知识结构

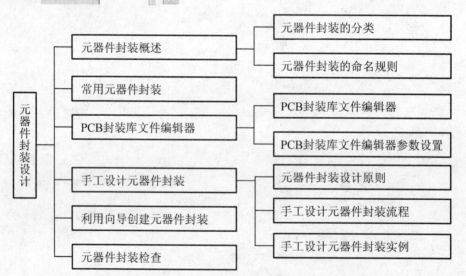

5.1 元器件封装概述

所谓元器件封装,是指实际的元器件焊接到电路板上时,所显示的外观和焊点的位置。图 5.1 所示为 A/D 转换电路中的 A/D 转换器——ADC0804LCN 的 20 针双排塑料插座的元器件封装。

纯粹的元器件封装仅仅是空间的概念,因此不同的元器件可以共用同一个元器件封装。另一方面,同种元器件也可以有不同的封装。比如电阻,因为电阻的功率不同而导致不同功率的电阻在外形和焊盘位置上差异较大,它的封装形式有多种,如图 5.2 所示。

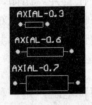

图 5.1　20 针双排塑料插座的元器件封装图　　图 5.2　RES2 电阻对应的封装形式

1. 元器件封装的分类

元器件的封装形式可分为两大类,即直插式元器件封装和表面粘贴式(STM)元器件封装。

(1) 直插式元器件封装。直插式元器件封装是针对针脚类元器件的,焊接针脚类元器件时先要将元器件的针脚插入焊点导通孔,然后再焊锡。图 5.3 所示为 A/D 转换电路中的 ADC0804LCN 实物和其封装。

(2) 表面粘贴式元器件封装。其焊点只限于表面板层,图 5.4 所示为 Atmel 公司的 FPGA AT6000 实物及其封装。

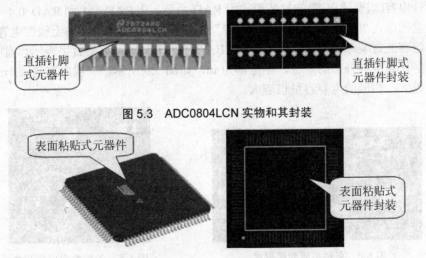

图 5.3　ADC0804LCN 实物和其封装

图 5.4　FPGA AT6000 实物和其封装

2. 元器件封装的命名规则

元器件封装的命名规则一般为元器件封装类型(代号)加上焊点距离(焊点数),再加上元器件的外形尺寸,如 AXIAL-0.3、RAD-0.2、DIP-8 等。用户可以根据元器件封装的代号来判别元器件封装的规格类型,如 AXAIL-0.3 表示此元器件的封装为轴状的,两焊点间的距离尺寸为 300mil;DIP-8 表示双排引脚的元器件封装,两排共有 8 个引脚(焊点数)。

5.2 常用元器件封装

在设计 PCB 电路板的过程中,有些元器件是经常用到的,如电阻、电容以及三端稳压源等。在 Protel DXP 中,同一种元器件虽然电气特性相同,但是由于应用的场合不同而使元器件的封装存在差异。比如,电阻由于其负载功率和运用场合不同,而导致其元器件的封装形式多种多样,这种情况对于电容等来说也是同样存在的。因此,下面主要介绍常用元器件封装,使读者能够了解并掌握这些常用元器件的封装形式。

1. 电阻

电阻器通常简称电阻,是一种应用十分广泛的电子元件,它的英文名称为 Resistor,缩写为 Res。固定电阻的原理图符号的常用名称为 Res,常用的针脚封装形式为 AXIAL 系列,包括 AXIAL-0.3、AXIAL-0.5、AXIAL-0.6、AXIAL-0.7、AXIAL-0.8、AXIAL-0.9 和 AXIAL-1.0 等封装形式,其后缀数字代表两个焊盘的间距,如:0.4 表示 400mil 如图 5.5 所示。

2. 电容

电容也是经常使用的元件之一。根据电容的制作材料不同,有钽电容、瓷片容、独石电容、电解电容等。根据电容的极性,可以分为无极性电容和有极性电容等。根据电容值是否可调,还可分为固定电容和可调电容。

无极性电容(即普通电容)的封装形式为 RAD 系列,从 RAD-0.1 到 RAD-0.4,后缀数字代表焊盘间距,单位为 in,如"RAD-0.2"表示焊盘间距为 0.2in 的无极性电容封装。

电解电容的封装形式为 RB 系列,从 RB.1-2 到 RB5-1.0,后缀数字表示焊盘间距,最后一个数字代表电容外形的直径,单位都为 in,如图 5.6 所示。一般电容封装形式名称的后缀数值越大,相应的电容容量也越大。

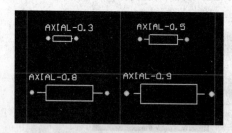

图 5.5 各种电阻封装形式

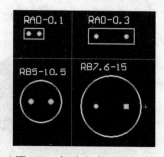

图 5.6 各种电容封装形式

3. 二极管

二极管的种类繁多，根据它们应用的场合可以分为普通二极管、发光二极管、稳压二极管和快恢复二极管以及由多个发光二极管构成的七段数码管等。

常见的二极管封装形式有 DIODE-0.4、DIODE-0.7 和 SO-G3/Z3.3，其中 DIODE-0.4 指的是普通二极管的焊盘间距为 400mil，SO-G3/Z3.3 表示变容二极管封装，如图 5.7 所示。

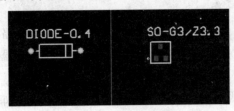

图 5.7　二极管封装形式

4. 晶体管

常见的晶体管(又称三极管)包括普通的 NPN 型和 PNP 型晶体管，以及由多个晶体管复合而成的复合管，这类晶体管根据其功能主要运用在功率放大电路和开关控制电路中。

普通晶体管根据其构成的 PN 结的方向不同，分为 NPN 型和 PNP 型。常见晶体管的封装主要有以下三种形式："BCY-W3"、"BCY-W3/H.7"、"SO-G3/C2.5"，如图 5.8 所示。除了上述三种常见的晶体管封装外，常用的封装还有"TO-120"，这种封装的晶体管一般是用于功率较大的复合晶体管，它的最大电流可达 1A。

图 5.8　晶体管封装形式

5. 晶振

晶振是用来产生时钟频率的元件，其封装名称为"BCY-W2/D3.1"，如图 5.9 所示。

6. 电位器

电位器的封装形式如图 5.10 所示，其封装名称为 VRXXX，后缀 XXX 表示引脚的形状。

图 5.9　晶振封装形式

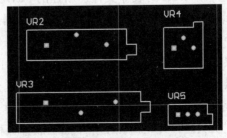

图 5.10　电位器封装形式

7. 串口 DB-9、DB-25 封装

串口是计算机与外界通信的接口，一般有 9 针串口 DB-9 和 25 针串口 DB-25，其封装形式如图 5.11 所示。

8. 双列直插元器件封装

在电路设计过程中，为了方便安装与调试，在初次设计电路板时，往往将许多集成电路芯片的选型定为双列直插元器件(DIP)。同一种双列直插的元器件封装依据功能的不同，它的原理图符号的名称也不尽相同，分别代表着不同的元器件。如运算放大器 TL084，比较器 LM339 等。它们常用的引脚封装形式都为 DIP-14 系列，如图 5.12 所示。

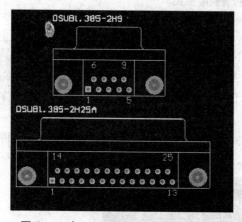

图 5.11 串口 DB-9 和 DB-25 封装形式

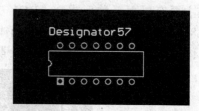

图 5.12 双列直插元器件封装形式

5.3 PCB 封装库文件编辑器

5.3.1 PCB 封装库文件编辑器界面

执行菜单命令 File|New|PCB Library，即可启动 PCB 封装库文件编辑器，如图 5.13 所示。同时创建一个 PCB 封装库文件，新建的 PCB 封装库文件名默认为 PcbLib1.PcbLib。

PCB 封装库文件编辑器的界面和 PCB 编辑器的界面相似。从图中可以看出，整个编辑器大体上可以分为以下部分：

(1) 主菜单栏：主要给设计人员提供编辑、绘图命令，以便创建一个新的封装元件。

(2) 工具栏：为用户提供各种工具图标，以进行快捷操作，可以让用户方便、快捷地执行命令和各项基本功能。如打印、存盘等操作，均可以通过工具栏上的工具按钮来实现。

(3) 绘图工具区：让用户在工作平面上放置各种元素，如焊点、线段、圆弧等。

第 5 章 元器件封装设计

(4) 封装库管理器：对元器件封装库文件进行管理，如图 5.14 所示。元器件封装库管理器主要用于创建一个新的元器件封装、将元器件封装放置到 PCB 工作平面上、用于更新 PCB 元器件封装库、添加或删除元器件库中的元器件封装等。

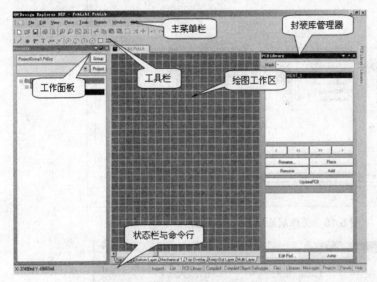

图 5.13　PCB 封装库文件编辑器图

5.14　封装库管理器

(5) 状态栏与命令行：在编辑器最下方，用于提示用户当前系统所处的状态和正在执行的命令。

同前面章节所叙述的一样，PCB 封装库文件编辑器也提供了类似的画面管理功能，包括画面的放大、缩小，各种管理器、工具栏的打开和关闭。画面的放大、缩小处理可通过 View 菜单的各种命令进行，也可通过选择工具栏上放大按钮和缩小按钮，来实现画面的放大与缩小。

5.3.2　PCB 封装库文件编辑器参数设置

PCB 封装库文件编辑器的参数设置主要用来设置一些基本参数，如度量单位、鼠标的最小移动量等，但是设计人员无须设置编辑区域，因为系统会自动开辟出一个区域供设计人员使用。

(1) 编辑器工作层面参数设置。在 PCB 封装库文件编辑器环境下，执行菜单命令 Tools|Mechanical Library，在弹出的工作层面参数设置对话框中设置工作层面的状态，可以根据自己的设计习惯定制工作层面的参数。设置好的工作层面参数如图 5.15 所示。

(2) 电路板选项参数设置。执行菜单命令 Tools|Library Options，在弹出的对话框中可以进行电路板选项参数设置，如图 5.16 所示。

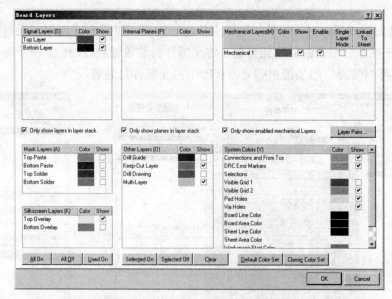

图 5.15 工作层面参数设置对话框

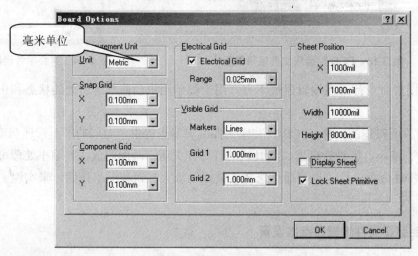

图 5.16 电路板选项参数设置对话框

此对话框主要用来设置一些基本参数，如度量单位、鼠标的最小移动量等。

特别提示

设置选项参数时，最好以毫米作为度量单位。这样可以方便用户在制作元件时掌握图件的大小，如图 5.16 的设置。

(3) 系统参数设置。执行菜单命令 Tools|Preference，弹出系统参数设置对话框，具体设置如图 5.17 所示，单击 OK 按钮完成系统参数设置。

第 5 章 元器件封装设计

图 5.17 系统参数设置对话框

5.4 手工设计元器件封装

1. 元器件封装设计原则

在完成系统参数设置之后,就可以进行元器件封装的设计。在进行元器件封装的设计之前,应当掌握有关元器件实物的充分数据。

什么叫做掌握元器件实物的充分数据呢?在一般情况下,只要精确掌握元器件的外形尺寸和焊盘间距的数据就足够了。精确的元器件的外形尺寸能够保证元器件顺利地安装到电路板上。

2. 手工设计元器件封装流程

手工设计元器件封装的流程如图 5.18 所示。

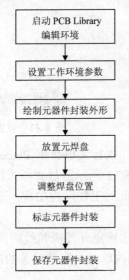

图 5.18 手工设计封装流程

3. 手工设计元器件封装实例

下面根据流程图步骤，手工设计一个晶体管封装。

设计步骤如下：

(1) 在 Protel DXP 初始环境下执行菜单命令 File|New|PCB Library(文件|新建|PCB 库文件)，新建一个名为"PcbLib1.PcbLib"的 PCB 封装库文件，系统将自动进入封装库文件编辑工作环境，如图 5.19 所示。

(2) 执行菜单命令 Tools|Library Options，在参数选项对话框中设置各种参数。

(3) 执行菜单命令 Edit|Set Reference|Location (编辑|设置参考点|位置)，进入设置参考点位置命令状态。此时光标变为十字形。移动光标到工作区中央位置，单击确定该点为参考原点，如图 5.20 所示。图 5.21 所示为设置前与设置后光标当前位置在状态栏的坐标显示。

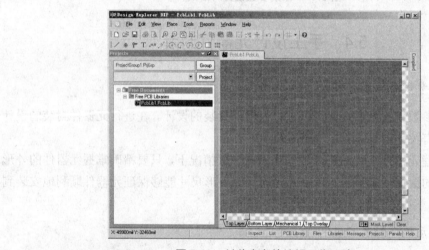

图 5.19　封装库文件编辑工作环境

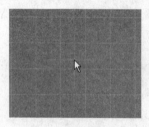

图 5.20　设置原点　　　　　图 5.21　设置前后光标当前位置坐标显示

(4) 绘制元器件封装外形形状。执行菜单命令 Place|Arc(Anglel)[放置|圆弧(任意角度)]或者单击工具按钮，进入如图 5.22 所示的放置圆弧线的命令状态，单击确定该段圆弧线的起点，移动光标到适当位置，此时工作区内出现一个如图 5.23 所示的圆弧，单击确定此段圆弧线的半径。

(5) 移动光标到合适位置，单击确定此段圆弧线的终点，如图 5.23 所示。右击退出放置圆弧线命令状态，再在空白区域内单击，取消对象的选中状态，从而完成圆弧线绘制。

第 5 章 元器件封装设计

图 5.22 确定圆弧半径　　　图 5.23 确定圆弧线的终点

(6) 执行菜单命令 Place|Line(放置|直线)或单击工具栏中的 ∕ 按钮,进入放置直线命令状态。移动光标到圆弧起点位置,此时光标变为十字形,单击确定直线起点位置,再移动光标到圆弧终点位置,单击确定该点为直线终点。右击退出放置该段直线命令状态,再次右击退出放置直线命令状态,从而完成如图 5.24 所示的直线绘制。

(7) 放置焊盘。执行菜单命令 Place|pad(放置|焊盘)或者单击工具栏中的 ● 按钮,移动光标到坐标位置(0, −100)处,单击放置该焊盘,再移动光标到坐标位置(0, 150)和(0, 200)处,单击放置两个焊盘,并修改其属性,完成的焊盘放置如图 5.25 所示。

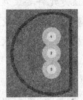

图 5.24 绘制直线　　　图 5.25 放置好的焊盘

(8) 调整焊盘。双击焊盘,打开焊盘属性对话框,修改对话框中的"Hole Size"(孔径大小)参数为 35mil;然后修改 Size and Shape(大小和形状)栏中的 X-Size(X 尺寸)大小为 78.4mil,Y-Size (Y 尺寸)为 39.37mil,shape 为 Round(圆型),其他参数保持系统默认设置,如图 5.26 所示。单击 OK 按钮确定,调整好第一个焊盘的形状,同样方法再调整其他几个焊盘的形状。

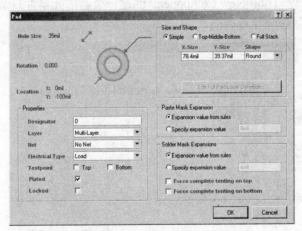

图 5.26 焊盘属性对话框

(9) 单击 PCB Library 面板的 Rename 按钮，在弹出的 Rename Component 对话框中的"Name"(名称)文本框内输入元器件封装名称"Triobe"，如图 5.27 所示。

(10) 执行菜单命令 File|Save(文件|保存)，以 Triobe 为文件名保存，生成 Triobe.PcbLib 封装库文件，完成元件封装 Triobe 的创建。在 PCB 环境下加载"Triobe.PcbLib"库文件，调用名为"Triobe"的元件，手工设计的晶体管封装如图 5.28 所示。

图 5.27 元器件封装重命名

图 5.28 手工设计的晶体管封装

特别提示

放置焊盘时，考虑的应该是元件安装在电路板正面时的情况，因此在数元件引脚的时候应该是俯视元件，而不是把元件"肚皮朝上"翻过来数。焊盘所在的位置为最终 PCB 上固定元件引脚的位置，各焊盘之间的尺寸必须符合元件引脚实际间隔大小，在设计的时候必须依据实际间隔尺寸的设计原则，否则不可能正确地在印制电路板上安装元件。

5.5 利用向导创建元器件封装

Protel DXP 系统中提供了元器件封装生成向导，设计者利用某一元器件封装样板，可在其基础上定义设计规则，一旦完成设计规则的定义后，系统会替设计人员自动生成一个元器件封装。下面介绍如何利用该向导创建 A/D 转换器中的 ADC0804LCN 元件的 DIP-20 封装。

(1) 执行菜单命令 Tools|New Component 创建一个新的元器件封装，此时系统弹出如图 5.29 所示的封装创建向导对话框。

图 5.29 封装创建向导对话框

(2) 单击 Next 按钮，出现元器件封装样板选择对话框，如图 5.30 所示。

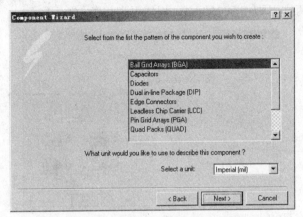

图 5.30　元器件封装样板选择对话框

元器件封装样板选择对话框中可以通过右侧的滑块，来浏览选择样板，其中各样板说明如下。

① Ball Grid Arrays：球栅阵列封装样板。
② Capacitors：电容封装样板。
③ Dual in-line Package：双列直插封装样板。
④ Edge Connectors：边连接样式封装样板。
⑤ Leadless Chip Carrier：无引线芯片载体封装样板。
⑥ Pin Grid Arrays：引脚网格阵列封装样板。
⑦ Quad Packs：四边引出扁平封装样板。
⑧ Registers：电阻样式封装样板。
⑨ Small Outline Package：小尺寸封装样板。

选择"Dual in-line Package"(双列直插)封装类型，在"Select a unit"中选择单位，在其下拉列表中选择"Imperial(mil)"单位选项。

(3) 单击 Next 按钮，弹出焊盘设置对话框，在其中设置焊盘尺寸，如图 5.31 所示。

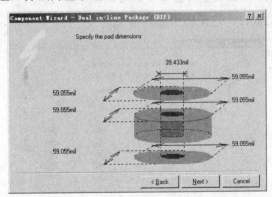

图 5.31　焊盘尺寸设置

(4) 单击 Next 按钮，弹出如图 5.32 所示的对话框，可用来设置元件封装引脚的相对位置与间距。默认为两排引脚相距 600mil，相邻引脚相距 100mil。根据 ADC0804LCN 元件大小，这里设置为两排引脚相距 300mil，相邻引脚相距 100mil。

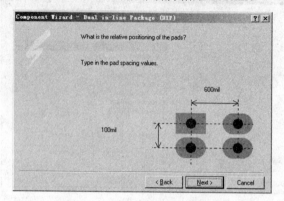

图 5.32　引脚间距设置对话框

(5) 保持默认值不变，单击 Next 按钮，弹出元器件封装线宽设置对话框，如图 5.33 所示。默认的线宽为 10mil。

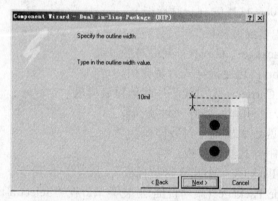

图 5.33　元器件封装线宽设置对话框

(6) 单击 Next 按钮，弹出设置焊盘数目的对话框，如图 5.34 所示。单击文本框右边的按钮就能改变焊盘的数目。这里将引脚数目设定为"20"。

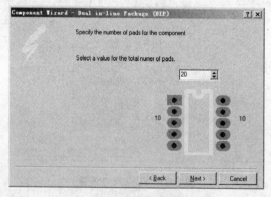

图 5.34　焊盘数目设置对话框

第 5 章 元器件封装设计

(7) 单击 Next 按钮，弹出设定元器件封装名称的对话框，如图 5.35 所示。其默认名称为"DIP20"，这里保留元器件封装的默认名称。

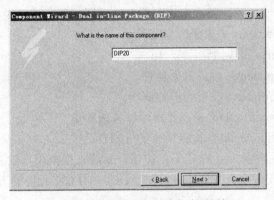

图 5.35 设定元器件封装名称对话框

(8) 单击 Next 按钮，弹出完成对话框，单击 OK 按钮，返回 PCB 库文件编辑工作环境，此时元件封装已经呈现在工作区内，如图 5.36 所示。

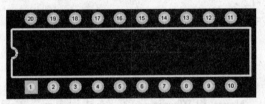

图 5.36 ADC0804LCN 元件的 DIP20 封装

5.6 元器件封装检查

元器件封装规则检查报告的功能与原理图编辑器中的编译工程功能和 PCB 编辑器中的 DRC 功能类似，它能够根据用户设定的元器件封装规则，对当前元器件库文件中的元器件封装进行检查，如果元器件封装有错，系统将提供错误信息的详细报告。

执行菜单命令 Reports|Component Rule Check，即可进入元器件封装规则检查设置对话框，如图 5.37 所示。

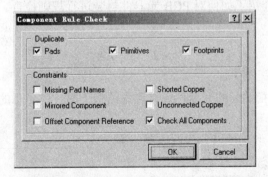

图 5.37 元器件封装规则检查设置对话框

在图5.37所示的对话框中，主要包括以下两个区域：

(1) Duplicate 区域：该区域检查元器件库和元器件中是否有重复焊盘、图件和封装。

(2) Constraints 区域：该区域设定规则检查的范围。其各选项说明如下。

① Missing Pad Names：丢失了焊盘名称。

② Shorted Copper：铜线短路。

③ Mirrored Component：镜像的元器件。

④ Unconnected Copper：没有连接的铜线。

⑤ Offset Component Reference：元器件参考偏移量。

⑥ Check All Components：检查所有的元器件。

在设置好了检查的规则后，单击OK按钮，系统将根据用户设置的规则生成扩展名为".err"的元器件封装规则检查报告，这里对ADC0804LCN元件的DIP20封装进行检查，结果如下：

Protel Design System: Library Component Rule Check
PCB File : DIP20
Date   : 2009-3-12
Time   : 10:10:54

Name   Warnings

PCBComponent_1   Offset Component Origin

从报告中可以看出，Name和Warnings项没有错误提示，表示所检查的元器件封装通过了检查。若系统给出的报告中有错误信息，可以根据Name和Warnings项所提示的信息来修改元器件封装。

小　　结

本章主要介绍了封装的概念、各种常见的封装、Protel DXP下的PCB封装库文件编辑器的使用方法、封装设计流程等。通过设计晶体管封装实例，介绍了手工设计封装的方法；以设计A/D转换电路中的ADC0804LCN元件封装DIP20为实例，介绍了利用向导创建PCB封装的方法；最后还介绍了如何对PCB元器件封装进行规则检查。

习　　题

1. 元器件封装是指实际的元器件焊接到电路板上时，所显示的＿＿＿＿＿＿和＿＿＿＿＿＿位置。

2. 元器件的封装形式可以分为两大类，即＿＿＿＿＿＿和＿＿＿＿＿＿元器件封装。

3. 常用元器件封装有哪些形式？

4．元器件原理图符号与元器件封装的关系是什么？

5．Protel DXP 下查找元器件封装的方法有哪几种？

6．简述 PCB 元器件封装的设计原则。

7．简述 Protel DXP 下 PCB 封装库文件的概念。

8．创建一个 PCB 封装库文件，命名为"MYLIB.PCBLIB"。"封装库文件"与"集成库文件"有什么不同？

9．利用向导创建一个 DIP-8 封装，参数自定。

10．任意打开一个元器件封装库，然后修改其中的元器件封装的外形尺寸和焊盘大小。

11．打开创建的 DIP-8 封装，对该封装进行规则检查。

第 6 章

信号完整性分析基础

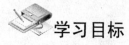

学习目标

- 理解信号完整性的基本概念
- 掌握信号完整性分析的相关知识
- 掌握 Protel DXP 的信号完整性分析规则设置方法
- 掌握利用 Protel DXP 进行反射分析和串扰分析的方法

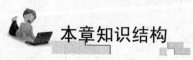

本章知识结构

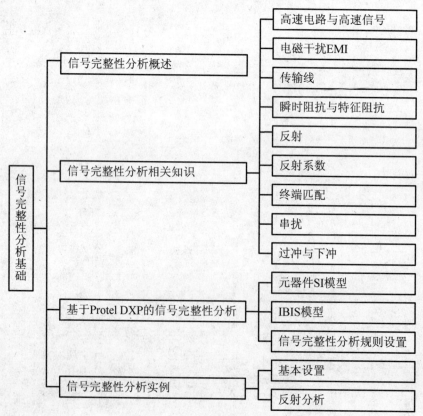

6.1 信号完整性分析概述

信号完整性指在不影响系统中其他信号质量的前提下，位于此信号路径上的各个负载能够尽最大可能复还(接收到)驱动端所发出的原始信号的状态。

十多年以前，低频电路设计中，只要设计的无源器件的引脚连接正确，电路板就几乎不会对电路性能产生负面的影响。然而在高速数字电路设计中，还要求在信号完整性方面进行充分的考虑，否则即使电路原理正确，引脚连接也正确，电路也可能无法正常工作，因为走线的各种寄生效应、每条走线之间的相互影响，都会对电路的性能产生影响。具体表现包括电路的设计不能满足 EMC 兼容性测试、设计的电路只能间断工作、设计对电源的变化敏感、设计对温度的变化敏感等，这些现象常常找不到明显的原因。

Protel DXP 中包含一个高级信号完整性仿真系统，能完成印制电路板的设计并检查设计参数，并能够测试电路的过冲(Overshoot)、下冲(Undershoot)、阻抗性等参数。

Protel DXP 的信号完整性分析器，完整贯穿于整个电路设计过程中，从而能实时地检查下冲、上升时间、时间和阻抗等问题，从而做到在加工印制电路板前，用最少的代价解决电路中的电磁兼容或电磁干扰的问题。其有如下的优点：

(1) 设置简单，只需在相应的设计规则中设定合理的设计参数即可。
(2) 可以在原理图状态下完成信号的预仿真分析。
(3) 可以从印制电路图中直接进行分析。
(4) 反射和串抗设置直观、快速准确。
(5) 建模形式采用直接和器件连接的信号完整性模型。
(6) 通过波形观察器显示完整性分析结果。

6.2 信号完整性分析相关知识

6.2.1 高速电路与高速信号

通常约定如果数字逻辑电路的频率达到或超过 45~50MHz，而且工作在这个频率之上的电路占到了整个电子系统一定的份量(比如 1/3)，就称为高速电路。

信号的传递发生在信号状态改变的瞬间，如上升或下降时刻。高速信号快速变化的上升沿与下降沿(或称信号的跳变)引发了信号传输的非预期结果。因此，通常约定如果导线传输延时大于驱动端数字信号 1/2 的上升时间，则认为此类信号是高速信号并产生传输线效应，如图 6.1 所示。

图 6.1 表示的高速信号在传输过程中产生反射现象造成的信号不完整，上升沿上升时间持续 t_1，信号 C 从驱动端 A 到接收端 B 经过一段固定的时间 t_2，如果传输延时小于 1/2 的上升或下降时间，即 $t_2 < \frac{1}{2}t_1$，那么来自接收端的反射信号将在信号 C 改变状态(即从上升沿变到下降沿)前到达驱动端 A。反之，若 $t_2 > \frac{1}{2}t_1$，反射信号将在信号 C 改变状态之后到达

驱动端A。第一种情况下，即使反射信号很强，也不会因相叠加形成的复合信号而改变逻辑状态；但在第二种情况下，由于信号C与反射信号相叠加，形成的复合信号有可能改变原来的逻辑状态，即逻辑状态可能从0变成1，也可能从1变成0，这样就引起了非预期的传输结果。

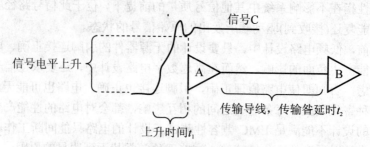

图6.1　信号C由A传输到B

实际上，是否产生非预期信号，跟信号的跳变与传输延时有关系。信号跳变一般跟信号在器件上的上升时间有关，而信号的传输延时跟PCB上的传输布线有关。PCB板如果过孔多、器件引脚多、网线上设置的约束多，延时将增大。

6.2.2　电磁干扰EMI

EMI(Electro-Magnetic Interference)即电磁干扰，产生的问题包括过量的电磁辐射及对电磁辐射的敏感性两方面。EMI表现为当数字系统加电运行时，会对周围环境辐射电磁波，从而干扰周围环境中电子设备的正常工作。它产生的主要原因是电路工作频率太高，以及布局布线不合理。电磁干扰一般分为传导干扰和辐射干扰两种。传导干扰是指通过导电介质把一个电网络的信号耦合(干扰)到另外一个电网络中；辐射干扰是指干扰源通过空间把信号耦合(干扰)到另外一个电网络中。

6.2.3　传输线

传输线是一种双导线的互联线，其长度比导体的横截面的尺寸要长并且沿线是均匀的。传输线主要用于芯片与芯片之间、电路与电路之间、系统与系统之间的能量和信息的传递。由于许多互连线基本上都是在一个连续的平面上分布出的长线条，所以允许精确地以传输线作为模型，可用于许多信号完整性分析。

常用的传输线可以是两线架空线、同轴电缆、二芯电缆等平行双导线由两条直径相同、彼此平行布放的导线组成；同轴电缆由两个同心圆柱导体组成。这样的传输线在一段长度内，可以认为其参数处处相同，故可称为均匀传输线。

均匀传输线用分布系统模型表示，其上的原始参数用每单位长度的电路参数来表示的，即单位长度Δz线段上的电阻R(包括来回线)、单位长度线段上的电感L、单位长度线段的两导体间的漏电导G、单位长度线段两导体间的电容C。考虑一小段传输线Δz，可采用集总系统近似建立传输线模型，如图6.2所示。

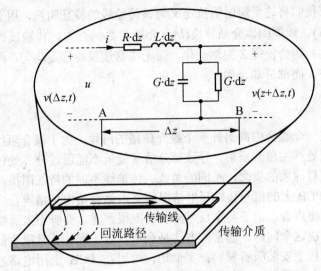

图 6.2 小段传输线的集总模型

图中 Δz 为一个单元电路,单元电路中的 dz 代表距离的微分,当信号由 A 端传送到 B 端时,电压产生 du 的增量,电流产生 di 的增量,在回路里运用基尔霍夫电压定律,可得

$$v(z+\Delta z,t)-v(z,t)=-Ri(z,t)-L\frac{di(z,t)}{dt} \quad (6\text{-}1)$$

同理,在 $z+\Delta z$ 处运用基尔霍夫电流定律,可得

$$i(z+\Delta z,t)-i(z,t)=-Gv(z+\Delta z,t)-C\frac{dv(z+\Delta z,t)}{dt} \quad (6\text{-}2)$$

对 Δz 进行细分并使 $\Delta z \to 0$,式(6-1)与式(6-2)将由差分方程变换为微分方程如下:

$$\frac{\partial v(v,t)}{\partial z}=-Ri(z,t)-l\frac{\partial i(z,t)}{\partial t} \quad (6\text{-}3)$$

$$\frac{\partial i(z,t)}{\partial z}=-Gv(z,t)-c\frac{\partial v(z,t)}{\partial t} \quad (6\text{-}4)$$

同时求解式(6-3)、式(6-4),可得到传输线上任意点的电压和电流值。系统对输入信号的响应,在很大程度上取决于系统的尺寸是否小于信号中最快的电气特性的有效长度。如果一个系统对输入信号的响应,是沿着走线分布的,即称为分布式系统;如果系统物理尺寸足够小,并且所有点同时响应为一个统一单位,则称为集总系统。区分一个系统是分布式系统还是集总系统,要由流经该系统的信号的上升时间来决定,区分标志是系统尺寸与上升时间有效传输长度之比。对于印制电路板走线、点到点的连线以及总线结构,如果连线长度小于上升沿有效传输长度的 1/6,则电路主要表现为一个集总系统的特征。

6.2.4 瞬时阻抗与特征阻抗

由以上可知,信号在 PCB 传输线上不断地向前传播,那么对于每个时刻。信号传输到传输线的某个特定单元位置,由这个位置上的等效电路所构成的阻抗(传输线上输入电压和电流的比值),就是该信号此时的瞬时阻抗。如果信号在传输线上传输时,每个瞬时阻抗都完全一致,那么我们将这个瞬时阻抗定义为该传输线的特征阻抗,用 Z 表示。特征阻抗与信号线的线宽(w)、线厚(t)、介质厚度(h)、介质常数(r)有关。传输线的四个参数 w,t,h,r 任何一个发生变化,则会使得 Z 突然变化,而无法继续保持稳定均匀,此时信号的能量必然会发生部分前进,而部分却反射。

6.2.5 反射

当一个信号在一个媒介中向另外一个媒介传播的时候,由于媒介阻抗变化,将导致信号在不同媒介交接处产生信号反射,导致部分信号能量不能通过分界处传输到另外的媒介中。反射是一个相对抽象的概念,不同的负载、传输线不同的特征阻抗,都能产生强度不一样的反射现象。PCB 上的信号传输反射情况同室内体育馆内传播声音反射的情况是一致的。比如扬声器发出声音,由于礼堂反射回声情况很严重,而听不太清楚扬声器播放的是什么内容。为了解决这个问题,通常的方法是利用音效工程让礼堂吸收反射,如地上铺设地毯,墙上、天花板上安装吸音材料。类似地,可以在 PCB 上用电路方法让走线吸收信号反射,这样走线中就不会出现到处传播的反射信号来干扰接收端接收和理解发送端发送的信息。关于其如何实现,在后面的章节中会介绍。

6.2.6 反射系数

传输线的特征阻抗,是由它的几何形状以及走线周围材料的介电系数决定的。几何形状的改变或介电系数的改变,都会导致传输线在这一点的特征阻抗发生变化,从而可能在这一点导致反射。反射的大小用反射系数来衡量。在单个的终端电阻并联在走线远端的情况下,反射系数的定义为:

$$\rho = \frac{R_L - Z_O}{R_L + Z_O} \tag{6-5}$$

其示意图如图 6.3 所示,在式(6-5)中,R_L 为终端阻抗,Z_O 为传输线阻抗。如果 $R_L = Z_O$,那么反射系数的大小就变为 0,也即不会发生阻抗不连续的情况,从而不存在反射。如果走线是开路的(即 R_L 无限大),那么反射系数就是+1,此时的反射率为 100%,并且反射信号的符号是正的。所以如果在一条开路的走线上施加 3V 的信号,那么最初反射回来的信号也是 3V,走线上总的信号电压将是 6V(至少在这个时刻是这样);如果走线是短路的(即 $R_L = 0$),那么反射系数就是-1,这意味着反射率也是 100%,不过反射信号的方向与原信号方向是相反的,所以如果我们在被短路的走线上施加 3V 的信号,那么最初反射回来的信号是-3V,走线上的瞬时总电压将是 0。

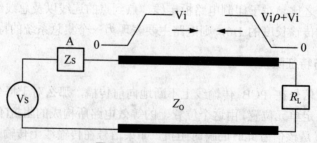

图 6.3 反射系数示意图

6.2.7 终端匹配

减少反射必须要使传输线阻抗与终端阻抗匹配,终端匹配方案有如下几种常用形式。

1. 并联终端匹配

将等于传输线特征阻抗的一个电阻,并联在走线的末端。在走线上传播的所有能量都被电阻吸收,从而不存在反射。终端电阻连接在 VCC 或者 GND 都可以,如图 6.5 所示。

并联终端匹配有如下优点:
① 容易确定电阻的值;
② 只有一个元件;
③ 容易连接;
④ 对分布的负载(即负载沿着走线分布)来说性能良好。

缺点是它提供了一个连续到地的直流路径,因此,在它上面总有连续的直流电流流过。这对于单根走线来说可能不是问题。但是如果在设计中有 1 000 根这样的走线,那么在这 1000 个终端电阻上所消耗的功率就非常可观。

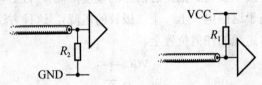

图 6.5 并联阻抗到 GND 或者 VCC 式的终端匹配

2. 戴维宁终端匹配

与并联终端阻抗方式紧密相关的一种连接方式,是戴维宁终端匹配。它包括了一对电阻,一个连接到 VCC,一个连接到 GND,如图 6.6 所示。这对电阻在终端阻抗匹配功能之外,还提供了上拉/下拉的作用。因此,它除了给分布的负载提供并联的终端阻抗之外,还可以在某些特定的场合提高噪声裕度。

3. 交流终端匹配

交流终端匹配方式给并联终端电阻串联一个电容,如图 6.7 所示。这样的终端匹配的优点是,电容阻止了直流电流,所以在匹配电阻上没有隐定的电流流过。初看上去,这种方法拥有并联终端阻抗匹配的所有优点,但如果电容的值很大,那么就会存在明显的功率消耗,这种方法和普通的并联终端电阻的方式也就没有多大区别。如果电容的值很小,那么它会导致过冲,并影响信号的上升时间和下降时间。

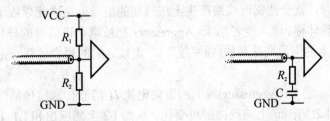

图 6.6 戴维宁终端匹配　　图 6.7 交流终端匹配

4. 串联终端匹配

串联终端电阻如图 6.8 所示，这种方式在现在的高速设计中越来越常见。它具备了两个优点：一是，只使用一个元件，并且没有直流电流。不过，串联终端匹配电阻放置在走线的开始位置，而并不是末尾；二是，走线的末尾是开路的。因此，在走线的远端会出现 100% 的正方向的反射，并向前端反射回来。

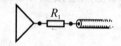

图 6.8 串联阻抗终端匹配

5. 二极管终端匹配

使用二极管进行终端匹配，不是为了把反射减少到最小，而只是为了限制反射。两个二极管按图 6.9 所示连接在走线上。在传输线的两端都可能存在反射，并且反射信号会在走线中来回流动。这种技术仅仅是把反射信号的幅度限制在 VCC 和电平之间(或者说得恰当一些，分别低于或高于这些电平上一个二极管的压降)。这种方法对功率消耗没有影响，二极管可以放置在沿着走线的任何位置上。

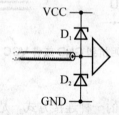

图 6.9 二极管终端匹配

以上介绍了利用终端匹配解决反射问题的五种方案，在后续内容可以看到，利用 Protel 信号完整分析器解决反射问题时，所采用的是这五种方案之一。

6.2.8 串扰

两条彼此靠近的信号走线如图 6.10 所示，高速信号沿着其中一条走线流动(我们称其为主动线)，实质上是按照电磁波的方式在传播，即在传输路径上，能量存在随时间交替变化的电场和磁场中。电磁场能量并不限制在传播线内，相当一部分电磁场能量存在导线之外，其电场或磁场将会通过某种方式耦合(影响)到其他导体线路内。当这样耦合的电磁场强度达到一定量时，就会使邻近线路产生无法预期的信号，这样就导致了串扰。通常把主动产生信号源和导体称为"入侵者"，即 Aggressor；把被耦合进信号的导体称为"受害者"，即 Victim。走线上的电流变化越快(频率越高)、走线之间的耦合越强、走线距离越近，耦合也越强。

图 6-10 中所示的 L1(Aggressor)线上的驱动电流 $I1$ 沿着传输线传播时，其磁场的变化会影响邻近导体 L2(Victim)上的反向磁场变化，从而 L2 上感应出和 L1 上方向相反的耦合电流 $I2$。L1 上的信号传输到任意位置，L2 上的感应电流 $I2$ 的性质都不会发生变化。

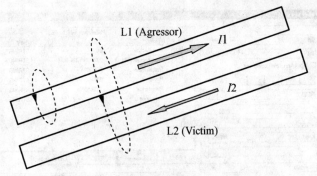

图 6.10　两导线之间的感性串扰和容性串扰

6.2.9　过冲与下冲

过冲(Over shoot)是指接收信号的第一个峰值或谷值超过了设定电压。对于上升沿,是指第一个峰值超过最高电压,对于下降沿,是指第一个谷值超出了最低电压;而下冲(under shoot)就是指第二个谷值或峰值。过冲严重时导致峰值或谷值过早失效,下冲严重时导致引起假的时钟或者数据错误。

6.3　基于 Protel DXP 的信号完整性分析

6.3.1　元器件 SI 模型

Protel DXP 进行信号完整性分析是建立在 SI 模型基础上的,Protel DXP 提供了现成的七种类型元器件的 SI 模型,包括 IC(集成电路)类、Resister(电阻类元件)类、Capacitor(电容类元件)类、Inductor(电感类元件)类、Diode(二极管类元件)类、Connector(连接类元件)类和 BJT(双极性晶体管类元件)类。

设计者可以根据实际情况来为元件设置 SI 模型。以 Protel DXP 自带实例"4 Port Serial Interface.PRJPCB"工程文件下的"4 Port UART and Line Drivers.SchDoc"原理图为例,设置 SI 模型具体步骤如下:

(1) 打开元件所在的原理图"4 Port UART and Line Drivers.SchDoc",双击电阻元件 R1,弹出属性设置对话框,如图 6.11 所示。

(2) 如果元件的 SI 模型已经存在了,则选中该模型,然后单击 Edit(编辑)按钮即可对元件模型进行标记。从图 6.11 中可以看出 Model for R1-RES1 框下没有 SI 模型,则在该对话框右下角的模型设定区域中单击 Add(添加)按钮,会弹出一个模型类型选择对话框,选择模型类型为 Signal Integrity(信号完整性),如图 6.12 所示。

在 Add New Model 对话框中单击 OK 按钮,将会弹出元件的 Signal Integrity Model(信号完整性模型设置)对话框,如图 6.13 所示。

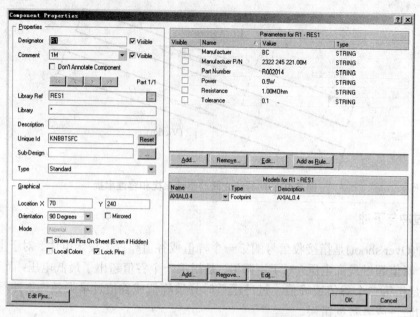

图 6.11　R1 属性设置

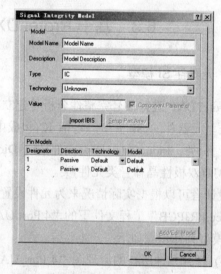

图 6.12　选择模型类型　　　　图 6.13　信号完整性模型设置对话框

(3) 在图 6.13 所示的对话框中,可对元件的 SI 模型进行设定。对于无源器件,如电容、电阻等,设置很简单,在 Value 文本框中输入适当的阻容值就可以了。比如这里是对一个电阻进行设置,在 Type 处选择 Resistor,在 Value 文本框处输入阻值 1M。

对于排阻或者电容阵列,可以单击对话框中的 Setup Part Array(设置元件阵列)按钮来为其设定 SI 参数,这样就使其中每个电阻或电容,都可以具有独立的引脚和电气参数。

对于 IC 类器件,设定其工艺类型即可。对于简单的 IC 类型器件,可以使用元件 SI 模型编辑对话框下部的引脚设定部分,为各个引脚选择合适的参数。在这些引脚中,电源性质的引脚是不可编辑的。图 6.14 所示为 U1 的 SI 模型设置。

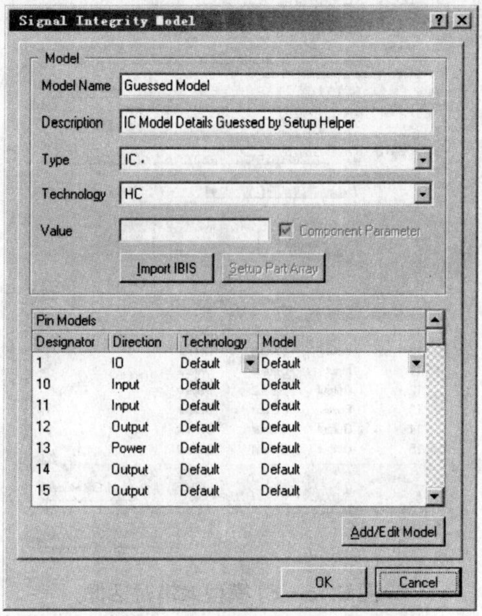

第 6 章　信号完整性分析基础

图 6.14　U1 的 SI 模型设置

6.3.2　IBIS 模型

　　IBIS(Input/Output Buffer Information Specification)即输入输出缓冲接口，该模型是一种基于 V/I 曲线的对 I/O BUFFER 快速准确建模的方法，反映了芯片驱动和接收电气特性的一种国际标准，它提供一种标准的文件格式来记录如驱动源输出阻抗、上升/下降时间及输入负载等参数，非常适合完成振荡和串扰等高频效应的计算与仿真。

　　IBIS 规范最初由一个被称为 IBIS 开放论坛的工业组织编写，这个组织是由一些 EDA 厂商、计算机制造商、半导体厂商和大学组成的。IBIS 的版本发布情况为：1993 年 4 月第一次推出 Version 1.0 版，同年 6 月经修改后发布了 Version 1.1 版；1994 年 6 月在 San Diego 通过了 Version 2.0 版，同年 12 月升级为 Version 2.1 版，1995 年 12 月 Version 2.1 版成为 ANSI/EIA-656 标准；1997 年 6 月发布了 Version 3.0 版，同年 9 月被接纳为 IEC 62012-1 标准；1998 年升级为 Version 3.1 版，1999 年 1 月推出了当前最新的版本 Version 3.2 版。IBIS 是一种文件格式，它的扩展名为*.ibs，它声明在一标准的 IBIS 文件中如何记录一个芯片的驱动器和接收器的不同参数，但并不说明这些被记录的参数如何使用，这些参数需要由使用 IBIS 模型的仿真工具来读取。

　　这里我们可以为元件指定现成的 IBIS 模型，从而简化为元件指定每个引脚的设定。获取 IBIS 模型一般有三种方法：从 ICX 模型库获取 IBIS 模型、由供应商提供 IBIS 模型、从 SPICE 模型中提取 IBIS 模型。

　　获取 IBIS 模型文件后，在原理图中打开元件的属性设置对话框，为元件添加一个 SI 模型，打开如图 6.15 所示的 SI 模型编辑对话框，单击 Import IBIS 按钮，导入获取的 IBIS 文件。

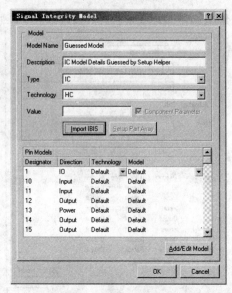

图 6.15 SI 模型编辑对话框

特别提示

只有模型类型为 IC 的元件才可导入 IBIS 文件，否则"Import IBIS(导入 IBIS)"按钮呈未激活状态，无法使用。

6.3.3 信号完整性分析规则设置

下面介绍 Protel DXP 环境下有关信号完整性分析规则的设置内容。

在 PCB 编辑器中执行菜单命令 Design|Rules，在弹出的设计规则设置对话框中，选择 Signal Integrity 项，则在右边分析规则显示列表区内将列出信号完整性分析规则的设置项，如图 6.16 所示。

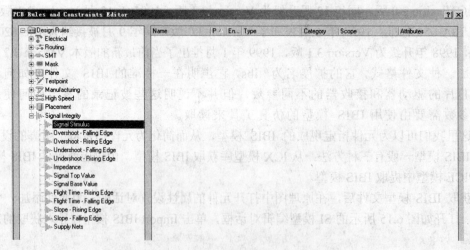

图 6.16 信号完整性分析规则设置项

双击 Signal Integrity 项或单击其前面的"+"图标，各个分析规则在其下方展开。要对某个分析规则进行设置，则要将该分析规则添加到分析规则显示列表区内。选中要添加的分析规则，右击弹出如图 6.17 所示的快捷菜单，执行 New Rule...命令，该项即被添加到分析规则显示列表区内。在分析规则显示列表区选中要设置的分析规则项，用鼠标双击后，则可进入分析规则设置对话框。

图 6.17 快捷菜单

Protel DXP 信号完整性分析工具中包含了 13 个分析规则，下面介绍各个分析规则的含义及其设置内容。

1. Signal Stimulus 项

本项为激励信号规则设置。Constraints 栏用于设置激励信号的参数。在 Stimulus Kind 下拉列表中选择激励信号的类型：Constant Level(恒定电平)、Signal Pulse(单脉冲信号)或 Periodic Pulse(周期脉冲信号)，单位为秒。

2. Overshoot-Falling Edge 项

本项为有关信号下降沿过冲的设置。Constraints 栏用于设置信号下降沿允许的最大过冲值，单位为伏。

3. Overshoot-Rising Edge 项

本项为有关信号上升沿过冲的设置。Constraints 栏用于设置信号上升沿允许的最大过冲值，单位为伏。

4. Undershoot-Falling Edge 项

本项为有关信号下降沿下冲设置。Constraints 栏用于设置信号下降沿允许的最大下冲值，单位为伏。

5. Undershoot-Rising Edge 项

该项为信号上升沿下冲设置。Constraints 栏用于设置信号上升沿允许的最大下冲值，单位为伏。

6. Impedance 项

本项用于设置导体允许的最大和最小电阻值。导线的阻抗与导体的几何形状、电导率、导体周围的绝缘材料(如电路板的基体材料、多层间的绝缘层、阻焊层等)以及电路板的几何物理分布尤其与板上其他导体的距离)有关。Constraints 栏用于设置最小阻抗值和最大阻抗值，单位为欧。

7. Signal Top Value 项

本项为信号上位值设置，信号上位值是指信号在高电平状态下的稳定电压值。Constraints 栏用于设置允许高电平的最小电压，单位为伏。

8. Signal Base Value 项

本项为信号基值(Signal Base)设置,信号基值是信号在低电平状态下的稳定电压值。Constraints 栏用于设置允许的最大基值电压,单位为伏。

9. Flight Time-Rising Edge 项

本项为飞行时间的上升边沿设置。飞行时间是指相互关联结构之间输入信号的延迟时间,是指实际的输入电压到达门槛电压,当小于这段时间时,将驱动一个与电路输出直接相连的基准负载。Constraints 栏用于设置上升沿的最大允许飞行时间,单位为秒。可以在输入值后添加特殊字符来表示比例因子,如"k"(千)、"m"(毫)、"n"(纳)等,单位为秒。

10. Flight Time-Falling Edge 项

本项为飞行时间的下降边沿设置。Constraints 栏用于设置下降沿的最大允许飞行时间,单位为秒。

11. Slope-Rising Edge 项

本项为上升沿斜率设置,用于设置所允许的最大上升沿斜率时间,"Slope-Rising Edge"(上升沿斜率)是指信号从门槛电压(V_T)上升到一个有效高电平(VIH)所经历的时间。Constraints 栏用于设置所允许的最大上升沿斜率时间,单位为秒。

12. Slope-Falling Edge 项

本项为下降沿斜率设置,"Slope-Falling Edge"(下降沿斜率)是指信号从门槛电压(V_T)下降到一个行平(V_l)所经历的时间。Constraints 栏用于设置所允许的最大上升沿斜率时间,单位为秒。

13. Supply Nets 项

本项用于设置电路板上供电网络的电压值。Constraints 栏用于设置规则适用范围中指定网络的电压值,单位为伏。

6.4 信号完整性分析实例

以上介绍了有关信号完整性分析的基础知识。下面以 Protel DXP 自带的例子"4 Port Serial Interface"为例来介绍如何对 PCB 进行信号完整性分析,主要介绍如何进行反射分析,而串扰分析与此类似,并根据前面提供的方案进行解决。在 Project 面板中加载"4 Port Serial Interface"项目文件,打开"4 Port Serial Interface.PcbDoc"文件,如图 6.18 所示。

特别提示

在 PCB 环境下进行信号完整性分析,所分析的 PCB 文件必须包含在项目文件中,如果设计文件是作为"Free Docume"出现,则不能运行 SI 分析。

第 6 章 信号完整性分析基础

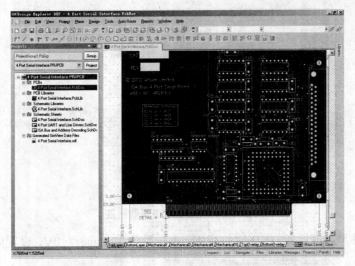

图 6.18 打开"4 Port Serial Interface"项目的 PCB 文件

6.4.1 基本设置

在信号完整性分析之前,需要先进行一些设置,主要定义信号完整性分析规则、进行电源网络及层堆栈设置、选择正确的信号完整性分析模型等。下面主要介绍电源网络设置和选择正确的信号完整性分析模型。

1. 电源网络设置

仿真前要在设计规则中定义设计的供电网络。通常至少要设置电源和地端两个基本供电网络,规则的应用范围一般是单选"Net"类。执行菜单命令 Design|Rules,打开 Design Rules 设置对话框,从对话框左侧选择 Signal Integrity 类别的 Supply Nets 规则,在此规则中新建两个子规则,如图 6.19 所示。

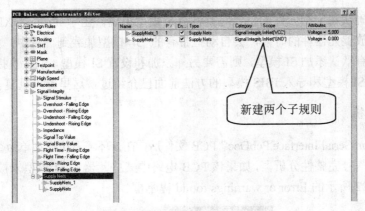

图 6.19 新建的 Supply Nets 规则

双击其中一个电源规则,在相应对话框的"Where the First object matches"栏中点选择"Net"单选按钮,从网络的下拉列表中选中 VCC 网络,设置电压数值 Voltage 为 5V,即可设置好 VCC 网络的规则,如图 6.20 所示。

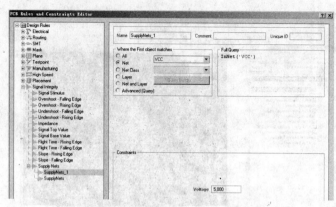

图 6.20　VCC 网络规则设置

重复以上步骤，可设置 GND 网络规则，电压数值 Voltage 为 0V，设置如图 6.21 所示。

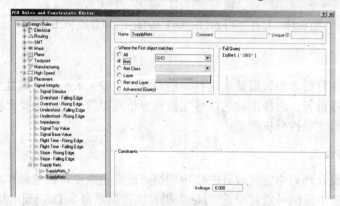

图 6.21　GND 网络规则设置

2. 选择正确的信号完整性模型

仿真前要确认每一个元件的信号完整性分析模型正确。由于 Protel DXP 引入了集成库，在原理图放置元器件的时候，会自动把带有的 SI 模型加载到项目中。如果集成库中某些器件没有默认添加 SI 模型，则需要另外添加和设置 SI 模型，或者直接导入 IBIS 模型。有关添加 SI 模型和导入 IBIS 模型的方法前面已介绍过，这里不再重复。

6.4.2　反射分析

打开"4 Port Serial Interface.PcbDoc" PCB 文件后，在该环境下执行菜单命令 Tools|Signal Integrity，启动信号完整性分析器，如果该 PCB 电路中某些元器件 SI 模型未被设置或加载，则弹出如图 6.22 所示的 Error or warnings found 提示框。

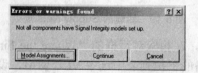

图 6.22　Error or warnings found 提示框

第 6 章 信号完整性分析基础

单击 Model Assignments 按钮，弹出如图 6.23 所示的 SI 模型配置对话框。

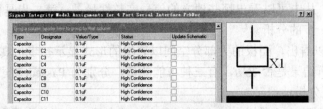

图 6.23 SI 模型配置对话框

在图 6.23 所示对话框中，列出了该电路的所有元器件的 SI 模型的配置情况，其中 Status(状态)一列为当前模型的状态信息，表示这些自动加入的模型的可信度，供用户参考，有关状态信息的说明见表 6-1。

表 6-1 状态信息说明

状态信息名称	说　　明
Model Found	为元件找到了 SI 模型
User Modified	用户自定义了模型
Model Saved	原理图中的元件已经保存了与 SI 模型相关的信息
High Confidence	自动分配的 SI 模型是高可信度的
Medium Confidence	自动分配的 SI 模型是中可信度的
Low Confidence	自动分配的 SI 模型是不太可信的
No Match	没有找到合适的 SI 模型类型

将未配置 SI 模型的元件配置完毕后，单击 Analyze Design 按钮，出现如图 6.24 所示的信号完整性分析面板。

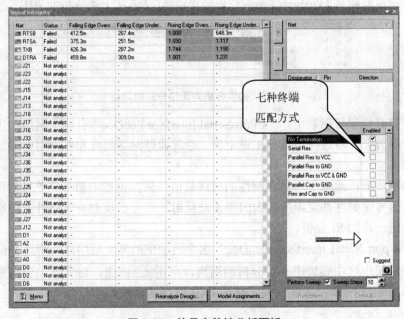

图 6.24 信号完整性分析面板

信号完整性分析一般包括两大步骤，第一步是对所有可能需要进行分析的网络，进行一个初步的分析，从中可以看出哪些地方的信号完整性最差；第二步是再从中筛选出一些信号网络完成进一步的分析。

从图 6.24 可以看出，面板的大部分空间以表格的形式显示初步仿真结果，其中 Status 一列显示初步分析结果是否成功，有三种可能的值，分别为 Passed(通过)、Failed(失败)和 Not analyzed(无法分析)。

如果出现的是 Passed(通过)，一般以绿色方块项表示，表明仿真通过，没有任何问题，如图 6.25 所示的 CTSB 等网络。

Net	Status	Falling Edge Ov...	Falling Edge Under...	Rising Edge Overs...
CTSB	Passed	194.4m	145.9m	469.4m
CTSC	Passed	219.3m	164.0m	493.8m
DCDB	Passed	591.6m	439.2m	320.1m
DCDC	Passed	231.0m	182.4m	448.0m
CTSD	Passed	234.6m	175.6m	482.5m

图 6.25 初步分析通过的网络

如果出现的是 Failed(失败)，一般以红色方块项表示，表明这些网络信号超过了公差限定的条件，所谓公差指预先设定的不应该超过的边界值，如图 6.26 所示的 RTSA 等网络。

Net	Status	Falling Edge Overs...	Falling Edge Under...	Rising Edge Overs...	Rising Edge Under...
RTSB	Failed	412.5m	267.4m	1.008	648.3m
RTSA	Failed	375.3m	251.5m	1.650	1.117
TXB	Failed	426.3m	287.2m	1.744	1.190
DTRA	Failed	459.8m	309.0m	1.801	1.231

图 6.26 初步分析超出预定公差的网络

如果出现的是 Not analyzed(无法分析)，如图 6.27 所示的 J21 网络等，则表明由于某种原因导致了对该信号无法分析。选中某一项右击，在弹出的快捷菜单中执行命令 Show|Hide Columns(显示或隐藏列)|Analysis Error(分析错误)，可显示其无法分析的原因。

Net	Status	Falling Edge Ov...	Falling Edge Under...	Rising Edge Overs...
J13	Not analyzed	-	-	-
J21	Not analyzed	-	-	-
J22	Not analyzed	-	-	-
J12	Not analyzed	-	-	-

图 6.27 初步分析为无法分析的网络

从初步仿真结果可以看出，"4 Port Serial Interface.PcbDoc"有四个网络初步仿真未获通过，其原因为上升沿过冲超过预先设定值。通过调整网络走线和在网络中添加电阻可以改善此问题。

以上的初步分析给出了信号完整性的最终数值结果，但影响信号完整性的因素很多，比如，对于信号完整性性能影响较大的因素是反射，想看出反射对网络性能的影响，就需要对网络作进一步的 SI 分析。

现对"4 port Serial Interface .PcbDoc"这个例子中的某个网络进一步进行反射分析。在初步分析结果中选中要做进一步分析的网络，单击 按钮，将其添加到待分析的网络列表中，如图 6.28 所示。这里分析反射对 TXB 网络的影响。

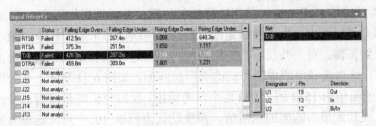

图 6.28 加入网络 TXB

在 6.2.6 小节中提到过，要减小反射，需终端阻抗匹配。在 6.2.7 小节又介绍了几种解决终端匹配的方案，Protel DXP 给出了七种终端匹配方式，如图 6.24 中的 Termination 区域所示，这七种方式与 6.2.7 小节介绍的方案是类似的，现对这七种方式作说明。

(1) Serial R(串联电阻方式)：

此方式可以降低外来电压的幅值，可以消除接收器的过冲现象，其中 $R_1=Z_o-R_{out}$，R_{out} 是缓冲器的输出电阻，Z_o 是传输线阻抗。

(2) Parallel R to VCC(电源 VCC 端并联电阻方式)：此方式在电源 VCC 和接收器输入端之间并联一个电阻，该电阻与传输线阻抗相匹配($R_1=Z_o$)，由于传输线反射特性的原因，这是一种比较完美的终止反射的方式。但在 R_1 上有持续的电流流过，这将会增加电源的功率消耗，并且会造成低压电平不同程度的升高，终止电阻值越大越明显。

(3) Parallel R to GND (地端并联电阻方式)：此方式在地和接收器输入端之间并联一个电阻，此电阻是与传输线阻抗相匹配的。与电源 VCC 并联电阻方式相比，本方式也是基于传输线反射特性的，它同样会增大电源的功率消耗，造成高压电平的降低。

(4) Parallel R to VCC and GND(电源端和地端同时并联电阻方式)：此方式适用于 TTL 总线电路。将 R_1 和 R_2 依照 $R_1//R_2=Z_o$ 进行取值，这种网络结构，在很大程度上可以消除传输线的反射问题；缺点是通过电阻分流的直流电流值很大。

(5) Parallel C to GND(地端并联电容方式)：在接收器输入端与地端之间并联电容，可以降低信号的噪声，缺点是接收器上波形的上升沿和下降沿可能会变得过于平坦，并会增加上升沿和下降沿的时间，可能造成信号同步上的一些问题。

(6) Parallel R and C to GND(地端并联电阻和电容方式)：此方式在接收器输入端与地端之间并联串联的电阻和电容，这种方式的优点是在终止网络结构中没有直流电流流过。在本方式中，电阻 R_2 与传输线的特征阻抗相等，即 $R_2=Z_o$。

(7) Parallel Schottky Diodes(并联肖特基二极管方式)：在传输线末端与 VCC 或地之间，并联肖特基二极管，可以减少接收端的过冲和下冲值。在标准逻辑集成电路的大部分输出电路中，都包含有肖特基钳位二极管。

现在，先不选择任何终端阻抗匹配方式，即选择 No Termination 复选框，如图 6.29 所示。

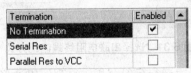

图 6.29 未设置任何终端匹配方式

单击 SI 面板中的 Reflections 按钮进行反射分析，分析结果如图 6.30 所示。

从波形图上可以看出，由于网络走线比较长，网络信号末端 U1-19、U2-12、U2-13 处已经有一些反射振荡。对一些反射严重的情况，需要进行重新走线。根据前面介绍的七种终端匹配方式，这里选择串联电阻方式改善阻抗匹配，如图 6.31 所示，系统默认给出串联电阻(电阻 R_1)的阻值由 15Ω 到 150Ω 这个参考范围，反射分析时系统对这个范围的电阻值进行扫描，以便找到最为匹配的电阻值，系统默认为扫描 10 个点，这里为了匹配的精确性，设置 20 个扫描点。

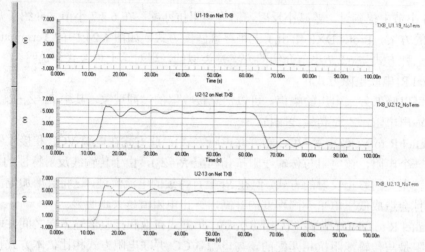

图 6.30　TXB 网络的反射波形

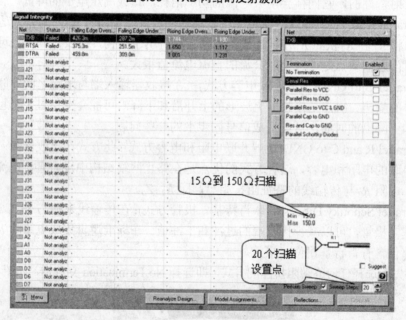

图 6.31　选择串联电阻终端匹配方式

单击 Reflections 按钮，再次运行反射分析，得到一组波形，如图 6.32 所示。可以看到该网络的反射情况有了明显的改变。

可以看出，当电阻 R_1 值为 135.8 Ω 左右时，TXB 网络的波形比较平滑，下降沿的失真明显减小。故可选择串联电阻 R_1 的值为 135.8 Ω，并把 R_1 加入到 TXB 网络中。

以上介绍的是反射分析。串扰分析是针对两个网络而言，需要设置一个攻击网络 Set Aggressor 和一个被侵害的网络 Set Victim。执行串扰分析的方法是单击 SI 面板右下角的 Cross Talk 按钮。串扰分析与反射分析类似，读者可自行参照前面进行反射分析的方法进行串扰分析，这里不再赘述。

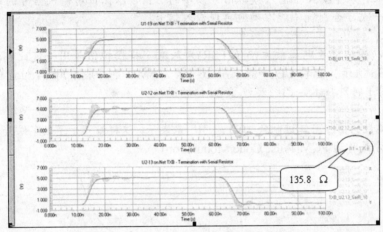

图 6.32 串联不同电阻后 TXB 网络的波形

阅读材料 6-1

A/D 转换电路

在实时测控和智能化仪表等应用系统中，传感器负责把非电信号如温度、压力、流量、速度及声音转换成电信号，这时的信号为模拟信号，但无法被数字系统处理，比如无法被微处理器处理。为解决这个问题，就需要一个将模拟量向数字量转换的器件——A/D(模/数)转换器，如图 6.33 所示。

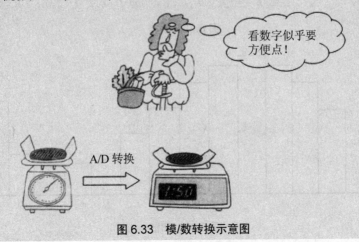

图 6.33 模/数转换示意图

1. A/D 转换器电路工作原理

A/D 转换器电路将模拟信号(A)转变为数字信号(D)，其可以提高对噪声的抗干扰能力，保证信号传输质量。A/D 转换的基本过程，是将通过前置滤波器的模拟信号进行采样、离散和编码处理。

1) 采样

采样定理表明，对连续的模拟信号(见图 6.34)可按一定的时间间隔进行采样，如图 6.35 所示。一般采样频率要大于输入模拟信号频率的 2 倍，以保证对输入信号的每一个半波至少能采样一次，否则就不能准确地再现输入信号。

2) 离散

离散是以模拟信号电压最大幅值(FSR)为基准，将模拟信号用一定比例(位)进行分割，如图 6.36 所示。音响 CD 一般采用 16 位，而 MD 则一般采用 14 位。但现在有的 CD 音响采用了特殊技术，已经实现了 20 位的离散。

3) 编码

将经过离散的信号用二进制数"0"、"1"来表示，这样就产生了数字信号，如图 6.37 所示。这种方式称为 PCM(Pulse Code Modulation)。

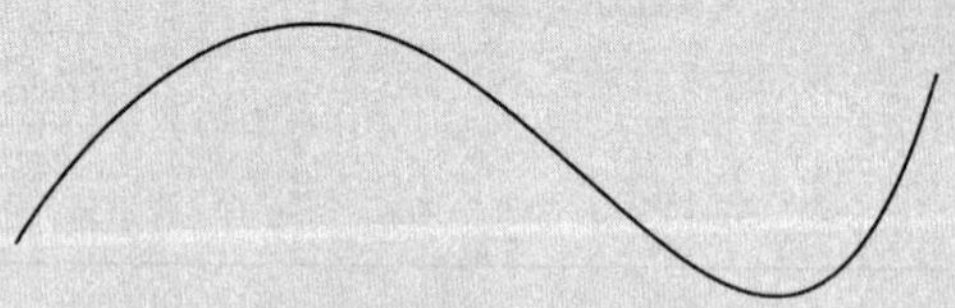

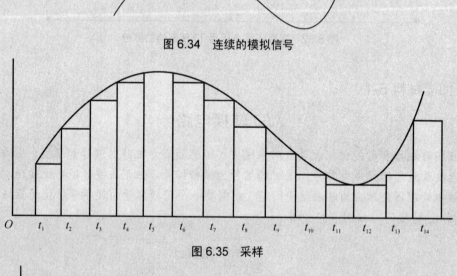

图 6.34 连续的模拟信号

图 6.35 采样

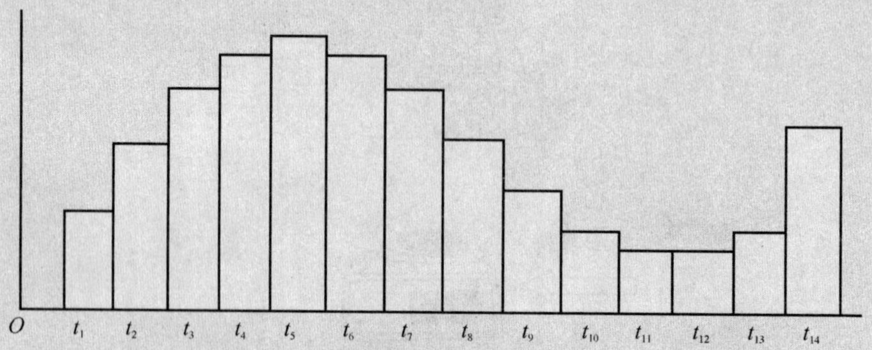

图 6.36 离散

第 6 章 信号完整性分析基础

0110	1010	1101	1110	1111	1110	1101	1010	0111	0101	0100	0100	0101	1011
t_1	t_2	t_3	t_4	t_5	t_6	t_7	t_8	t_9	t_{10}	t_{11}	t_{12}	t_{13}	t_{14}

图 6.37 编码

从图 6.34~图 6.37 可以看出，图 6.34 所示的模拟信号经过 A/D 转换后，得到 t_1 的 "0110" 到 t_{14} 的 "1011" 这 14 个数字量。实际的 A/D 转换器的离散和编码方式比以上所介绍的要复杂一些，但基本原理相同。

2. 典型 A/D 转换器——ADC0804LCN

图 6.38 所示为 ADC0804LCN 的实物图，图 6.39 所示为以 ADC0804LCN 为核心构成的典型应用电路图。

图 6.38 ADC0804LCN 的实物图

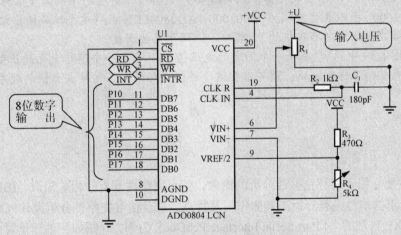

图 6.39 ADC0804CLN 的典型应用电路图

ADC0804LCN 的 11 脚~18 脚是 8 位数字量输出。

ADC0804LCN 的 6 脚和 7 脚是差动电压输入端。输入端为正电压时，VIN-接地；输入差动电压时，直接接入 VIN+和 VIN-。在图 6.34 中，R_1 为可变电阻，调节 R_1，可产生 0~+U 连续变化的模拟电压信号。

ADC0804LCN 的电压输入与编码输出的关系见表 6-2，输出编码是高 4 位和低 4 位，故数字编码情况有 16 种。

表 6-2 ADC0804LCN 电压输入与数字输出编码对应表

二进制编码	高 4 位电压/V	低 4 位电压/V
1111	4.800	0.300
1110	4.480	0.280
1101	4.160	0.260
1100	3.840	0.240
1011	3.520	0.220
1010	3.200	0.200
1001	2.880	0.180
1000	2.560	0.160
0111	2.240	0.140
0110	1.920	0.120
1010	1.600	0.100
0100	1.280	0.080
0011	0.960	0.060
0010	0.640	0.040
0001	0.320	0.020
0000	0	0

如果 VIN+=5V，由上表可知，5V=3.840V+1.160V，对应的编码高 4 位为 1100，而低 4 位为 1000，所以 8 位编码为 11001000，AD0804LCN 就将这个编码输出给其他的数字器件的端口，如送给单片机的 P1 端口，以用于其他用途。

如果图 6.39 中的 +U 不是一个固定的电压值 5V，而是一个连续变化的正弦波，经过 A/D 转换电路的采样和编码，就可以把这个连续变化的电压转换成离散的数字量了。

小　　结

本章主要介绍了信号完整性分析的概念、信号完整性分析的相关知识、IBIS 模型、Protel DXP 下的信号完整分析工具的作用及特点，以及信号完整性分析设计规则的设置。以 Protel DXP 自带的 "4 Port Serial Interface.PcbDoc" 为例，介绍如何进行反射分析，以及如何采取终端匹配方案以改善反射所造成的波形振荡。

习　　题

1. 信号完整性是指电路系统中信号的质量，如果在要求的时间内，信号能_____地从源端传送到接收端，具有所必须达到的_____数值，就称该信号是完整的。

2. 高速电路的频率达到或超过_____MHz。
3. 电磁干扰EMI(Electromagnetic Interference)分为_____和_____两种。
4. 传输线效应是指延迟、_____、串扰、过冲与下冲、_____等消极现象。
5. Protel DXP中信号完整性分析规则的设置命令为_____。
6. Protel DXP中的终端阻抗匹配的方法有_____种。
7. 简述判定高速电路的依据。
8. 高频电路与高速电路的区别是什么？
9. 传输线效应中造成反射现象的原因是什么？
10. 信号完整性分析时，电路板上的GND网络的电压应该如何设置？

第 2 篇 电路分析与仿真

在计算机 CAD 软件问世之前,电子工程师对电路进行分析与设计的主要工具是笔和纸,首先根据设计要求设计电路及其元件参数,在简化电路的基础上对电路进行手工估算,然后搭建电路板,使用仪器、仪表进行测试,验证是否满足指标要求。若满足要求,可进一步制作电路;若不满足,还需要重新修改参数,甚至重新修改电路设计方案,然后再重复上述过程。

随着集成电路规模的不断扩大,传统的设计方法已远远不能满足要求,为适应电子技术发展的需要,计算机辅助分析与设计(即 CAA 与 CAD)发展迅速。使用计算机辅助分析与设计,可代替传统的设计方法。在计算机上对电路进行模拟仿真,无需任何实际的元器件,用各种应用程序编写而成的元件模型和虚拟仪表代替了实验室大量真实元件与昂贵的仪器仪表。例图 1 所示为计算机仿真软件环境下的共集电极放大虚拟仿真电路,虚拟信号发生器和虚拟示波器作为信号源和观察仪器;例图 2 所示为虚拟示波器显示的共集电极放大电路瞬态仿真分析波形,从波形可以看出共集电极放大电路的输出跟随特性。

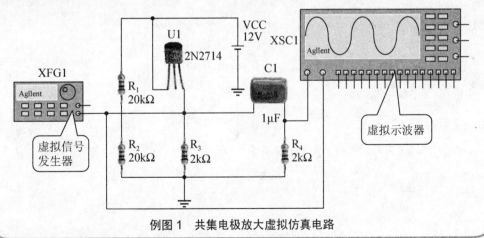

例图 1 共集电极放大虚拟仿真电路

利用计算机分析和仿真电路不仅降低了设计成本，缩短了开发周期，而且大大提高了设计质量，同时，它可以使电路设计者从烦琐的计算、重复性的劳动中解脱出来，有更多的精力和机会进行创造性劳动。本篇将基于 OrACD 公司的 PSpice 软件介绍各种常见的电路基本分析方法。

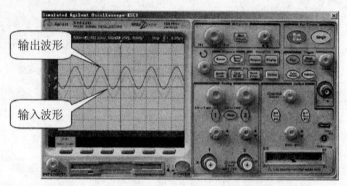

例图2　虚拟示波器显示的共集电极放大电路仿真波形

第 7 章

PSpice 9 概述

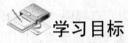 学习目标

- 理解计算机辅助电路分析和仿真的概念
- 熟悉 PSpice A/D 集成环境
- 掌握 PSpice 电路描述语句的语法结构

本章知识结构

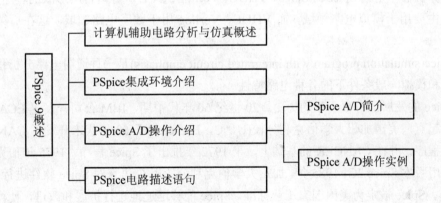

电子线路 CAD

7.1 计算机辅助电路分析与仿真概述

传统的电路设计中,一个硬件工程设计人员,为了对所设计的电路进行预估和检验,通常用两种方法:数学方法和物理方法。数学方法是利用电路基本定律和元件约束关系,列出电路方程,求解电路方程,计算出电路的参数值;物理方法是按电路原理图,在实验板上搭建电路,如利用面包板搭建电路,利用仪器仪表进行检测,最常用的是利用示波器进行波形的检测。

数学和物理这两种方法对设计规模较小的电路是可行的,但它有局限性和致命的缺陷,如电路的规模必须简单,不能考虑元件非理想特性,元器件类型必须单纯。其计算的精度有限,实验的精度不高,电路的参数值计算时间过长,不能进行极限状态和最坏情况分析、容差分析,优化设计很困难。

随着电子工业的发展,电路的设计规模越来越大,对电路的可靠性要求更高,电路的开发周期要求更短,传统的电路分析和检验方法已经不能满足需求。由于此时计算机的发展也具一定的规模,于是便出现了利用计算机来进行电路分析和计算。利用计算机进行电路分析、仿真和计算,可以完成传统方法所不能完成的工作,解决传统方法的致命缺陷。

所谓的计算机辅助电路分析、仿真和计算,就是利用计算机程序与元件仿真模型,对已经构思好的电路进行分析、模拟和参数值计算,使电路的设计结果更符合设计要求。这里的计算机程序是指 Spice、PSpice、VHDL、Verilog、C、C++等语言所形成的程序,Spice、PSpice 主要用于模拟电路领域,而 VHDL、Verilog 用于数字电路领域,这在后续章节中讨论。

Spice(simulation program with integrated circuit emphasis)是一种通用电路分析程序,能够分析和模拟一般条件下的各种电路特性

Spice 的发展已有数十年的历史。20 世纪 60 年代中期,IBM 公司开发了 ECAP 程序。以此为起点,美国加州大学伯克利分校(U,C,Berkeley)于 60 年代末开发了 CANCER 电路分析程序,并在 CANCER 的基础上,于 1972 年推出了 Spice 程序。1975 年伯克利正式推出实用版本 Spice 2G;1985 年,加州大学伯克利分校用 C 语言对 Spice 软件进行了改写;1988 年,Spice 被定为美国国家工业标准。Spice 能够迅速地进行扩展和改进,使得它的电路分析功能不断扩充,算法不断完善,元器件和模型不断增加和更新,分析精度和运行时间也得到有效的改善。各种以 Spice 为核心的商用模拟电路仿真软件,在 Spice 的基础上做了大量实用化工作,从而使 Spice 成为当时最流行的电子电路仿真软件,成为工业和科研上电路模拟的标准工具。

能够进行电路模拟仿真的工具很多,本章及第 8 章使用 OrCAD 公司的 PSpice 9 软件对电路进行仿真分析。

7.2　PSpice 集成环境简介

PSpice(popular simulation program with intergrated circuit emphasis)为侧重于集成电路的通用模拟程序的简称。它是基于美国加州大学伯克利分校于 1972 年开发的电路仿真程序，后由伯克利本人改进为著名的 Spice 2 电路模拟器发展而来的。

1984 年，美国 Microsim 公司推出 PSpice 版本，用在 PC 上作电路设计和仿真。1998 年，著名的 EDA 商业软件开发商 OrCAD 公司与 Microsim 公司正式合并，PSpice 产品进入 ORCAD 公司商业系统中。目前 OrACD 公司推出了 OrCAD PSpice Release 9，该版本技术相当成熟，它分为工业版(Production Version)和教学版(Education Version)。这些版本能在 PC 上完成中、大规模电路设计，进行模拟电路分析和数字电路分析与模拟——数字混合电路分析(Mixed Analog/Digital Simulation)。由于 PSpice Windows 版本引入了图形输入方式，便于不具备计算机专业知识的电路设计者快速进入计算机仿真领域。

PSpice 由六个基本程序模块组成：电路原理图输入程序 Schematic、激励源编辑程序 Stimulus Editor、电路仿真程序 PSpice A/D、输出结果绘图程序 Probe、模型参数提取程序 Parts、元件模型参数库 LIB。其中电路仿真程序 PSpice A/D 是 PSpice 的核心部分，其功能主要有直流分析、交流分析、瞬态分析、参数分析、统计分析五大类，该仿真程序还具有数字电路和模拟电路以及数模混合电路的仿真能力。

7.3　PSpice A/D 操作介绍

7.3.1　PSpice A/D 简介

启动 PSpice A/D 后，软件主界面如图 7.1 所示。

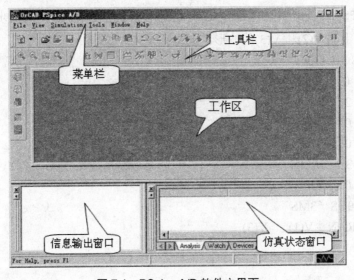

图 7.1　PSpice A/D 软件主界面

下面对该界面的主要部分进行说明。

(1) 菜单栏：包括 File、View、Simulation、Tools、Window、Help 六个子菜单。

① File 菜单：主要包括新建、打开、打印文件、运行文件命令。

② View 菜单：主要包括电路文件、输出文件、仿真结果、各种窗口等的显示命令。

③ Simulation 菜单：主要包括运行、暂停、停止仿真命令。

④ Tools 菜单：主要包括自定义和选项命令。

⑤ Window 菜单：主要包括有关新建、关闭、以水平垂直方式显示窗口等命令。

⑥ Help 菜单：包括各种帮助命令。

(2) 工具栏：主要由各种菜单命令的快捷方式构成。

(3) 工作区：用于编辑文本程序。

(4) 信息输出窗口：主要为程序仿真时，输出仿真信息。

(5) 仿真状态窗口：用于显示输出仿真时的一些状态信息和结果信息。

7.3.2 PSpice A/D 操作实例

下面以 PSpice 描述一低通滤波器电路的瞬态响应为例，介绍 PSpice A/D 的具体操作，电路图如图 7.2 所示。

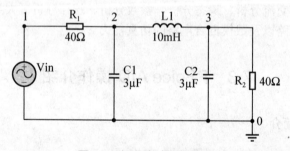

图 7.2 低通滤波器电路图

现要求在 PSpice 上计算该电路 0~3ms 内的瞬态响应(以 10μs 为时间步长)，并绘制出电路节点 2、3 上的 V(2)和 V(3)的波形。电路网单文件如下：

```
LOWPASS FILTER
VIN   1   0    SIN(0 10  1kHz)
R1    1   2    40
C1    2   0    3UF
C2    3   0    3UF
L1    2   3    10MH
R2    3   0    40
.TRAN  10US   3MS
.PLOT  TRAN  V(1)   V(3)
.PROBE
.END
```

现利用 PSpice A/D 完成瞬态分析，操作步骤如下。
(1) 启动 PSpice A/D 程序。
(2) 执行新建命令，新建一文本文件，如图 7.3 所示。

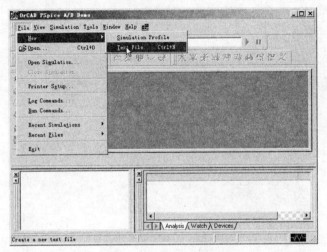

图 7.3　新建文本文件

(3) 在文本工作区内输入网单文件，如图 7.4 所示。

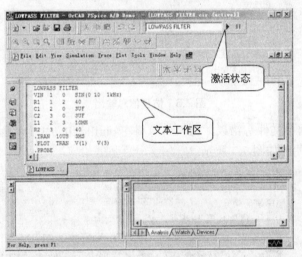

图 7.4　输入网单文件

(4) 执行菜单命令 File|Save as，将输入的网单文件进行保存，保存的文件名和文件类型如图 7.5 所示，保存类型必须为 .cir。

特别提示

文件保存后，编辑器的标题栏必须处于 active 状态，才能进行仿真，如图 7.4 中 "active 状态" 所示。

(5) 执行菜单命令 Simulation|Run 或者单击 ▶ 按钮，即可执行仿真分析命令。得到图 7.6 所示的仿真信息输出结果。

图 7.5 指定保存类型

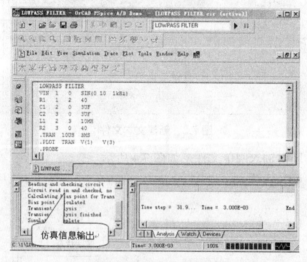

图 7.6 仿真信息输出

(6) 若输入的网单文件有错误，错误信息将在 outfile file 中具体显示出来。PROBE 绘制瞬态响应的屏幕图形如图 7.7 所示。

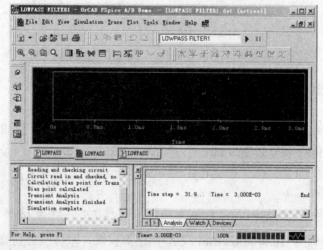

图 7.7 切换到 PROBE 查看结果

第 7 章　PSpice 9 概述

(7) 执行菜单命令 Trace|Add Trace 或者单击 按钮，出现如图 7.8 所示的选择输出变量对话框。

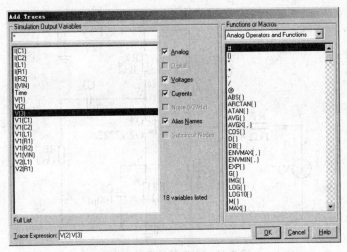

图 7.8　Add Trace 对话框

(8) 选择 V(2) 和 V(3) 输出，单击 OK 按钮，出现 PROBE 绘制的仿真分析瞬态波形，如图 7.9 所示。执行放大命令，可清晰观察波形。

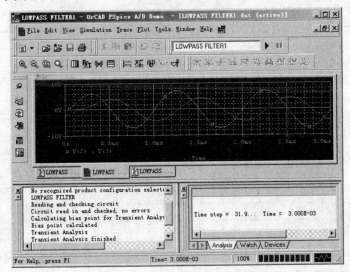

图 7.9　仿真分析瞬态波形

7.4　PSpice 电路描述语句

在 7.3 节中，我们知道在 PSpice A/D 环境下，以文本方式建立电路程序文件，是构造一个文件扩展名为 .cir 的 PSpice 电路程序文件，继而进行电路分析仿真，而构成该电路程序文件的语句有六种语句类型，即电路标题语句、电路描述语句、分析类型描述语句、输出描述语句、注释语句和结束语句。现以一典型单管放大电路为例，介绍电路描述语句的语法格式及规则。如图 7.10 所示为小信号单级放大电路。

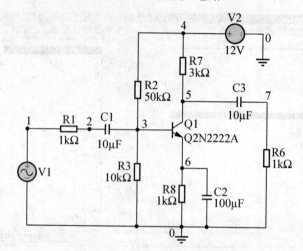

图 7.10　小信号单级放大电路

其电路 PSpice 程序如下：

```
Example1: Simple Amplifier                    (1)
.LIB   BIPOLAR.LIB                            (2)
V1  1  0  AC  1  SIN(0 10V 1KHZ)              (3)
R1  1  2  1K                                  (4)
C1  2  3  10U                                 (5)
R2  4  3  50K                                 (6)
R3  3  0  10K                                 (7)
R7  4  5  3K                                  (8)
*Included A Bipolar                           (9)
Q1  5  3  6  Q2N2222A                         (10)
R8  6  0  1K                                  (11)
C2  6  0  100U                                (12)
C3  5  7  10U                                 (13)
R6  7  0  1K                                  (14)
V2  4  0  DC 12                               (15)
.TRAN  1US  10MS                              (16)
.PROBE                                        (17)
.END                                          (18)
```

这个程序共有 18 条语句，完成电路 0～10ms 的瞬态分析。下面对这 18 条语句作出详细解释，并介绍 PSpice 的语法规则。

第 1 句是"标题"，由任意字符串构成，作为打印的标题，一般为与电路有关的英文说明。该句必须有，否则以描述电路语句为标题，显示程序出错。

第 2 句是载入库文件，此处载入的是晶体管的库文件。

特别提示

载入的库文件必须已经存在于对应的默认目录中,如果库文件不在默认路径下,.LIB 命令必须包含库文件的绝对路径。

第 3 句是在节点 1 和地之间加上幅度为 1V 的交流信号以进行交流分析,同时加一个正弦信号 SIN(0 10V 1kHz),其直流偏置为零,振幅为 10V,频率为 1kHz,供电路进行瞬态特性分析。

第 4 句 R1 是电阻名称,在节点 1 和节点 2 之间,阻值为 1kΩ。

第 5 句 C1 是电容名称,在节点 2 和节点 3 之间,容值为 10μF。

第 6 句 R2 是电阻名称,在节点 4 和节点 3 之间,阻值为 50kΩ。

第 7 句 R3 是电阻名称,在节点 3 和地之间,阻值为 10kΩ。

第 8 句 R7 是电阻名称,在节点 4 和节点 5 之间,阻值为 3kΩ。

第 9 句是注释语句,注释语句前要加"*"。

第 10 句 Q1 是双极型晶体管名称,其集电极、基极和发射极分别连在节点 5、3、和 6 上,Q1 所用的模型名称写为 Q2N2222A。

第 11 句 R8 是电阻名称,在节点 6 和地之间,阻值为 1kΩ。

第 12 句 C2 是电容名称,在节点 6 和地之间,容值为 100μF。

第 13 句 C3 是电容名称,在节点 5 和节点 7 之间,容值为 10μF。

第 14 句 R6 是电阻名称,在节点 7 和地之间,容值为 1kΩ。

第 15 句是节点 4 和地之间有直流电源,振幅为 12V。

第 16 句为特性分析语句,进行瞬态分析,并规定了打印或绘图的时间增量为 1μs,计算终止时间为 10ms。

第 17 句.PROBE 是屏幕图形输出命令。

第 18 句.END 是结束语句,表示输入程序结束。

这 18 条语句中,第 1 句是电路标题语句,电路标题语句是输入文件的第一行。

第 3 句到第 8 句,第 10 句到第 15 句属于电路描述语句,电路描述语句由定义电路拓扑结构和元器件参数的元器件描述语句、模型描述语句和电源语句等组成,其位置可以在标题语句和结束语句之间的任何地方。一般格式为:

.name +node -node <model ...> value

第 9 句属于注释语句,注释语句是对分析和运算加以说明的语句,它以"*"为首字符,位置是任意的,不参与模拟分析。

第 2、16、17 句属于分析类型描述语句,分析类型语句由定义电路分析类型的描述语句和一些控制语句组成。这类语句以"."开头,又称点语句。

第 18 句属于结束语句。结束语句是输入文件的最后一行,用.END 描述,必须设置。

从以上的电路程序可以看出,PSpice 程序一般包含如下 11 部分。

1. 节点

在分析电路之前,首先要对电路的节点进行编号,如图 7.10 所示。程序中的第 4 句(R1

1 2 1K），其中 1、2 表示节点 1 和 2。PSpice 规定节点 0 为地节点，其他节点的编号可以是任意数字或字符串。从图 7.10 中可以看出，PSpcie 不允许有悬浮节点，即每个节点对地均要有直流通路。当这个条件不满足时，通常是接一个大电阻使该悬浮节点具有直流通路。每个节点至少应连接两个元件，不能有悬空节点存在。

2．电路元件

PSpice A/D 包含多种电路器件，包括以下几类。

(1) 基本无源元件：电阻、电容、电感、互感器、传输线等。

(2) 半导体器件：二极管、晶体管、JFET MOSFET、GaAs、FETIGBT 等。

(3) 独立电压源和独立电流源：可产生用于 DC、AC、TRAN 分析和逻辑模拟所需的各种激励信号波形。

(4) 各种受控电压源、受控电流源和受控开关。

(5) 基本数字电路单元。

(6) 常用单元电路：集成电路。

程序中如 R1、R2、C3 等都是电路元件，PSpice 电路元器件名称首字母必须以规定的字母打头，其后可以是任意数字或字母，整个名称长度一般不超过八个字符。除此之外，还应该指定元器件所接节点编号和元件值。表 7-1 列出了各种元件的关键字。

表 7-1 电路元件关键字

序号	类型名称	描述关键字	元器件类型
1	RES	R	电阻器
2	CAP	C	电容器
3	IND	L	电感器
4	D	D	二极管
5	NPN	Q	NPN BJT 晶体管
6	PNP	Q	PNP BJT 晶体管
7	LPNP	Q	横向 PNP BJT 晶体管
8	NJF	J	N 沟道 JFET
9	PJF	J	P 沟道 JFET
10	NMOS	M	N 沟道 MOSFET
11	PMOS	M	P 沟道 MOSFET
12	GASFET	B	GaAsFET
13	CORE	K	非线性磁心(变压器)
14	VSWITCH	S	电压控制开关
15	ISWITCH	W	电流控制开关
16	DINPUT	N	数字输入器件
17	DOUTPUT	O	数字输出器件
18	UIO	U	数字输入输出模型
19	UGATE	U	标准门
20	UTGATE	U	三态门

第7章 PSpice 9 概述

续表

序　号	类型名称	描述关键字	元器件类型
21	UEFF	U	边沿触发器
22	UGFF	U	门触发器
23	UWDTH	U	脉宽校验器
24	USUHD	U	复位和保持校验器
25	UDLY	U	数字延迟线

3. 信号源

在电路描述中，信号源和电源是不可少的，如本例中节点1和0之间的V1是一独立电压源。实际上电源可以看作是一种特殊的信号源。在 PSpice 中，信号源被分为两类：独立源和受控源。表7-2给出了几种常见独立源。在类型名前加V表示电压源，加I表示电流源。

表7-2　几种常见的独立源

类型名	电源及信号源类型	应用场合
DC	固定直流源	直流电源，直流特性分析
AC	固定交流源	正弦稳态频率响应
SIN	正弦信号源	瞬态分析、正弦稳态频率响应
PULSE	脉冲源	瞬态分析
PWL	分段线性源	瞬态分析
SRC	简单源	可当作 AC、DC 或瞬态源

受控源共分四类，见表7-3，它们可用来描述等效电路。

信号源的参数可在其属性中定义。例如，脉冲源的初始电压 U1、脉冲电压 U2、延迟时间 TD、上升时间 TR、下降时间 TF、脉冲宽度 PW、周期 PER 等，均可在其属性窗中赋值。

表7-3　几种主要的受控源

元器件描述关键词	受控源类型
E	电压控制电压源
F	电流控制电流源
G	电压控制电流源
H	电流控制电压源

4. 元件值

在电路程序中，元件值写在元件相连的节点后面。PSpice 中的元件数值可以用整数如12、-5，浮点数如 2.3845、5.98601，整数或浮点数后面跟整数指数如 6E-14、3.743E+3，在整数或浮点数后面跟比例因子(如第6句)等表示。PSpice 中电压基本单位为 V，电流的基本单位为 A，频率的基本单位为 HZ(Hz)，电阻基本单位为 OHM(Ω)，电容基本单位为

F,电感基本单位为H,角度基本单位为DEG(°)。标准单位在描述时均可省略,如第15句的"12"表示"12V"。

5. 元件模型

程序中的非极性晶体管,用元件模型语句指定其参数值。模型语句是以"."开头的点语句,由关键字.MODEL、模型名称、模型类型和一组参数组成。

6. 电源和信号源

电压源、电流源可以是独立源,也可以是受控源。代表源的首字母已在表7-1中列出。一个独立源可以是直流源、交流源、交流小信号源和瞬态源。其中又有正弦、脉冲、指数、分段线性和单频调频源等形式。源语句的格式为

<source name> <positive node> <negative node> <source model>

如第15句(V2 4 0 DC 12)是直流电源,正节点是节点4,电流从正节点流向负节点。

7. 注释语句

注释语句是对分析和运算加以说明的语句,以"*"为首字符,位置是任意的。注释语句不参与模拟分析。PSpiceAD模拟器以识别"*"判定该语句是否参与模拟分析。如果想去掉程序中的某条语句,直接在该语句前加"*"即可。

8. 分析语句

单管放大电路的分析类型为瞬态分析,瞬态分析是PSpice电路分析类型的一种,其他类型还有直流分析、交流小信号分析、容差分析等。电路分析语句以"."开头,故称点语句,其位置可以在标题语句和结束语句之间的任何地方,习惯上写在电路描述语句之后,如本例的第16句。有关分析类型与分析语句在下一章详细说明。

9. 输出变量

输出变量一般分为电压和电流输出变量,配合输出命令完成结果的输出。节点1对于节点0的电压可以写为V(1,0)或者V(1);节点1对于节点2的电压必须写为V(1,2)。

10. 输出命令

PSpice通过三个输出控制语句,控制文本文件和绘图显示中的输出结果类型和数量等信息,通常的输出形式是列表或绘图。PSpice的模拟结果以两种文件形式存放,一是文本输出文件,它是扩展名为.OUT(*.OUT)的ASCII码文件;二是绘图文件,它是以DAT为扩展名(*.DAT)的二进制码文件。

(1) 列表输出命令.PRINT:用来控制文本输出文件(*.OUT)中的列表输出形式。

(2) 绘图输出命令.PLOT:用来控制文本输出文件(*.OUT)中的文本绘图形式。

(3) 屏幕图形输出命令.PROBE:是PSpice的图形信息后处理软件,有较强的图形处理与显示功能。

11. 输出结果

PSpice 模拟输出结果一般有以下四种类型。

(1) 电路本身的描述，包括网络表、器件表、模型参数等。

(2) 用.PRINT 命令打印和绘图，包括.DC、.AC、和.TRAN 分析。

(3) 不需要用.PLOT 和.PRINT 命令直接输出的分析，包括.OP、.TF、.SENS、.NOISE、.FOUR 分析等。

(4) 统计信息，包括各种分析所需时间和所用存储单元数量。

本例的第 17 句为点语句.PROBE，为屏幕图形输出命令，输出结果以图形曲线形式表示。

小 结

本章首先介绍了 PSpice A/D 集成环境主界面的各主要部分的功能、PSpice A/D 集成环境的基本操作。以"小信号单级放大电路"为例介绍了 PSpice 电路文件的语法格式及 PSpice 电路文件的各种语句(包括电路标题语句、电路描述语句、分析类型描述语句、输出描述语句、注释语句、结束语句)的语法规则。

习 题

1. PSpice 由如下六个基本程序模块组成：电路原理图输入程序 Schematics、激励源编辑程序 Stimulus Editor、_____、_____、_____、_____。

2. PSpice 电路网单文件扩展名为_____。

3. PSpice 规定_____为地节点，其他节点的编号可以是任意数字或字符串。

4. 电路元件和电源用名称的第一个字母作为标志(关键字)，其后可以是任何数字或字母，整个名称长度不超过_____个字符。

5. 阅读下列简单程序，试解释每一语句的含义。

```
A SIMPLE EXAMPLE
V1  1  0  2.0V
I1  2  1  5MA
R1  1  2  3K
R2  2  0  1K
.OP
.END
```

6. 图 7.11 所示为本习题中 5 的程序在 PSpice A/D 的编辑窗口中的情况，现若仿真此程序，该执行什么操作命令？如果仿真后若查看仿真结果，应该执行什么操作命令？请写出操作命令。

电子线路 CAD

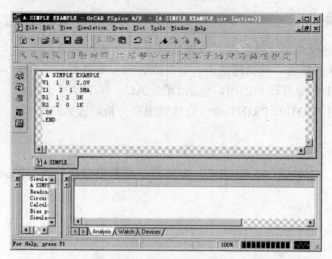

图 7.11 "A SIMPLE EXAMPLE" PSpice 程序编辑窗口

第 8 章

PSpice 电路分析

学习目标

- 熟悉 PSpice 电路分析的分类
- 掌握 PSpice 的各种电路分析

本章知识结构

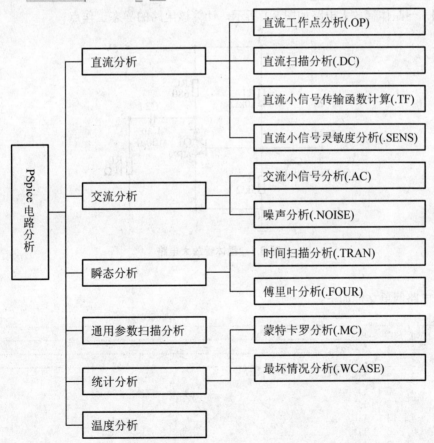

PSpice 是一个通用电路仿真程序，可用来对电路进行各种分析，基本的电路分析主要有如下几种：直流分析、交流分析、瞬态分析、通用参数分析、统计分析和温度分析。

8.1 直流分析

其中直流分析包括以下内容：直流工作点分析(.OP)、直流扫描分析(.DC)、直流小信号传输函数计算(.TF)、直流小信号灵敏度分析(.SENS)。

8.1.1 直流工作点分析

PSpice 的直流工作点分析是在电路中电感短路、电容开路的情况下，计算电路的静态工作点。在进行瞬态分析和交流小信号分析之前，程序将自动先进行直流工作点分析，以确定瞬态的初始条件和交流小信号情况下非线性器件的线性化模型参数。

语句格式：.OP

程序执行命令语句.OP 后，在输出文件中给出电路所有节点电位、所有电压源的电流、电路总的直流功耗、所有晶体管的偏置电压和各极电流、所有晶体管在此工作点下的交流小信号线性化模型参数等信息。

【例 8-1】 一晶体管放大电路如图 8.1 所示，计算该电路的静态工作点。

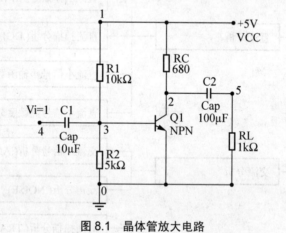

图 8.1 晶体管放大电路

解：

(1) 电路网单文件如下：

```
A BJT AMP......................................................(1)
VCC  1  0   5................................................(2)
Q1   2  3   0   MQ...........................................(3)
RC   1  2   680.............................................(4)
R1   2  3   10K
R2   3  0   5K
RL   5  0   1K
C1   4  3   10U
C2   2  5   100U
VI   4  0   AC   1
```

```
.MODEL MQ NPN
+IS=1E-14 BF=80
+RB=50 VAF=100  ..................................................................... (5)
.OP  ................................................................................................. (6)
.END  ............................................................................................... (7)
```

(2) 程序语句说明如下：

语句(1)为标题。

语句(2)为指定电压源，在节点 1 和 0 之间，值为 5V。

语句(3)为三极管描述语句，在 2，3，0 节点之间，模型为 MQ。

语句(4)为指定电阻 RC 在节点 1 和 2 之间，大小为 680 欧。

语句(5)为指定三极管模型 MQ 的各个参数。

语句(6)为直流分析语句。

语句(7)为结束语句。

(3) 分析结果如下(常温 27℃)。

各个节点电压为：

NODE   VOLTAGE   NODE   VOLTAGE   NODE   VOLTAGE   NODE   VOLTAGE
(1)   5.0000   (2)   2.4972   (3)   .6892   (4)   0.0000
(5)   0.0000

电压源 VI 的电流为：

VOLTAGE SOURCE CURRENTS
NAME   CURRENT
VCC   -3.681E-03
VI   0.000E+00

总功率为：

TOTAL POWER DISSIPATION   1.84E-02   WATTS

8.1.2 直流扫描分析

直流扫描分析指在指定的范围内，某一个(或两个)独立源或其他电路元器件参数步进变化时，计算电路直流输出变量的相应变化曲线。

语句格式：.DC <STYPE> SVAR START STOP SINC +<SVAR2 START2 STOP2 SINC2>

参数意义：

STYPE：扫描类型，有以下四种。

① 线性扫描 LIN；

② 数量级扫描 DEC(每个数量级中，点数由 SINC 确定)；

③ 倍频程扫描 OCT(每个倍频程中，点数由 SINC 确定)；

④ 列表扫描(按关键字 LIST 后列出的数值变化)。

SVAR：扫描变量，有四种：独立源、元件值(需设置元件模型语句)、温度、模型参数(包括.MODEL 语句中所有的参数)。

SINC：增量值，必须为正。

< >：内为第二个扫描区间。

例如：.DC　LIN　VD　-2　3　0.1
　　　.DC　VCE　0　10　1　IB　-10U　10U　5U
　　　.DC　DEC　NPN　QMOD(IS)　1E-16　1E-12　4
　　　.DC　RES　RMOD(R)　10　1K　200

【例 8-2】 对图 8.2 所示电路网络中的电阻 R3 进行直流扫描分析，输出变量为 V(3)。

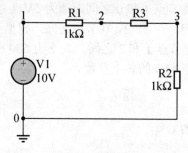

图 8.2　电路网络

解：
(1) 电路网单文件如下：

```
THE  R2  SWEEP ········································································ (1)
V1  1  0  10 ···································································· (2)
R1  1  2  1K ··································································· (3)
R2  2  3  RMOD 100 ··························································· (4)
R3  3  0  1K ··································································· (5)
.MODEL  RMOD  RES(R=1) ··················································· (6)
.DC V1 0 10 1 RES RMOD(R) 1 10 1 ······································ (7)
.PROBE ········································································· (8)
.END ············································································ (9)
```

(2) 程序语句说明如下：

程序中共 9 条语句，由电压源描述语句、电阻模型语句和直流扫描语句组成。

语句(1)为标题。

语句(2)为电压源描述语句，V_1 在节点 0 和 1 之间，值为 10V。

语句(3)为电阻 R1 描述语句，在节点 1 和 2 之间，阻值为 1kΩ。

语句(4)为电阻 R2 描述语句，在节点 2 和 3 之间，模型参数为 RMOD，标称阻值为 100Ω。

语句(5)为电阻 R3 描述语句，在节点 3 和 0 之间，阻值为 1kΩ。

语句(6)为电阻模型描述语句，电阻倍乘系数为 1。

语句(7)为对电阻 R2 由 100Ω 扫描至 1kΩ，每次步进 100Ω，对于每次 R2 上的取值，电压源 V_1 由 0V 扫描至 10V，每次步进 1V。

语句(8)为绘制图形语句。

语句(9)为结束语句。

分析结果如下(常温 27℃)：

以在 R2 上的节点电压 V(3)为输出变量，当 R3 与电压源 V_1 同时发生变化时，得到分析曲线如图 8.3 所示。

第 8 章 PSpice 电路分析

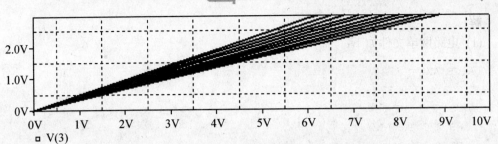

图 8.3 电阻 $R2$ 与电压源 $V1$ 变化时的特性曲线

8.1.3 直流小信号传输函数计算

直流传输函数是在直流工作点附近,对电路进行线性化处理,PSpice 使用它对电路进行以下分析:直流小信号传输函数(小信号增益)、输出变量对于输入源的增益、电路输入电阻、电路输出电阻。

该语句特别适用于直流电路和直接耦合放大器(差动电路和运算放大器)的增益、输入电阻、输出电阻的计算。

语句格式:.TF   OUTAVR   INSRC

参数说明:

OUTVAR:小信号输出变量。

INSRC:小信号输入源名称,必须为独立电源。

如果电路中有电容和电感,电容视作开路,电感视作短路。

【例 8-3】 如图 8.4 所示的放大电路,晶体管 Q1 的参数为 IS=5E-15A,BF=100,RB=100,VAF=50V,要求:

(1) 调节 VBB,使 ICQ1=2mA。

(2) 计算电路的直流工作点。

(3) 计算电路的电压增益和输入、输出电阻。

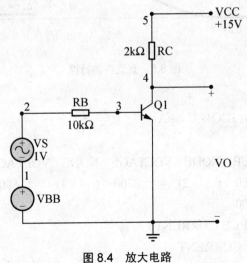

图 8.4 放大电路

解：

(1) 电路网单文件如下：

```
A CE AMP
  VBB 1 0 0.87
  VS  2 1 AC 1
  RB  2 3 10K
  Q1  4 3 0 MQ
  RC  5 4 2K
  VCC 5 0 15
  .MODEL MQ NPN IS=5E-15 BF=100 RB=100 VAF=50 ……………(1)
  .DC VBB 0 2 0.01 …………………………………………………(2)
  .TF V(4) VS ………………………………………………………(3)
  .PROBE
.END
```

(2) 程序语句说明如下：

语句(1)是晶体管的模型说明。

语句(2)为直流扫描分析。

语句(3)为计算信号增益语句。

(3) 分析结果如下(常温27℃)：

直流传输特性如图8.5所示。

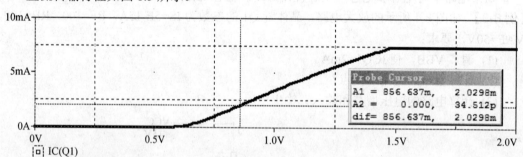

图8.5 直流传输特性

从图中可以看出：

① $V_{BB}=0.856V$ 时，I_{CQ1} 为 2mA。

② 直流工作点为

```
 NODE  VOLTAGE   NODE  VOLTAGE   NODE  VOLTAGE   NODE  VOLTAGE
(   1)   .8700  (   2)   .8700  (   3)   .6900  (   4) 10.6810
(   5) 15.0000
VOLTAGE SOURCE CURRENTS
 NAME        CURRENT
```

```
VBB          -1.800E-05
VS           -1.800E-05
VCC          -2.159E-03
TOTAL POWER DISSIPATION    3.24E-02  WATTS
```

③ 计算电压增益和输入/输出电阻，其结果在文本输出文件(*.OUT)中，如下：

```
V(4)/VS = -1.939E+01
INPUT RESISTANCE AT VS =   1.154E+04
OUTPUT RESISTANCE AT V(4) =   1.866E+03
```

8.1.4 直流小信号灵敏度分析

灵敏度分析是计算电路的输出变量对电路中元器件参数的敏感程度，以对用户指定的输出变量，计算其对所有元器件参数单独变化的灵敏度值。灵敏度分为绝对灵敏度和相对灵敏度。

灵敏度分析能够帮助电路设计者了解在电路中哪些元件和模型参数对直流偏置的影响最大。据此，电路设计者知道电路中哪些元件的作用是"关键"的，它们的参数变化都会对输出造成较大的影响，从而可对这些元件的精密度的选择做出要求。

语句格式：.SENS VO1 <VO2>

【例 8-4】 对图 8.6 所示单管放大器，要求调整适当的元件参数，使晶体管 Q1 的 IC 约等于 1mA。

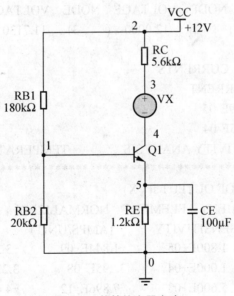

图 8.6 单管放大器电路

解：

(1) 电路网单文件如下：

```
DC SENSITIVITY ANALYSIS
Q1  4  1  5  MQ
```

```
    RB1 1 2 180K
    RB2 1 0 20K
    RC 2 3 5.6K
    RE 5 0 1.2K
    CE 5 0 100U
    VX 3 4 0
    VCC 2 0 12
    .MODEL MQ NPN IS=1.5E-14························································(2)
    +BF=100 RB=80 VAF=100···························································(3)
    .OP·····························································································(4)
    .SENS I(VX)····················································································(5)
.END
```

(2) 程序语句说明如下：

语句(1)与语句(2)之间为元件、电源定义。

语句(2)、(3)为晶体管模型说明语句。

语句(4)为直流静态工作点分析。

语句(5)为晶体管集电极电流对各种元件参数的灵敏度分析。

(3) 分析结果如下(常温 27℃)：

静态工作点为

DC SENSITIVITY ANALYSIS

****   SMALL SIGNAL BIAS SOLUTION   TEMPERATURE =   27.000 DEG C

****

NODE   VOLTAGE   NODE   VOLTAGE   NODE   VOLTAGE   NODE   VOLTAGE

(1)   .6272 (2)   12.0000 (3)   11.7130 (4)   11.7130
(5)   .0621

VOLTAGE SOURCE CURRENTS

NAME   CURRENT

VX   5.129E-05

VCC   -1.145E-04

****   DC SENSITIVITY ANALYSIS   TEMPERATURE =   27.000 DEG C

****

DC SENSITIVITIES OF OUTPUT I(VX)

ELEMENT	ELEMENT	ELEMENT	NORMALIZED
NAME	VALUE	SENSITIVITY (AMPS/UNIT)	SENSITIVITY (AMPS/PERCENT)
RB1	1.800E+05	-1.844E-09	-3.320E-06
RB2	1.000E+04	3.295E-08	3.295E-06
RC	5.600E+03	-7.896E-12	-4.422E-10
RE	1.200E+03	-2.871E-08	-3.445E-07
VX	0.000E+00	-1.540E-07	0.000E+00
VCC	1.200E+01	2.934E-05	3.521E-06

从静态工作点分析可以看出，I(VX)=0.0594mA，不满足题目要求。从灵敏度分析可以看出，RB1、RC、RE 的灵敏度为负值，增大其值会减小 I(VX)；RB2、VCC 的灵敏度为

正值，增大其值可以增大 I(VX)。现将 RB2 增大至 40 kΩ，计算静态工作点结果如下：
```
 NODE   VOLTAGE    NODE   VOLTAGE    NODE   VOLTAGE    NODE   VOLTAGE
(   1)  1.8660   (   2)  12.0000   (   3)  6.3535    (   4)  6.3535
(   5)  1.2215
    VOLTAGE SOURCE CURRENTS      NAME      CURRENT       VX    1.008E-03
    VCC    -1.065E-03    TOTAL POWER DISSIPATION   1.28E-02   WATTS
```
从结果可看出 IC=I(VX) ≈ 1mA，满足题目的要求。

特别提示

根据灵敏度调节元件参数，调节单一参数和多个参数都可以达到要求。一般可以按照灵敏度大小调节参数。

8.2 交流分析

交流分析一般分为交流小信号分析(.AC)和噪声分析(.NOISE)。

8.2.1 交流小信号分析

交流小信号分析是指一种线性频域分析，程序首先计算出电路直流工作点，以确定电路中非线性器件的线性化模型参数，然后在用户指定的频率范围内，对线性化电路进行频率扫描分析。计算电路的频响特性(包括幅频特性和相频特性)，以及计算电路的输入阻抗和输出阻抗。交流分析本身不能输出或绘制输出结果，交流扫描的结果由 .PRINT、.PLOT、.PROBE 命令得到。

语句格式为以下三种之一：

(1) .AC   LIN   NP   FSTART   FSTOP

LIN 频率按线性变化。NP 是在 FSTART 至 FSTOP 范围的分析取点数，线性分析[LIN]中，其表示从起始频率到终止频率所有分析点的数目。

其频率增量计算公式为：$\Delta F = \dfrac{FSTOP - FSTART}{NP - 1}$。

例如：.AC   LIN   11   200HZ   300HZ 表示初始频率为 200Hz，终止频率为 300Hz，扫描点为 11 个。

(2) .AC   DEC   ND   FSTART   FSTOP

频率按数量级变化，适用频带宽的扫描。ND 表示每个数量级内的频率取 ND-1 个点。

其频率增量计算公式为：$\Delta F = 10^{1/ND}$。

例如：.AC   DEC   2   1K   100K 表示扫描频率初值为 1kHz，终值为 100kHz，在 (1K~10K)，(10K~100K)二个数量级内各取 1 个扫描点。$\Delta F = 10^{1/2} = 3.162$，所以在 1K~10K 内计算的频率点为：1kHz，3.162kHz，10kHz，31.162kHz。

(3) .AC OCT NO FSTART FSTOP

频率按倍频程变化，适用频带窄的扫描。NO 表示每个倍频程内取 NO-1 个频率点。其频率增量计算公式为：$\Delta F = 2^{1/NO}$。

例如：.AC OCT 2 1KHZ 16KHZ 代表扫描频率初值 1kHz，终值 16kHz，在 (1K～2K)，(2K～4K)，(4K～8K)，(8K～16K)4 个倍频程内各取 N-1=1 个扫描点。$\Delta F = 1.414$，所以在 1kHz 到 20kHz 内，计算的频率点为 1kHz、1.414kHz、2kHz、2.828kHz、4kHz、5.657kHz、8kHz、11.31kHz、16kHz。

【例 8-5】 图 8.7 所示为一单管放大电路，计算电路的上限截止频率、中频电压增益、输入/输出电阻。

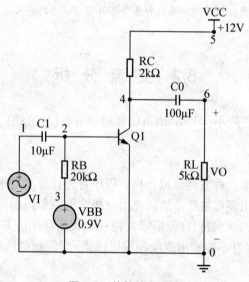

图 8.7 单管放大电路

解：

(1) 电路网单文件如下：

```
A    AMP
     VI  1  0  AC  1
     C1  1  2  10UF
     RB  2  3  20K
     VBB 3  0  0.9
     Q1  4  2  0  Q2N3117 ················································ (1)
     RC  4  5  2K
     VCC 5  0  12
     C0  4  6  10U
     RL  6  0  5K
     *VO 6  0  AC  2 ··················································· (2)
     LIB C:\BIPOLAR.LIB ················································ (3)
     .OP ······························································ (4)
```

```
         .AC  DEC  20  1K  1G ·······················································(5)
         .PROBE
    .END
```

(2) 程序语句说明如下:

语句(1)为晶体管说明语句,晶体管模型为 Q2N31117。

语句(2)为用于计算输出电阻时的电源描述语句。

语句(3)调用库文件 bipolar.lib。

语句(4)为静态工作点说明。

语句(5)为 10 倍频交流频率扫描,扫描频率初值为 1kHz,终值为 1GHz,每 10 倍频程内有 20 个扫描点。

(3) 分析结果如下(常温 27℃):

① 中频电压增益、上限截止频率计算:V(6)为输出,幅频特性曲线如图 8.8 所示。

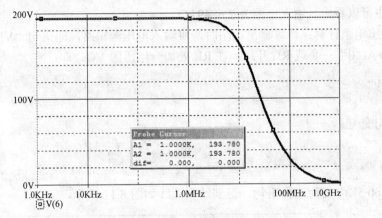

图 8.8 中频电压增益曲线

可以看出,中频电压增益为 $A_{vm} \approx 193.780$,上限截止频率 f_H 是电压增益下降到 $A_{vm}/\sqrt{2}$ 即大约为 137 时的频率值,$f_H \approx 16\text{MHz}$,如图 8.9 所示。

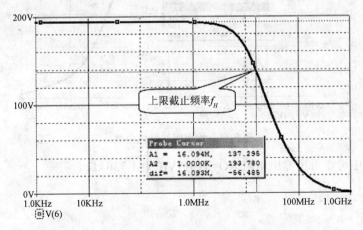

图 8.9 上限截止频率 f_H

② 输入电阻计算：输入阻抗特性如图 8.10 所示。

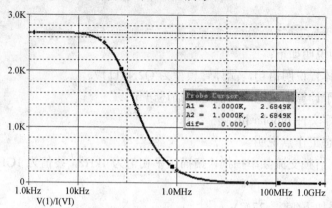

图 8.10 输入阻抗特性

从图中可以看出，输入电阻为 2.6849 kΩ。

③ 输出电阻计算：计算输出电阻时，将输入电压源短路，即语句"VI 1 0 AC 1"变为"VI 1 0 AC 0"；负载 RL 开路，在 RL 处加一电压源 VO，即：将

```
"RL 6 0 5K
*VO 6 0 AC 1"
```

这两条语句变为

```
"*RL 6 0 5K
VO 6 0 AC 1"
```

即将"RL 60 5K"变为注释语句，得到结果曲线如图 8.11 所示。

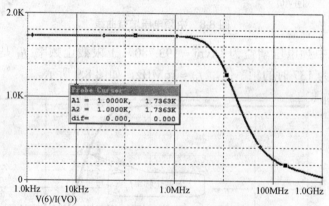

图 8.11 输出阻抗特性曲线

从图 8.11 中可以看出输出电阻 RO=V(6)/IV(O) =1.736 kΩ。

 特别提示

PSpice 程序中常用前面加*号的方法将某一暂时不需用的语句给注释掉。

8.2.2 噪声分析

噪声分析用于检测电路输出信号的噪声功率，分析和计算电路中各种器件所产生的噪声效果。电阻和半导体器件产生噪声，噪声电平大小取决于频率。电阻和半导体器件产生不同类型的噪声，电阻产生的是热噪声，半导体器件产生的是散粒噪声和闪烁噪声。

NOISE 语句用于对电路进行噪声分析，它是与交流小信号分析一起进行的，即.NOISE 语句要与.AC 语句同时存在。

在分析噪声的过程中，PSpice 首先计算每一个电阻和半导体元件产生的噪声，此时电阻和半导体元件就为噪声源。

由于各个噪声源互不相关，所以在输出端可以得到噪声有效值之和，再根据电路的输出和输入量的增益，计算出等效的输入端噪声。

输出和输入噪声电平都对噪声带宽的平方根进行归一化，噪声电压的单位为 $\dfrac{V}{H_z^{\frac{1}{2}}}$，噪声电流的单位为 $\dfrac{A}{H_z^{\frac{1}{2}}}$。

语句格式：.NOISE　　OUTV　　INSRC　　NUMS

OUTV 是指定节点的总的噪声输出电压；INSRC 是作为噪声输入基准的独立电压源名或独立电流源名；NUMS 是频率间隔点数，在每个频率处打印出电路中每个噪声源的贡献，若 NUMS 为零，则不打印该信息。

例如：.NOISE　　V(3)　　VIN，该语句是指将节点 3 处的噪声电压折算到输入电压源 VIN 处。

【例 8-6】 计算如图 8.12 所示的单管放大电路的等效输入、输出噪声。

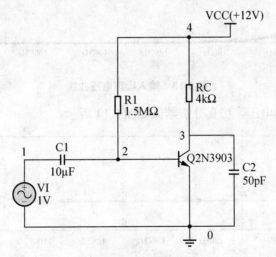

图 8.12　单管放大电路

解:

(1) 电路网单程序如下:

```
THE NOISE
 VI 1 0 AC 1
 C1 1 2 10U
 R1 2 4 1.5MG
 Q1 3 2 0 Q2N3903·····················································(1)
 RC 3 4 4K
 C2 3 0 50P
 VCC 4 0 12
 LIB C:\BIPOLAR.LIB
 .AC DEC 25 1 10MEG·················································(2)
 .NOISE V(3) VI 25···················································(3)
 .PROBE
.END
```

(2) 程序语句说明如下:

语句(1)晶体管说明语句,晶体管的模型为 Q2N3903。

语句(2)为交流小信号分析,要进行噪声分析,必须有.AC 命令才行。

语句(3)对电路进行噪声分析,将节点 3 的电压折算到输入电压源 VI 处,每隔 25Hz 输出一个噪声计算值。

(3) 分析结果如下(常温 27℃):

① 等效输入噪声电压。仿真分析结果如图 8.13 所示。

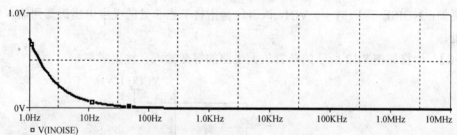

图 8.13 输入噪声电压曲线

② 等效输出噪声电压。仿真分析结果如图 8.14 所示。

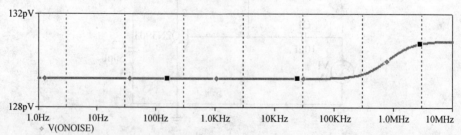

图 8.14 输出噪声电压曲线

③ 频率为 1Hz、10Hz、100Hz、1kHz、10kHz、1MHz、10MHz 时的 Q1 的各参数[包括三个体电阻(RB、RC、RE)、IBSN、IC、IBFN]噪声电压均方值、放大电路偏置电阻 RB 噪声电压均方值、集电极电阻 RC 噪声电压均方值、节点 3 和节点 1 的总输出噪声电压均方值(单位 V^2/Hz)可从 PSpice AD 仿真文本输出文件(*.out)中得到,这里节省篇幅,不直接列出。

8.3 瞬态分析

8.3.1 时间扫描分析

时间扫描分析(.TRAN)即瞬态分析,是一种非线性时域分析,可以在给定激励信号(或没有任何激励)的情况下,计算电路的时域响应。

瞬态分析时,电路的初始状态可由用户自行指定。如果用户不指定,则程序自动进行直流分析,用直流解作为电路初始状态。

瞬态分析是 PSpice 仿真分析中运用最多、最复杂、最耗时的分析。

语句格式:.TRAN   TSTEP   TSTOP   <TSTART>   <TMAX>   +<UIC>

TSTEP 为输出打印或绘图的时间增量。TSTOP 为瞬态分析终止时间。TSTART 为输出的起始时间,如果省去 TSTART,程序的隐含起始时间是零时刻。TMAX 为瞬态分析时允许的最大步长,如果不指定,则程序隐含的最大步长 HMAX=MIN{TSTEP,(TSTOP-TSTART)/50}。UIC 为用户指定初始条件的任选关键字。PSpice 为瞬态分析提供了五种激励信号波形,即脉冲源、正弦源、指数源、分段线性源、单频率调频源。其中电平参数针对的是独立电压源;对独立电流源,只需将字母 V 改为 I,单位由伏特变为安培即可。

【例 8-7】 一个阻尼振荡电路如图 8.15 所示,$R1=40\Omega$,$L_1=0.02H$,$C_1=100\mu F$,计算节点 1 上的电压振荡波形。

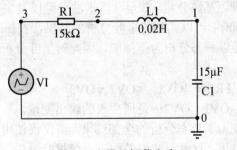

图 8.15 阻尼振荡电路

解:
(1) 电路网单文件如下:

```
A DAMPED OSCILLATOR
   VI  3  0  PWL(0 0 1U 1 16M 1)·················································(1)
   R1  2  3  15
```

```
L1   2   1   0.02
C1   1   0   15U
.TRAN   0.005M   16M ························· (2)
.PROBE
.END
```

(2) 程序语句说明如下：

语句(1)为分段电压源说明语句。

语句(2)为瞬态分析说明语句。时间增量为 0.05ms，截止时间为 16ms。

(3) 分析结果如下(常温 27℃)：

阻尼振荡波形如图 8.16 所示。

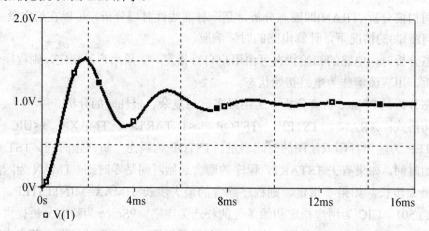

图 8.16　阻尼振荡波形

8.3.2　傅里叶分析

傅里叶分析(.FOUR)是在大信号正弦瞬态分析时，对输出的最后一个周期波形进行谐波分析，计算出直流分量、基波分量、2 至 9 次谐波分量以及失真度。

从输出文本文件(*.out)中可以读到傅里叶分析的结果，在 probe 界面下也可观察到谐波分布图。傅里叶分析是以瞬态分析为基础的，因此傅里叶分析语句必须与瞬态语句同时存在。

语句格式：.FOUR   FREQ   OV1   <OV2   OV3   …>

其中 FREQ 是基频，OV1、OV2…是所要求的输出变量。

傅里叶分析并不是使用了暂态分析的全部结果，而仅仅使用了暂态分析终止时间前一个周期时段的暂态分析结果，这就意味着若想进行傅里叶分析，暂态分析的时间要大于一个周期的时间。

【例 8-8】图 8.17 所示为单管放大电路原理图，设晶体管参数为 IS=(2*10-15)A，RBB=50。

(1) 求晶体管的静态电流 ICQ=2mA 时的偏置电压 VBB。

(2) 输入信号为 VS=25*sin(2*1000t)mV，求输出电压 VO[即 V(3)]和电流 IC 的波形及非线性失真系数 D。

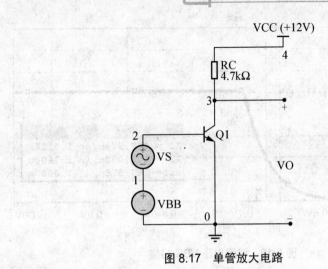

图 8.17 单管放大电路

解：

(1) 电路网单文件如下：

```
FOURIER
  RC 3 4 4.7K
  Q1 3 2 0 Q2N3117······························(1)
  VCC 4 0 12
  VBB 1 0 1
  VS 1 2 SIN(0 20M 1K)··························(2)
  .LIB C:\BIPOLAR.LIB
  .DC VBB 0.5 1 0.001····························(3)
  .OP
  .TRAN 2E-5 6E-3 0 1E-5·························(4)
  .FOUR 1K V(3)···································(5)
  .PROBE
  .END
```

(2) 程序语句说明如下：

语句(1)为晶体管说明语句，模型为 2N3117。

语句(2)为输入源。代表频率为 1kHz，幅度为 20mV 的正弦源。

语句(3)为直流分析。

语句(4)为瞬态分析。

语句(5)为傅里叶分析，基频为 1kHz，V(3)为输出电压。

(3) 分析结果如下(常温 27℃)：

① 对偏置电压 VBB 扫描(.DC VBB 0.5 1 0.001)，从图 8.18 可以看出，当 VBB=0.6679V 时，$I_{CQ} \approx 1mA$。

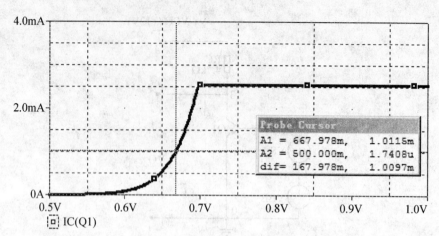

图 8.18　偏置电压 VBB 扫描

② 当 VS=25*sin(2*1000*t*)mV 时，进行瞬态分析，输出电压 VO 波形如图 8.19 所示，IC 的波形如图 8.20 所示。

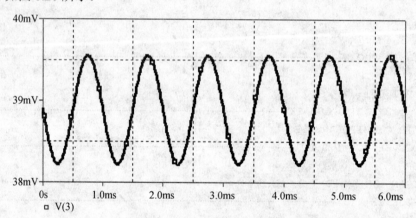

图 8.19　瞬态输出电压 VO 波形

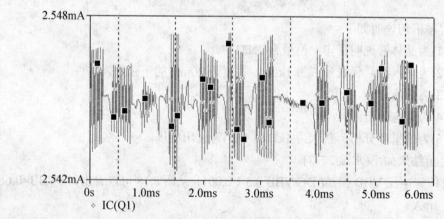

图 8.20　IC 的瞬态输出波形

在*.out 文件中,可以得到输出电压 V(3)的傅里叶分析结果如下:

```
FOURIER
****    FOURIER ANALYSIS              TEMPERATURE =    27.000 DEG C
*****************************************************************

FOURIER COMPONENTS OF TRANSIENT RESPONSE V(3)
DC COMPONENT =   3.847281E-02

HARMONIC   FREQUENCY   FOURIER      NORMALIZED    PHASE       NORMALIZED
   NO        (HZ)      COMPONENT    COMPONENT     (DEG)       PHASE (DEG)
   1       1.000E+03   6.755E-04    1.000E+00    -1.800E+02   0.000E+00
   2       2.000E+03   2.206E-06    3.266E-03     8.919E+01   4.492E+02
   3       3.000E+03   7.044E-08    1.043E-04     1.686E+02   7.086E+02
   4       4.000E+03   1.091E-08    1.615E-05     1.408E+02   8.608E+02
   5       5.000E+03   5.084E-09    7.525E-06    -4.812E+01   8.519E+02
   6       6.000E+03   3.032E-09    4.488E-06     3.433E+01   1.114E+03
   7       7.000E+03   2.426E-09    3.592E-06     1.236E+02   1.384E+03
   8       8.000E+03   7.686E-10    1.138E-06     1.046E+02   1.545E+03
   9       9.000E+03   1.343E-09    1.989E-06     7.865E+01   1.699E+03

TOTAL HARMONIC DISTORTION =    3.267960E-01 PERCENT
```

输出文件给出了基波、2 至 9 次谐波的幅度、相位值以及归一化的幅度、相位值。失真系数为 D=0.327%。V(3)的傅里叶变换如图 8.21 所示,可以看出直流分量 V(3)=38.93mV 和 1.0kHz 的基波分量 0.667mV 和 2-9 的谐波分量(V(3)的电压值太小)。

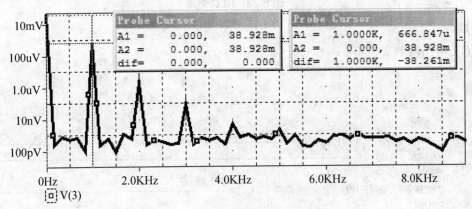

图 8.21 傅里叶分析频谱图

8.4 通用参数扫描分析

.STEP 语句实现通用参数扫描分析,可以和任何一种分析类型(直流、交流小信号或瞬态分析等)配合使用,对电路所执行的分析进行参数扫描,对于研究电路参数变化对电路特性的影响提供了很大的方便。

语句格式：

.STEP (LIN) SVAR START STOP SINC

.STEP <DEC> <OCT> SVAR START STOP ND

扫描类型有 LIN(线性扫描)、OCT(倍频程扫描)、DEC(10 倍频程扫描)、LIST(列表扫描)。SVAR 为扫描变量名，可以是独立电压源、电流源的名称或元件参数名、模型关键字+模型名(模型参数)、TEMP 及其他；START 为扫描变量的起始值；STOP 为扫描变量的终了值；SINC 为线性扫描中的扫描步长；ND 为 OCT、DEC 类型中扫描点数形式，即每个倍频程段内扫描多少个点。

.STEP 语句语法和.DC 语句类似，按扫描变量所给定的参数进行扫描，扫描参数的每一步都要带入电路设置的分析(直流、交流或暂态分析)中进行一次分析。分析结束后对所有扫描值产生一个数据列或一组曲线图。例如：.STEP VCE 0 10V 2V；.STEP IB 10UA 50UA 5UA。

【例 8-9】 一个 RLC 电路如图 8.22 所示，输入频率为 1kHz 的正弦信号。利用参数扫描语句观察输入信号频率变化时电容两端电压的波形。

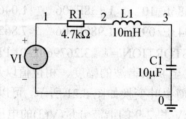

图 8.22 RLC 电路

解：

(1) 电路网单文件如下：

```
SWEEP
 R1 1 2 4.7
 L1 2 3 10M
 C1 3 0 10U
 V1 1 0 SIN(0 8 {FREQ}) ·················································(1)
 .PARAM FREQ=1K ··························································(2)
 .TRAN 10U 7M 0 10U
 .STEP PARAM FREQ LIST 500 1K 2K ········································(3)
 .PROBE
.END
```

(2) 程序语句说明如下：

语句(1)为电压源说明语句，代表正弦电压源，频率为 1kHz。

语句(2)为参数定义语句，它可以定义参数变量的数值或表达式，这里定义参数变量 FREQ 的初始值为 1kHz。

语句(3)为通用参数扫描语句，对 AMP 设置了三个参数值，分别为 500Hz, 1kHz, 2kHz。

(3) 分析结果如下(常温 27℃)：
电容 C1 两端上的电压 V(3)波形如图 8.23 所示。

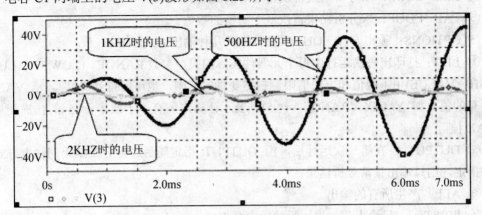

图 8.23 不同频率时电容上的电压波形

8.5 统 计 分 析

8.5.1 蒙特卡罗分析

为了模拟实际生产中因元器件值具有一定分散性所引起的电路分散特性，PSpice 提供了蒙特卡罗分析功能。进行蒙特卡罗分析时，首先根据实际情况确定元器件值分布规律，然后多次"重复"地进行指定的电路特性分析，每次分析时采用的元器件值是从元器件值分布中随机采样，这样每次分析时采用的元器件值不会完全相同，而代表了实际变化情况。完成多次电路特性分析后，对各次分析结果进行综合统计分析，就可以得到电路特性的分散变化规律。与其他领域一样，这种随机采样、统计分析的方法一般统称为蒙特卡罗分析(取名于赌城 Monte Carlo)，简称 MC 分析。蒙特卡罗分析是一种统计分析方法。

语句格式：

.MC (RUNS VALUE) (ANALYSIS) +<OUTPUT VARIABLE > < FUNCTION> +<OPTION>

语句说明：

(1) RUNS VALUE：运行次数，是必须指定的，允许的最大值为 2000。

(2) ANALYSIS：分析类型，必须是直流、交流、暂态分析中的一种，并按 RUNS VALUE 值所指定的次数多次运行。若 RUNS VALUE=5，则按元件标称值运行一次，再按.MODEL 语句中指定的元件参数容差的随机采样值运行 4 次。

(3) OUTPUT VARIABLE：输出变量，可以是节点电压、支路电压、支路电流或晶体管电流等。

(4) FUNCTION：代表分析计算结果数值之间的比较形式，有下列方法。

① YMAX：求每次分析结果与正常分析结果的最大偏差值的绝对值，并输出方差；

② MAX：求每次分析结果的最大值。

③ MIN：求每次分析结果的最小值。
④ RISE_EDGE：求分析结果首次超过阈值的数值。
⑤ FAIL_EDGE：求分析结果首次低于阈值的数值。
(5) OPTIONS：输出方式。OUTPUT 有以下几种输出方式。
① LIST：打印出每次运行中每个元器件实际的模型参数 RANGE。(LOW VALUE)、(HIGH VALUE)用下限值和上限值限制扫描变量的范围，也可用符号"*"表示 VALUE 为所有的值。如 YMAX RANGE (*,5)，表示计算出所有小于或等于 5 的扫描变量的 YMAX 值。
② OUTPUT：在第一次运行后，由 OUTPUT 指定随后运行分析结果的输出方式，若不指定，则只输出正常分析结果。
③ ALL：产生所有的输出。
④ FIRST(n)：只给出前 n 次运行的输出数据。
⑤ EVERY(n)：每 n 次运行后输出计算数据。
⑥ RUN<VALUE>：仅在指定的次数输出计算数据，次数以列表方式输入，最多 25 次。
例如：.MC 10 TRAN V(5) YMAX 表示对输出电压 V(5)进行 10 次暂态分析，输出最大偏差的绝对值和均方差。
.MC 40 DC IC(Q108) YMAX LIST 表示对输出电流 IC(Q108)进行 40 次直流分析，输出最大偏差的绝对值和均方差，并输出元件的实际模型参数。

特别提示

在进行蒙特卡罗分析时，需要指定元器件的容差，因而需要对前面提到的模型语句作如下修改：
.MIDEL <模型名> <(类型)名称> [<(参数)名称>=<值>[容差说明]]。容差说明有两种方式：

(1) 器件容差：用 DEV 指定的器件容差，指用同一.MODEL 语句定义的各元器件的容差，该容差可以相互独立变化，例如——

    R1 1 2 RMOD 1K
    R2 4 0 RMOD 1K
    .MODEL RMOD RES (R=1 DEV=5%)

(2) 批容差：用 LOT 指定的用.MODEL 语句定义的各元器件容差，是同时变化的，即它们的值同时变大或同时变小。例如——

    R1 1 2 RMOD 1K
    R2 4 0 RMOD 1K
    .MODEL RMOD RES (R=1 DEV=5% LOT=10%)

【例 8-10】 如图 8.24 所示的 RLC 电路，用蒙特卡罗分析观察元件电容变化允许误差为 15%的条件下，分析对出电压的影响。

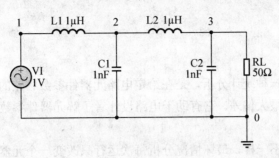

图 8.24　RLC 电路

解：

(1) 电路网单文件如下：

```
AC SWEEP FOR MONTE CARLO
 VI  1  0  AC  1
 L1  1  2  1U
 L2  2  3  1U
 C1  2  0  CMOD  0.001U ·············································(1)
 C2  3  0  CMOD  0.001U ·············································(2)
 RL  3  0  50
 .MODEL CMOD CAP (C=1 DEV=15%) ·····································(3)
 .AC DEC 10 1K 100MEG ··············································(4)
 .MC 10 AC V(3) YMAX OUTPUT FIRST 3 ································(5)
 .PROBE V(3)
 .END
```

(2) 程序语句说明如下：

语句(1)、(2)为电容 C1、C2 说明，模型为 CMOD，电容值为 1nF。

语句(3)指定电容元件的容差，容差为 15%。

语句(4)为 10 倍频交流分析，起始频率为 1kHz，终止频率为 100MHz，扫描点数为 10。

语句(5)为交流小信号情况下，用蒙特卡罗分析运行 10 次，求出每个波形与运行值的最大值，输出前 3 次运行的输出数据。

(3) 分析结果如下(常温 27℃)：

输出电压 V(3) 的蒙特卡罗分析结果如图 8.25 所示。

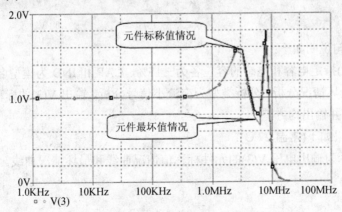

图 8.25　V(3) 的蒙特卡罗分析结果

8.5.2 最坏情况分析

最坏情况分析是一种统计分析,是在给定电路元器件参数容差的情况下,估算出电路性能相对标称值时的最大偏差。它有助于电路设计者了解元器件参数的变化对电路性能可能产生的最坏影响。

与蒙特卡罗分析不一样,最坏情况分析每次运行只改变一个元器件参数,这样就可以计算元器件参数对输出的灵敏度,一旦所有元器件灵敏度被全部获得,在最后一次分析中改变所有元器件参数,就得到最坏情况下的分析结果。

语句格式:.WCASE (ANALYSIS) (OUT VARIABLE) <FUNCTION> <OPTION>

各参数意义基本与蒙特卡罗分析相同。器件灵敏度被全部获得,在最后一次分析中改变所有元器件参数,就得到最坏情况分析的结果。

【例8-11】对如图8.24所示的RLC电路输出电压进行最坏情况分析,电容的容差为±15%,电感的容差为±15%。

解:

(1) 电路网单文件如下:

```
WCASE
  VI  1  0  AC  1
  L1  1  2  LMOD  1U
  L2  2  3  LMOD  1U
  C1  2  0  CMOD  0.001U
  C2  3  0  CMOD  0.001U
  RL  3  0  50
  .MODEL  CMOD  CAP  (C=1  DEV=15%) ……………………(1)
  .MODEL  LMOD  IND  (L=1  DEV=15%) ……………………(2)
  .AC  DEC  10  1K  100MEG
  .WCASE  AC  V(3)  YMAX ……………………………………(3)
  .PROBE  V(3)
.END
```

(2) 程序语句说明如下:

语句(1)、(2)指定电容和电感的容差各为±15%,CAP 和 IND 为模型名。

语句(3)为最坏情况分析,分析类型为交流小信号分析,输出 V(3) 的标称运行值的最大偏差的绝对值,并输出均方差。

(3) 分析结果如下(常温27℃):

图 8.26 所示为输出电压 V(3) 的元件标称值情况曲线和最坏情况曲线。

第 8 章 PSpice 电路分析

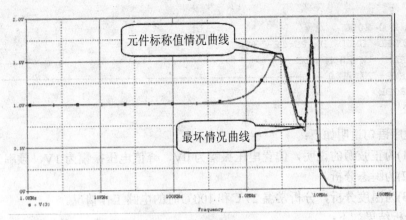

图 8.26　RLC 电路的最坏情况分析结果

8.6　温 度 分 析

PSpice 中所有的元器件参数和模型参数都假定其是常温下的值(常温的隐含值为 27℃)。在 OPTIONS 语句中，可以通过修改 TNOM 选项值改变这个隐含值。在进行直流、交流小信号或瞬态分析等电路分析中，可以用温度分析语句指定不同的工作温度。

语句格式：.TEMP　　T1　　<T2　<T3　…>　>

T1、T2 … 是指定的模拟温度，单位为℃。若同时指定了几个不同温度，则对每一个温度都要进行一次相应的电路分析。

例如：.TEMP　50，设置分析温度为 50℃；.TEMP　0　50　125，设置分析温度为 0℃、50℃和 125℃。

【例 8-12】 对如图 8.27 所示二极管整流滤波电路进行温度分析，以求二极管整流滤波电路在 27℃和 100℃时的工作情况。

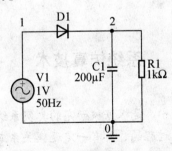

图 8.27　二极管整流滤波电路

解：

(1) 电路网单文件如下：

```
TEMP
    V1  1  0  SIN(0 1V 50Hz) ·········································································· (1)
    D1  1  2  DMOD
```

```
        R1   2  1  1K
        C1   2  0  200U
        .MODEL  DMOD  D  IS=1E-13
        .TRAN  1M  200M  UIC ································································(2)
        .TEMP  27  100 ····························································································(3)
        .PROBE
        .END
```

(2) 程序语句说明如下：

语句(1)为正弦源的说明，偏置电压振幅为 0V，峰值电压振幅为 1V，频率为 50Hz。

语句(2)为瞬态分析。

语句(3)为温度分析，分析常温 27℃和 100℃时的电路工作情况。

(3) 分析结果如下：

温度为 27℃和 100℃时，输出电压 V(2)曲线如图 8.28 所示。

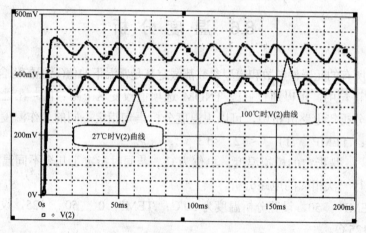

图 8.28　温度扫描分析结果

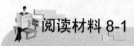

系统仿真技术

1. 基本概念

系统仿真(system simulation)，是根据被研究的真实系统数学模型，结合所用的计算机建立能描述系统结构或行为过程的、具有一定逻辑关系或数量关系的仿真模型，依靠仿真模型在计算机上计算、分析、研究，以获得真实系统的定量关系，加深对真实系统的认识和理解。

2. 系统仿真的实质

(1) 它是一种对系统问题求数值解的计算技术。尤其当系统无法通过建立数学模型求解时，仿真技术能有效地处理。

(2) 仿真是一种人为的试验手段。它和现实系统实验的差别在于，仿真实验不是依据实际环境，而是作为实际系统映象的系统模型以及在相应的"人造"环境下进行的。这是仿真的主要功能。

(3) 仿真可以比较真实地描述系统的运行、演变及其发展过程。

3. 系统仿真的作用

(1) 仿真的过程也是实验的过程，而且是系统地收集和积累信息的过程。尤其是对一些复杂的随机问题，应用仿真技术是提供所需信息的唯一令人满意的方法。

(2) 对一些难以建立物理模型和数学模型的对象系统，可通过仿真模型来顺利地解决预测、分析和评价等系统问题。

(3) 通过系统仿真，可以把一个复杂系统降阶成若干子系统，以便于分析。

(4) 通过系统仿真，能启发新的思想或产生新的策略，还能暴露出原系统中隐藏着的一些问题，以便及时解决。

4. 系统仿真方法

系统仿真的基本方法是建立系统的结构模型和量化分析模型，并将其转换为适合在计算机上编程的仿真模型，然后对模型进行仿真实验。由于连续系统和离散(事件)系统的数学模型有很大差别，所以系统仿真方法基本上分为两大类，即连续系统仿真方法和离散系统仿真方法。

在以上两类基本方法的基础上，还有一些用于系统(特别是社会经济和管理系统)仿真的特殊而有效的方法，如系统动力学方法、蒙特卡罗法等。系统动力学方法通过建立系统动力学模型(流图等)，利用 DYNAMO 仿真语言在计算机上实现对真实系统的仿真实验，从而研究系统结构、功能和行为之间的动态关系。

小　　结

本章介绍了 PSpice 的电路的几大类分析：直流分析、交流分析、瞬态分析、通用参数分析、统计分析和温度分析。详细说明了几类分析相应的各种电路分析语句的语法结构，对于每种电路分析所举的实例都以例题求解的方式呈现。实例的求解直接在 PSpice A/D 环境下进行仿真，并对 PSpice A/D 软件得出的仿真结果波形进行了说明。

习　　题

1. PSpice 的直流工作点分析是在电路中电感_____、电容_____的情况下，计算电路的静态工作点。

2. 灵敏度分析一般分为两种：_____、_____。

3. 对一单管放大电路,若要计算电路的电压增益,应该对该电路进行_____分析。

4. 进行瞬态分析时,如果用户不指定,程序自动进行_____分析。

5. 直流分析有什么作用?

6. 蒙特卡罗分析与最坏情况分析有什么不同?

7. 对如图 8.29 所示电路进行直流工作点分析、交流分析、瞬态分析,编写 PSpice 电路网单文件,分析仿真结果波形。

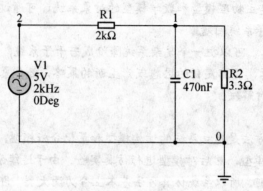

图 8.29 习题 7 电路

8. 对如图 8.30 所示电路,进行静态工作点分析,编写 PSpice 电路网单文件,分析仿真结果波形。

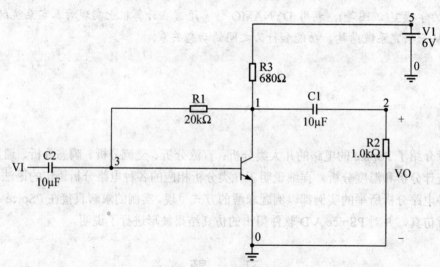

图 8.30 习题 8 电路

9. 设计一个 RC 振荡器。要求振荡频率 $f_0=500Hz$,输出信号幅度大于 8V,非线性失真系数 D 小于 4.0%,写出 PSpice 电路网单文件。

10. 积分电路如图 8.31 所示。运算放大器 A 的型号为 μA741(采用非线性宏模型),电阻 R_1 分别取为 $2k\Omega$ 和 $4k\Omega$。试编写 PSpice 电路网单文件,求解下列问题:

(1) 设输入信号是幅度为 1V、频率为 1kHz 的正弦波，求输出电压 Uo 的波形。

(2) 设输入信号是高、低电平分别为+1V、-1V，周期为 2ms 的方波电压，求输出电压 Uo 的波形。

(3) 若将上述输入方波电压的周期改为 12ms，再求电压 Uo 的波形。

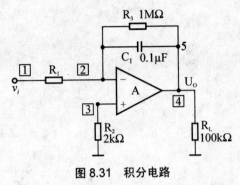

图 8.31 积分电路

(1) 差模输入，共模输入的含义是什么？求相应电压 U_0 的表达式。
(2) 若输入电压为 $U_{I1}=4V$，$U_{I2}=4.1V$，则 U_{I1c} 和 U_{I1d} 各为多少？$U_0=$？
(3) 该电路是反相加法运算还是同相加法运算？为什么？

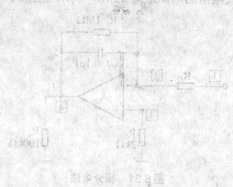

图8-21 加法电路

第 3 篇　数字电路 EDA

　　当今的世界是数字的世界，数字电路无处不在。20 世纪 80 年代出现的可编程逻辑器件和第三代 EDA 工具为数字集成电路的设计提供了全新的方法和设计模式。

　　可编程逻辑器件能完成任何数字集成电路的功能，上至复杂的高性能 CPU，下至简单的 74 电路，都可以用其来实现。例图 1 中有一块 CPLD(复杂可编程逻辑器件)芯片，为 ALTERA 公司生产的 MAX II 系列产品，型号为 EPM240T100C5，这样的可编程芯片如同一张白纸或是一堆积木，设计者可以通过传统的原理图输入法，或是硬件描述语言自由地在芯片上设计一个数字系统，而不需要像以前那样需要通过对单个门电路及器件的连接来完成设计。不但如此，设计者还可以利用如例图 1 中所示的 EDA 工具下的布图规划器自由分配可编程器件芯片的每一个引脚的功能，设计由此变得相当灵活。

　　第三代 EDA 工具使用标准化的硬件描述语言描述目标电路的行为特性，自顶向下地跨越各个层次完成整个设计，例图 1 形象地表达了使用 EDA 工具设计数字集成电路的过程。设计者的设计构想用原理图或者硬件描述语言表达出来，将原理图或者硬件描述语言的内涵传送给 EDA 工具，EDA 工具自动完成一系列的设计工作，最后将设计信息下载到可编程逻辑芯片中。这样的设计模式使得设计者把主要精力集中于设计描述上，而烦琐的细节工作留给 EDA 工具去完成。

　　本篇主要介绍硬件描述语言的基本概念、硬件描述语言 VHDL 的语法结构、EDA 工具 MAX+Plus II 的使用方法和可编程逻辑阵列(CPLD 和 FPGA)的基础知识。读者应牢固掌握这些知识，为以后从事复杂的设计打下坚实的基础。

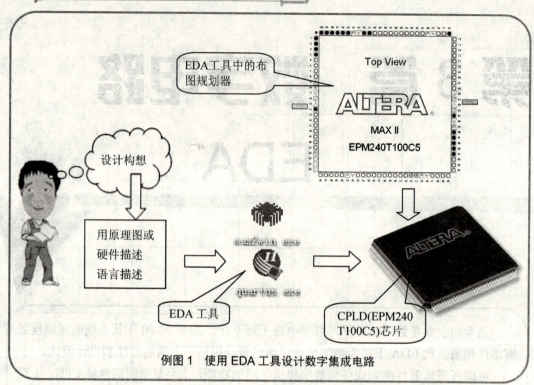

例图1　使用 EDA 工具设计数字集成电路

第 9 章

电路硬件描述语言

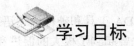

学习目标

- 了解硬件描述语言的概念、发展状况
- 掌握 VHDL 语言的基本结构、数据对象、运算操作和属性
- 掌握 VHDL 语言的各种描述语句的语法规则
- 掌握 VHDL 语言描述电路的方法

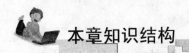

本章知识结构

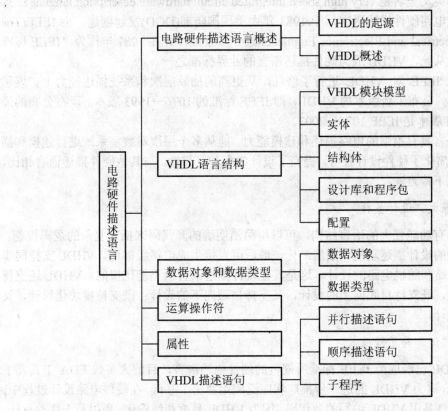

9.1 电路硬件描述语言概述

9.1.1 VHDL 的起源

硬件描述语言(Hardware Description Language，HDL)是硬件设计者和 EDA 工具(EDA 即指 EDA 软件)之间的接口。设计者利用这种语言，从上层到下层(从抽象到具体)逐层描述自己的设计思想，并把这种描述告诉 EDA 工具，最后在 EDA 工具的帮助下进行详细的设计及验证。

在形成标准硬件描述语言之前，许多公司都在发展自己的 EDA 工具和硬件描述语言，到 20 世纪 80 年代已出现了上百种硬件描述语言，对设计自动化曾起到了极大的促进和推动作用。设计者一旦选用某种 EDA 工具，必然使用相应的硬件描述语言，但这些硬件描述语言一般各自面向特定的设计领域和层次，而且一种 EDA 工具的功能并不很完整与强大，这让众多的设计者无所适从，因此，急需一种面向设计的多个领域、多个层次并得到普遍认同的标准硬件描述语言。经过一段漫长的道路，IEEE 终于在 1987 年制定了第一个硬件描述语言的标准，这就是 VHDL，编号为 IEEE STD 1076。

9.1.2 VHDL 概述

VHDL 的英文全名是 very high speed integrated circuit hardware description language，意为超高速集成电路硬件描述语言，于 1983 年由美国国防部(DOD)发起创建，由 IEEE(The Institute of Electrical and Electronics Engineers)进一步发展，并在 1987 年作为"IEEE 标准 1076"发布。从此，VHDL 成为硬件描述语言的业界标准之一。

1993 年，IEEE 对 VHDL 进行了修订，从更高的抽象层次和系统描述能力上扩展了 VHDL 的内容，公布了新版本的 VHDL，即 IEEE 标准的 1076—1993 版本。现在公布的最新 VHDL 标准版本是 IEEE 1076—2002。

VHDL 语言具有很强的电路描述和建模能力，能从多个层次对数字系统进行建模和描述，从而大大简化了硬件设计任务，提高了设计效率和可靠性。与其他硬件描述语言相比，VHDL 具有以下特点。

1. 功能强大、设计多样

VHDL 具有功能强大的语言结构，可以用简洁明确的源代码来描述复杂的逻辑控制。它具有多层次的设计描述功能，层层细化，最后可直接生成电路级描述。VHDL 支持同步电路、异步电路和随机电路的设计，这是其他硬件描述语言所不能比拟的。VHDL 还支持各种设计方法，既支持自底向上的设计，又支持自顶向下的设计；既支持模块化设计，又支持层次化设计。

2. 支持广泛、易于修改

由于 VHDL 已经成为 IEEE 标准所规范的硬件描述语言，目前大多数 EDA 工具几乎都支持 VHDL，这为 VHDL 的进一步推广和广泛应用奠定了基础。在硬件电路设计过程中，主要的设计文件是用 VHDL 编写的源代码，因为 VHDL 易读和结构化，所以易于修改设计。

3. 强大的系统硬件描述能力

VHDL 具有多层次的设计描述功能，既可以描述系统级电路，又可以描述门级电路。既可以采用行为描述、寄存器传输描述或结构描述，也可以采用三者混合的混合级描述。另外，VHDL 支持惯性延迟和传输延迟，还可以准确地建立硬件电路模型。VHDL 支持预定义的和自定义的数据类型，给硬件描述带来较大的自由度，使设计人员能够方便地创建高层次的系统模型。

4. 独立于器件的设计、与工艺无关

设计人员用 VHDL 进行设计时，不需要首先考虑选择完成设计的器件，可以集中精力进行设计的优化。当设计描述完成后，可以用多种不同的器件结构来实现其功能。

5. 移植能力强

VHDL 是一种标准化的硬件描述语言，同一个设计描述可以被不同的工具所支持，使得设计描述的移植成为可能。

6. 易于共享和复用

VHDL 采用基于库(Library)的设计方法，可以建立各种可再次利用的模块。这些模块可以预先设计或使用以前设计中的存档模块，将这些模块存放到库中，就可以在以后的设计中进行复用，可以使设计成果在设计人员之间进行交流和共享，减少硬件电路设计工作量。

在数字电路中我们学过 D 触发器，D 触发器的集成电路型号一般为 74LS74，下面先给出一个用 VHDL 描述实现的与 74LS74 相似功能的 D 触发器的简单实例程序，读者可以从中大致了解 VHDL 的结构。

【例 9-1】 D 触发器的 VHDL 程序描述如下：

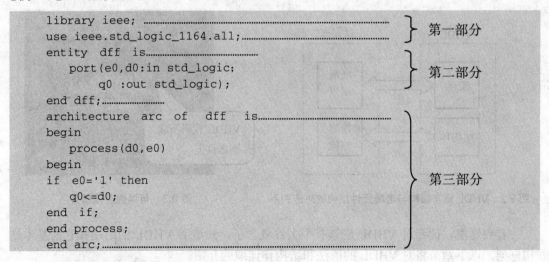

程序语句说明：

从例 9-1 可以看出一个完整的 VHDL 程序通常包括三个部分：第一部分称为库声明部

分；第二部分称为实体；第三部分称为结构体。由该程序可以生产如图 9.1 所示的电路元件——D 触发器。从图 9.1 可以看出，这个元件符号有"外观"和"内部"两个部分，其中"外观"特指该元件的端口，"内部"指该元件的内部结构。

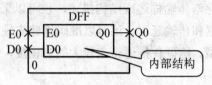

图 9.1　D 触发器电路元件

 特别提示

这里"D 触发器电路元件"不是物理元器件，而是指由 VHDL 描述所产生一种图元文件(MAX+Plus II 下其文件扩展名为*.sys)，该文件包含了 D 触发器的内部功能和外部引脚信息，其本质上由 VHDL 代码构成。如未特别说明，本章所指的"电路元件"都是指图元文件，而非真实的物理元件。

用 VHDL 描述电路元件外观和内部结构，那么语言自身结构组成与电路元件结构之间是否有对应关系呢？回答是肯定的，元件的外部端口与 VHDL 语言的实体相对应，而元件内部结构与 VHDL 语言的结构体对应起来。对应关系如图 9.2 所示。

从图 9.2 中可以看出，VHDL 的实体部分实际上描述元件外部端口，结构体部分描述元件的内部结构。

例 9-1 的描述结果最终生成了 D 触发器图元文件，那么图元文件又怎么变成实际元件呢？实际上图元文件所包含的 VHDL 代码程序经过编译、化简、分割、综合、优化后，通过计算机下载到如图 9.3 所示的可编程逻辑器件(如 CPLD 或 FPGA)中，便可形成实际物理器件。

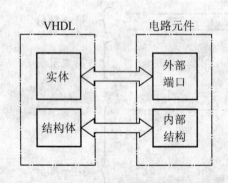

图 9.2　VHDL 语言结构与电路元件结构的对应关系

图 9.3　可编程逻辑器件

看到这里，读者对 VHDL 应该有个大致概念了，知道了 VHDL 的用途和它的基本结构框架。以下章节将对 VHDL 的语法和结构作详细的介绍。

9.2 VHDL 语言结构

VHDL 语言结构的基本要素包括：实体(模块的外部特征)、结构体(模块内部的功能描述)、库和包、配置(整个系统的结构指引)。

9.2.1 VHDL 模块模型

VHDL 把一个任意复杂的电路模块的模型视作一个单元。在 VHDL 中，元件由设计单元定义，设计单元由实体声明部分 entity 和结构体部分 architecture 组成。一个单元只有一个设计实体，而结构体的个数可以不限，如图 9.4 所示。实体声明部分描述从外部所能看到的(包括端口在内的)元件的"外观"，提供该设计单元的外部信息，如名称，端口信息(端口模式，信号值取值类型)和类属信息(参数)；而结构体则用于定义该设计单元的内部结构特性。

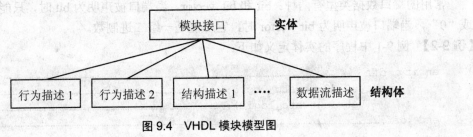

图 9.4 VHDL 模块模型图

9.2.2 实体

在 VHDL 中，实体相当于器件及其外观，在电路原理图上相当于元器件符号。图 9.5 所示为 D 触发器的元件符号，包含一个规定了设计单元的输入或输出接口信号或引脚的部分。一个实体代表整个电路设计的一个完整层级，也可以是被描述电路的任何层级的一个单元模块，但单元模块的内部功能没有在实体中提及。

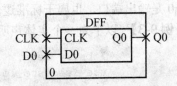

图 9.5 例 9-1 的实体电路图符号

VHDL 的实体声明的语法格式如下：

```
entity 实体名 is
    [generic (参数名表);].................描述可变参数，如时间、数目等，增加描述的灵活性。
    [port (端口名表);].................描述输入输出信号。
    end entity 实体名
```

一个实体声明中有下列重要部分：

(1) 实体名称，是由用户给实体命名的标志符，一般以有意义的字符作为实体名。

(2) 标志符由字母、数字和下划线组成，命名遵循以下规则：首字符必须是字母；字母不分大小写；下划线不能连用；最后一个字符不能是下划线。

(3) 端口名表是对设计实体中输入和输出接口进行描述,格式如下:
Port(端口名(,端口名):方向 数据类型名;
⋮
端口名(,端口名):方向 数据类型名);

端口名是赋予每个系统引脚的名称,一般用几个英文字母组成。

端口方向用来定义引脚是输入还是输出,见表9-1。

表9-1 端口方向声明

方向	声明
In	输入到实体
Out	从实体输出
Inout	双向
Buffer	输出(但可以反馈到实体内部)
linkage	不指定方向

常用的端口数据类型有两种:bit 和 bit_vector。当端口被声明为 bit 时,只能取值"1"或"0",当端口被声明为 bit_vector 时,它可能是一组二进制数。

【例9-2】 例9-1中程序的实体定义如下:

```
entity dff is..................................................................(1)
    port(e0,d0:in std_logic; ...........................................(2)
        q0 :out std_logic); ............................................(3)
    end dff;.....................................................................(4)
```

程序语句说明:

语句(1)是实体声明;语句(2)、(3)是端口定义,e0,d0 是输入端口,属于标准逻辑型,q0 是输出端口,也属于标准逻辑型;语句(4)是实体结束语句。

【例9-3】 以下为一个实体声明:

```
library ieee;
use ieee.std_logic.1164.all;
entity mm is
    port(n0,n1,select: in std_logic;
        q : out std_logic;
        bus : out std_logic_vector(7 downto 0));
end mm;
```

在例 9-3 中端口数据类型取自 IEEE 标准库(该库中有数据类型和函数的声明),其中 STD_LOGIC 取值为"0"、"1"、"X"和"Z"。因为使用了标准库,所以在实体声明前要增加库声明语句。

 特别提示

VHDL 语言文件保存时的文件名必须与实体名一致,否则在编译时将出错。

9.2.3 结构体

结构体定义了实体的行为模型或结构化模型，声明该实体的功能以及如何完成这些功能，采用行为描述、数据流描述、结构化描述三种描述方式，是整个 VHDL 语言中至关重要的一个组成部分。结构体一定是跟在实体之后，每一个实体都有一个或一个以上的结构体。

VHDL 的结构体定义的语法格式如下：

```
architecture 结构体名 of 实体名 is
    声明语句;
  begin
    并行语句;......................................元件调用、进程、其他并行语句等
  end 结构体名;
```

结构体中的实体名必须与前面实体声明的名称相同，结构体名是用户给出的标志符。结构体分为两个部分，声明部分是在关键词 Begin 之前，指令部分在关键词 Begin 和 End 之间。所有在结构体中用到的信号、常数、类型和器件都要在声明部分里声明。结构体的内容都放在 Begin 和 End 之间。结构体由一系列并行语句构成，包括块语句、进程语句、信号赋值语句、子程序调用语句、元件例化语句。

特别提示

并行语句是并发同时执行的，这跟其他计算机语言不同，计算机一般程序语句按照顺序执行。并行语句跟其在结构体中的位置无关系。

【例 9-4】 例 9-1 中程序的第三部分就是结构体部分，结构体名为 arc，结构体定义如下：

```
architecture arc of dff is
  begin
    process(d0,e0).............................................................(1)
    begin
      if e0='1' then
        q0<=d0;
      end if;
    end process;
end arc;
```

程序语句说明：
该结构体部分的并行语句是语句(1)，为进程语句(Process 语句)。

9.2.4 设计库和程序包

1. 设计库

设计库是 VHDL 里对多个设计或者项目进行组织和维护的手段，是经编译后的数据集

合，它存放实体声明、结构体、程序包和配置声明等，包括用于分析、仿真和综合的中间文件。设计者可以引用相关的库，共享已经编译过的信息，使得 VHDL 设计十分方便。库的调用通过库的声明语句来实现。库声明语句放在设计实体前，并且可以使用多个独立不同的库。在应用当中，设计实体调用库的程序包中的内容，要用 use 语句来声明。

库声明语句的格式如下：

library 库名；

库声明之后，再用 use 对库中所使用的程序包进行声明，这样整个设计实体都可以对库和程序包进行访问或调用，其使用范围仅限于所声明的设计实体。

use 语句的语法格式如下：

```
use 库名. 程序包名. all;..................all 指使用所有项目
use 库名. 程序包名. 项目名;..........指使用库中的某个项目
```

如例 9-1 中程序的库声明语句为：

```
library ieee;
use ieee.std_logic_1164.all;
```

例 9-1 程序用到了 IEEE 库以及 IEEE 库中的 std_logic_1164 程序包的全部资源。在 VHDL 语言中包含三个常用的库：IEEE 库，STD 库和 WORK 库。

1) IEEE 库

在 IEEE 库中有一个为 IEEE 正式认可的标准包集 std_logic_1164.all。

IEEE 库包含了许多 std_logic_1164，且定义了 std_logic(8 级)和 std_ulogic(9 级)多值逻辑系统。其中包含如下重要内容：

(1) std_logic_aflth：定义了 signed(有符号)和 unsigned(无符号)数据类型，以及相关的算术运算和比较运算操作。包含许多数据类型转换函数，这种函数可以实现数据类型的转换。常用的数据类型转换函数有 conv_integer(p)、conv_unsigned(p, b)、conv_signed(p, b) 和 conv_std_logic_vector(p, b)。

(2) std_logic_signed：内部包含一些函数，这些函数可以使 std_Logic_Vector 类型的数据像 signed 类型的数据一样进行运算操作。

(3) std_logic_unsigned：内部包含一些函数，这些函数可以使 std_Logic_Vector 类型的数据像 unsigned 类型的数据一样进行操作。

2) STD 库

STD 库是 VHDL 设计环境的标准资源库，包括数据类型和输入输出文本等内容。STD 库中存放有标准程序包集 standard 和程序包 textio。标准程序包已经在 STD 库中进行过编译，程序包中主要定义了 bit、bit_vector、character 和 time 等数据类型。textio 程序包中定义了对文本文件进行读写操作的过程和函数。standard 程序包符合 VHDL 标准，在使用它时不需要在程序的开头部分对它进行声明，相当于隐含下面的语句：

library std;

而使用 textio 程序包时必须在 VHDL 程序的开头部分进行声明，例如：

```
library std;
```

```
use std.textio.alh;
```

3) WORK 库

WORK 库表示当前正在被处理的库，当前设计的所有代码都存放在 WORK 库中，使用 WORK 库不需要进行任何声明，相当在每个设计单元声明之前已隐含有如下 WORK 库语句：

Library work;

Work 库是与符号和物理的库名无关的位置。

2. 程序包

为了使已定义的常数、数据类型、元件调用声明以及子程序能被更多的 VHDL 设计实体方便地访问和共享，可以将它们收集在一个 VHDL 程序包中。多个程序包经过编译进入到目标库 library 中，使之适用于更一般的访问和调用范围。

程序包的内容主要由如下四种基本结构组成，因此一个程序包中至少应包含其中一种：

(1) 常数声明：主要用于预定义系统的宽度，如数据总线通道的宽度。

(2) 数据类型声明：主要用于声明在整个设计中通用的数据类型，如通用的地址总线数据类型定义等。

(3) 元件定义：主要规定在 VHDL 设计中，参与元件例化的文件(已完成的设计实体)对外的接口界面。

(4) 子程序声明：用于声明在设计中任一处可调用的子程序，包括函数和过程的声明。

程序包定义的语法结构包括两部分：包声明(Package)和包体(Package Body)。第一部分是必须的，包括所有的声明语句。如果在第一部分中有一个或多个 Function 或 Procedure 声明，则包体(Package Body)中一定要存在对应的代码。Package 和对应的 Package Body 的名称必须相同。

程序包声明的语法格式如下：

```
package  包名 is
    接口声明
end 包名；
```

程序包体的语法格式如下：

```
package  body  包名  is
    内部声明；
    接口声明中子程序声明对应的子程序体；
end 包名；
```

【例 9-5】 声明一个名为 my_package 的包，仅仅包含类型和常量的声明，无需包体，程序如下：

```
library ieee;
use ieee.std_logic_1164.all;
package  my_package is
```

```
type state is (st1, st2, st3, st4);
type color is( red, green, blue);
constant vec: std_logic_vector( 7 downto 0):="11111111";
end my_package;
```

3. 预定义的程序包

VHDL 中预定义的程序包有以下四种。

(1) std_logic_1164 程序包。

其是 IEEE 库中最常用的程序包，是 IEEE 的标准程序包。其中包含了一些数据类型、子类型和函数的定义，这些定义将 VHDL 扩展为一个能描述多值逻辑(即除"0"和"1"以外还有其他的逻辑量，如高阻态"z"、不定态"x")的硬件描述语言，很好地满足了实际数字系统的设计需求。

(2) std_logic_arith 程序包。

其预先编译在 IEEE 库中，是 Synopsys 公司的程序包。此程序包在 std_logic_1164 程序包的基础上扩展了三个数据类型：unsigned、signed 和 small_int，并为其定义了相关的算术运算符和转换函数。

(3) std_logic_unsigned 和 std_logic_signed 程序包。

这两个程序包都是 Synopsys 公司的程序包，都预先编译在 IEEE 库中。这些程序包重载了可用于 integer 型及 std_logic 和 std_logic_vector 型混合运算的运算符，并定义了一个由 std_logic_vector 型到 integer 型的转换函数。

(4) standard 和 textio 程序包。

这两个程序包是 STD 库中的预编译程序包。standard 程序包中定义了许多基本的数据类型、子类型和函数。

设计过程中要使用这些预定义程序包，必须在设计实体的开始部分加上如下的声明语句：

```
library ieee;
use ieee.std_logic_1164.all;
use std_logic_arith;
use std_logic_unsigned;
```

9.2.5 配置

配置(configuration)语句描述实体与结构体之间的连接关系，获得器件声明和基本单元的属性。配置也是 VHDL 程序的一个部分，在仿真时，可以利用配置来选择不同的结构体，进行对比验证以得到性能最佳的结构体。配置根据不同的使用情况，大体分为四种类型：默认配置、元件配置、块配置和结构体配置。

配置声明语句的语法格式如下：

　　Configuration 配置名 Of 实体名 IS
[语句声明]；
　　End 配置名；

默认配置是最简单的配置语句，它的书写格式如下：

Configuration 配置名 Of 实体名

第9章 电路硬件描述语言

　　For 选配结构体名
　　End For;
　　End 配置名；

其中配置名是用来表示该配置语句的标志符，实体名是要进行结构体配置的设计实体的标志符，选配结构体名就是要配置结构体的结构体名；配置语句以"End 配置名"加分号"；"结束。默认配置只能用来选择不含有任何模块语句和元件的结构体。

9.3　数据对象和数据类型

9.3.1　数据对象

在 VHDL 中，通常把用来保存数据的一些单元称为数据对象，可以认为数据对象是数值的载体。共有三种形式的数据对象：常量(constant)、变量(variable)、信号(signal)。对于每一个对象来说，需要具有自己的类和类型描述。其中，类用来指明对象属于常量、信号、变量中的哪一类；而类型则用来指明该对象具有哪种数据类型。

1. 常量

常量指在设计实体中固定的值，它可以具有任何的数据类型。作为一种硬件描述语言的元素，常量在硬件电路设计中具有一定的物理意义，它通常用来代表硬件电路中的电源或者地线等。

常量的描述格式如下：

constant 常量名：数据类型：=表达式

例如：

```
constant vcc: real:=5.0;
constant daly: time:=100ns;
```

其中"：="为赋值符，常量被赋值后的值将不再改变。如 VCC 被定义为 5.0，那么在 VHDL 中，VCC 的值将被固定在 5.0，任何试图修改常量 VCC 值的操作将视为非法。

特别提示

常量的数据类型与表达式的数据类型应该保持一致，例如，上面所举常量描述实例的第二语句变成"Constant daly: time:=100.5ns;"就是错误的，因为时间数据类型为 time 类型，与所赋的值不一致。

2. 变量

变量主要用于对暂时数据进行局部存储，是一个局部量，只能在进程语句、过程语句和函数语句的声明部分中加以声明。作为一种硬件描述语言的元素，变量在硬件电路设计中具有一定的物理意义，变量主要用于局部数据的暂时存储，是一种载体。

变量的描述格式如下：

Variable　变量名：数据类型　约束条件：=表达式；

例如：

```
variable x, y: integer;
variable count: integer range 0 to 255: =10;
```

"range"是用来表示限制数据范围的保留字，"0 to 255"表示常量的数据范围。

特别提示

变量的作用范围仅仅是声明它的进程、过程或是函数，而在程序其他部分是无效的。这样有时便会引出一个问题——如何将一个变量的值带出它的作用范围之外？实际上，解决方法很简单，只需要将变量的值赋给一个相同类型的信号，然后由信号带出变量的作用范围即可。

3. 信号

信号是实体间动态交换数据的手段，用信号对象可以把实体连接在一起形成模块。作为一种硬件描述语言的元素，信号在硬件电路设计中具有一定的物理意义，它通常用来表示电路硬件内部的一条硬件连接线。信号除了没有方向的概念外，几乎和端口概念一致。

信号的描述格式如下：

Signal 信号名：数据类型 约束条件：=表达式；

例如：

```
signal sys_clk: bit:='0';
signal ground: bit:='0';
```

特别提示

信号与变量的区别如下：
(1) 信号赋值可以有延迟时间，变量赋值无时间延迟。
(2) 变量只能在进程语句中说明和使用。
(3) 信号除当前值外还有许多相关值，如历史信息等，变量只有当前值。
(4) 进程对信号敏感，对变量不敏感。
(5) 信号可以是多个进程的全局信号，但变量只在定义它之后的顺序域可见。
(6) 信号可以看作硬件的一根连线，但变量无此对应关系。
(7) 信号用"<="赋值，变量用"：="赋值。

9.3.2 数据类型

在 VHDL 中信号、变量、常量都要指定数据类型。对象的数据类型定义了该对象可以具有的值和对该对象可以进行的运算的限制。VHDL 是一种数据强类型语言。如某数据对象是整型，那么这个数据对象必须为整形的值(… -1，0，1，…)，在该数据对象上进行的操作，必须是那些限定于整型操作的运算，如加法、乘法等。

数据类型有几种分类方法，其中一种方法将数据类型分为三大类：标准数据类型；IEEE 标准逻辑系统程序包中预定义数据类型；自定义类型。

第9章 电路硬件描述语言

1. 标准数据类型

标准数据类型是标准库里预定义的类型,包括位(bit)、位矢量(bit_vector)、布尔类型(boolean)、整数(integer)、实数(real)、字符(character)、字符串(string)及 signed(有符号数)和 unsigned(无符号数)类型,见表 9-2。

表 9-2 标准数据类型

数据类型	关键字	说明	举例
位	bit	逻辑量"1"和"0"	signal a:bit;
位矢量	bit_vector	位矢量是用双引号括起来的一组位数据	"000010"
布尔类型	boolean	只有"真(true)"和"假(false)"两个状态	—
整数	integer	范围:$-(2e31-1) \sim (2e31-1)$	+12,-167,2e4,4e3
实数	real	范围:$-1.0e38 \sim 1.0e38$,书写时一定要有小数。综合器都不支持实数,但部分仿真器支持	+11.0, +2e4
字符	character	单个 ASCII 字符,字符书写时,通常用单引号括起来,对大小写敏感	'a','b','2'
字符串	string	双引号括起来的一串 ASCII 字符	"strings","hello"
时间	time	整数和时间单位:fs,ps,ns,ms,sec,min,hr	1.2ms,1hr,4sec
错误等级	severity_level	用来表征系统的工作状态,共有四种:note(注意)、warning(警告)、error(错误)、failure(失败)。	note、warning 可以忽略,error、failure 不能忽略
自然数、正整数	natural、positive	整数的子类型	—

以上 10 种数据类型是 VHDL 语言中标准的数据类型,在编程时可以直接引用。如果设计者需要使用这 10 种以外的数据类型,必须进行自定义。

由于 VHDL 语言属于强类型语言,任何一个信号和变量的赋值均需要落入给定的约束区间中,也就是要落入有效数值的范围之内。在仿真过程中,要检查赋值语句中的类型和区间。

约束区间的说明通常跟在数据类型说明的后面。

例如:

```
in integer range 0 to 9;
in bit_vector (7 downto 0);
```

 特别提示

约束区间可以不写,由综合器自动生成,但是合理地定义约束区间可以节省器件的资源,最优化程度更高。

2. IEEE标准逻辑系统程序包中预定义数据类型

IEEE制定了一个多值逻辑系统标准包的标准,包名为std_Logic_1164,编译后放在IEEE的设计库中。

引用该程序包的格式如下:

```
library ieee;
use ieee.std_logic_1164.all;
```

特别提示

该程序包引用格式是标准引用格式,几乎所有VHDL程序开头都有这两条语句。前面例9-1的VHDL描述就引用了该程序包。

std_Logic_1164程序包提供了逻辑描述中常用的特殊值及其运算规则,具有较强的功能,可以使用户设计描述规范化。设计者可以利用该程序包定义的类型代替standard中定义的类型。

std_Logic_1164定义了一个九值模型,每个值为逻辑电平(0,1和未知)与强度(强、弱、高阻、未定义和无关)的组合,其中高阻、未定义和无关只有一个电平值(未知),见表9-3。

表9-3 九值模型数值表

值	含义说明
0	"强"0(综合后为0)
1	"强"1(综合后为1)
X	"强"未知(综合后为0)
Z	高阻态(综合后为三态缓冲器)
W	"弱"未知
L	"弱"0
H	"弱"1
-	无关
U	初始未定

IEEE标准逻辑系统程序包中预定义数据类型包括标准逻辑位、标准逻辑矢量、无符号型、有符号型、小整型,见表9-4。

表9-4 IEEE标准逻辑

数据类型	关 键 字	说 明	举 例
标准逻辑位	std_logic	std_logic类型是bit类型的扩展,但硬件只支持'0'、'1'、'Z'、'-'这几种类型	9值模型系统
标准逻辑矢量	std_logic_vector	与bit_vector类似,只是数据内容多了'Z'(高阻状态)与'-'(忽略)	'0000'、'0101'、'zz1z'
有符号型	signed	有符号数表示正数和负数	signal x: signed (3 downto 0)

续表

数据类型	关键字	说明	举例
无符号型	unsigned	无符号数表示大于零的数,与标准逻辑向量 std_logic_vector 相似,可以互相转换,无符号整数序列编号由高到低(即使用 downto 的序列)	signal y：unsigned (7 downto 0)
小整型	small_int		

3. 自定义类型

如果需要使用其他的数据类型,则必须自定义数据类型。

自定义数据类型的格式如下:

type 数据类型名 is 数据类型定义；

常用的几种用户定义的数据类型有：枚举(enumerated)类型、数组(array)类型、记录(record)类型、物理类型等。

1) 枚举类型

在逻辑电路中,所有的数据都是用 1 或 0 来表示的；但是人们在考虑逻辑关系时,只有数字往往很不方便。在 VHDL 语言中,可以采用枚举类型,用符号来代替数字。

枚举类型的定义格式如下:

type 数据类型名 is(元素 1,元素 2,…,元素 N)；

例如：type staste6 is (s0,s1,s2,s3,s4,s5);

此外,包集合 std_logic_1164 中的 std_logic 类型也属于枚举数据类型,其定义为 TYPE std_logic IS ('U'、'X'、'1'、'0'、'Z'、'W'、'L'、'H'、'-');

2) 数组类型

数组是将相同类型的数据集合在一起而形成的一个新的复合数据类型,它可以是一维的,也可以是二维或多维的。

定义格式如下:

type 数组类型名 is array 范围 of 原始数据类型；

例如：type word is array (1 to 8) of std_logic；

数组在总线定义以及 ROM、RAM 等的系统模型中使用。包集合 std_logic_1164 中的 std_logic_vector 类型也属于数组数据类型,其定义为

type std_logic_vector is array (natural range<>) of std_logic；

这里范围由 range<>指定,表示一个没有范围限制的数组。在这种情况下,范围由信号说明语句等确定。例如：signal a：std_logic_vector (3 downto 0);

特别注意的是综合器只支持一维数组,多维数组只用于仿真。

3) 物理类型

定义格式如下:

type 物理类型名 is 范围；

    units　基本单位；

单位;
end units;
其可以对时间、容量、阻抗等物理量单位进行定义。
例如:

```
type time 1s range -1e18 to 1e18;
    units  fs;
    ps=1000 fs;
    ns=1000 ps;
    …
  end units;
```

4) 记录类型

数组是同一类型数据集合起来形成的,而记录则是将不同类型的数据和数据名组织在一起而形成的新类型。

记录数据类型比较适合于系统仿真,在生成逻辑电路时应将它分解开来。

定义格式如下:

  type 记录类型名 is record

    元素名1:数据类型名1;

    元素名2:数据类型名1;

  end record;

9.4 运算操作符

VHDL 提供了六种运算操作符,分别为赋值操作符、逻辑运算符、算术运算符、关系运算符、移位运算符以及并置操作符。

1. 赋值操作符

其用来给信号、变量和常数赋值。赋值运算符有三种:"<="用于对 signal 赋值;":="用于对 variable,constant 和 generic 赋值,也可用于赋初值;"=>"用于给矢量中的某些位赋值。

2. 逻辑运算符

逻辑运算符是用来执行逻辑运算的,操作数为 bit,std_logic 或 std_ulogic 类型的数据。逻辑运算符有 not, and, or, nand, nor, xor, xnor,结果是 true 或 false。

例如:

```
x<=(a and b) or (not c and d);
x<=b and a and d and e;
x<=b or c or d or e;
```

第9章 电路硬件描述语言

3. 算术运算符

算术运算符用来执行算术运算操作。VHDL 中有八种算术运算操作符号：加(+)、减(-)、乘(*)、除(/)、指数运算(**)、取模(mod)、取余(rem)、取绝对值(abs)。

算术运算符的操作数可以是 integer、signed、unsigned 或者 real。算术加法和减法的两个操作数必须是同一类型，不同类型的操作数相加减将引起错误。

以上的算术运算符中，加、减和乘法运算符可以综合，除法运算只有在除数为 2 的 n 次幂时才有可能进行综合，此时除法操作对应的是将被除数向右进行 n 次移位。对于指数运算，只有当底数和指数都是静态数值时可综合。mod、rem、abs 在一般情况下是不可综合的。

4. 关系运算符

关系运算符共有六种，它们均为二元关系运算符。分别有：=(等于)、/=(不等于)、<(小于)、<=(小于等于)、>(大于)、>=(大于等于)。

由关系运算符形成的表达式的值总是布尔类型。不同的关系运算符对两边的操作数的数据类型有不同的要求。其中等号"="和不等号"/="可以适用所有类型的数据。其他关系运算符则可以用于整数(integer)和实数(real)、逻辑位(std_logic)等枚举类型以及位矢量(std_logic_vector)等数组类型的关系运算。在进行关系运算时，左右两边的操作数的数据类型必须是相同的，但是位的长度不一定相同，当然也有例外的情况。在利用关系运算符对位矢量数据进行比较时，比较过程是从最左边的位开始，自左向右按位进行比较。在位长不同的情况下，只能按自左向右的比较结果作为关系运算的结果。

5. 移位运算符

移位运算符是 VHDL 93 新增的运算符，有如下六种：sll、srl、sla、sra、rol、ror。规定移位运算符作用的操作数的数据类型是一维数组，数组元素为 bit 或 boolean 的数据类型。

移位运算的语句格式如下：

标识符　移位运算符移位位数

6. 并置操作符

并置操作符有两种：(&)和(,,,,)，其中&是一个二元运算符，它可用于位的连接。并置操作符的任何一个操作数既可以是一维数组，也可以是一维数组类型中元素的类型；操作数必须具有相同的类型，或者其中的一个操作数必须是另外一个操作数的元素类型，在 case 语句中常用。

例如：

s<=s1&s2;

x<=('1','0','0','0,','0','1','1','0');

各个运算操作符的优先级见表 9-5。

表 9-5 运算操作符的优先级

优先级别	类　型	操作符	声　明
低　↓　高	逻辑运算符	and	逻辑与
		or	逻辑或
		nand	逻辑与非
		nor	逻辑或非
		xor	逻辑异或
	关系运算符	=	等号
		/=	不等号
		<	小于
		>	大于
		<=	小于等于
		>=	大于等于
	加、减、并置运算符	+	加
		−	减
		&	并置
	正负运算符	+	正
		−	负
	乘除法运算符	*	乘
		/	除
		mod	取模
		rem	取余
	其他	**	指数
		abs	取绝对值
		not	取反

9.5 属　性

VHDL 语言有属性预定义功能，可以从指定的客体或对象中获得关心的数据或信息，因此可以使 VHDL 代码更灵活。VHDL 中预定义属性有许多重要应用，如检测出时钟边沿、完成定时检查、获得未约束的数据类型范围等。

预定义的属性类型分为五种：数值类属性、函数类属性、信号类属性、数据类型类属性、数据区间类属性，这里只介绍可被综合的属性。

1. 数值类属性

其用来得到数组、块或者一般数据的有关值。

(1) 一般数据的数值类属性(T 代表某一对象：信号、变量)：

'left——得到数据类或其子类区间的最左端的值；

'right——得到数据类或其子类区间的最右端的值；
'high——得到数据类或其子类区间的上限值；
'low——得到数据类或其子类区间的下限值。
(2) 数组的数值类属性(t 代表某一对象：信号、变量)：
'length——得到一维数组的长度值；
'range——返回对象 t 矢量或数组的下标范围；
'reverse_Range——返回对象 t 矢量或数组的次序颠倒的下标范围。
例如：

```
type bit_vector is array(integer range < >) of bit;
variable my_vector: bit_vector(5 downto 0);
attribute    expression value
my_vector'left ............................................................................................5
my_vector'right ...........................................................................................0
my_vector'high ............................................................................................5
my_vector'low .............................................................................................0
my_vector'length .........................................................................................6
my_vector'range .............................................................................(5 downto 0)
my_vector'reverse_range ....................................................................(0 to 5)
```

2. 信号类属性

返回有关信号(signal)行为功能的信息。

1) s'vent

s 代表信号，对信号 s 所发生的事件进行检测。信号 s 的事件指信号的电平(值)发生了变化。例如：1—>0 或 0—>1。

若信号 s 有事件发生，则返回 true，否则返回 false。只能用于 IF 语句和 WAIT 语句中。该属性常用于对时钟信号边沿的检测。

例如：

if (clk = '1') and (clk'event) then…;   ……………………检测时钟 clk 的上升沿
if (clk = '0') and (clk'event) then…;   ……………………检测时钟 clk 的下降沿

2) s'stable[(time)]

s 代表信号，该属性可以建立一个布尔信号，在括号内的时间表达式 time 所说明的时间内，若信号 s 没有发生事件(即信号保持稳定)，则该属性可以得到 true 的结果。

9.6 VHDL 描述语句

VHDL 中有两类语句：并行语句和顺序语句。顺序语句在进程与子程序中用来描述算法，它们是顺序执行的，执行方式跟以前学过的典型编程语言如 Pascal 或 C 语言中代码执行方式一致。而对于硬件电路来说，由于所有逻辑门在任何时刻都处于执行状态，因而对于这样的电路行为状态在结构体中用并行语句来进行描述，各个并行语句在结构体中的顺序并不重要，它们都是同时执行的。

9.6.1 并行描述语句

硬件描述语言所描述的实际电路系统,其许多操作是并发进行的,故从本质上讲,VHDL 的语句代码是并发执行的。所谓并行描述语句,是指作为单独语句能直接出现在结构体中的描述语句。结构体中所有语句都是并发执行的,与语句的书写顺序无关。但在进程(process)、函数(function)或过程(procedure)内部的代码则是顺序执行的。并行语句通常有进程语句、并行信号赋值语句、块语句、条件信号赋值语句、元件例化语句、生成语句等。

1. 进程(process)语句

进程语句是最常使用的并行语句。在一个结构体中可以同时出现多个进程语句同时并发执行。例 9-1 中程序就应用了进程语句,进程语句的一般形式如下:

标号:process [(敏感信号表)]
　　　　声明部分
　　begin
　　　　顺序语句部分
　　end process [标号];

进程标号是该进程的一个名字标号,为可选项。

process 语句具有敏感信号表,或者使用 wait 语句进行条件的判断。当敏感信号表里的某个信号发生变化时(或者 wait 语句的条件得到满足时)就启动进程,Process 内部的顺序代码就执行一遍;当最后一个语句执行完毕后,就返回到最开始的地方,等待敏感信号再次发生变化时才会启动进程。例如:例 9-1 中程序的进程部分为

```
process(d0,e0)
    begin
      if e0='1' then
         q0<=d0;
      end if;
end process;
```

敏感信号为 D0 和 E0,当 D0 和 E0 变化时,即当有脉冲到来和输入值变化时,便执行 process 里面的顺序语句一次,然后返回到最开始的地方;当 D0 和 E0 第二次变化时,再执行进程中的语句,由此重复下去。

"声明部分"定义该进程所需的局部数据环境。

"顺序语句部分则是一段顺序的程序,即 Begin 后面部分,它定义该进程的行为。例 9-1 中程序的顺序语句部分用一个条件语句,判定 E0 是否为"1",如果 E0 为"1"的条件成立,就将输入送给输出,实现了 D 触发器的功能。

2. 并行信号赋值(Concurrent Signal Assignment)语句

信号赋值语句在进程之外出现时,它作为一种并行语句的形式出现。并行信号赋值语句有三种形式:简单信号赋值语句、条件信号赋值语句和选择信号赋值语句。这三种信号赋值语句的共同点为赋值目标必须都是信号。所有赋值语句跟其他并行语句一样,在结构

体内的执行是同时发生的,与它们的书写顺序无关。

1) 简单信号赋值语句

并行简单信号赋值语句是 VHDL 并行语句结构的最基本的单元,它的语句格式如下:

信号赋值目标<=表达式;

其中,信号赋值目标的数据类型必须与赋值符号右边表达式的数据类型一致。

【例 9-6】 用 VHDL 描述一个与门电路,3 输入、3 输出,每个输出都是由 2 个输入相与得到的。程序如下:

```
library ieee ;
use ieee.std_logic_1164.all;
entity  andgate is
    port(a,b,c:in std_logic;
         x,y,z :out std_logic);
end andgate;
architecture  arc of andgate is
  begin
      x<=a and b;
      y<=a and c;
      z<=b and c;
  end arc;
```

这三条并行信号赋值语句执行顺序与书写顺序无关

三条并行信号赋值语句表达了输入与输出之间的关系,其描述的与门电路符号如图 9.6 所示。

一般来说,一条并行信号赋值语句与一个含有信号赋值语句的进程是等效的,因此可以将一条并行信号赋值语句改写成等价的进程语句结构,进程语句等效格式如下:

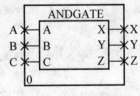

图 9.6 与门电路符号

process(敏感信号表)
  begin
      信号赋值语句;……………………………………………(1)
  end process;

如"x<=a and b;"这条语句可等效为

     process (a, b)
       begin
           x<=a and b;
       end process;

特别提示

语句(1)标明的信号赋值语句并不是并行信号赋值语句,它出现在进程语句内部,此时它是顺序语句,请注意区分。

2) 条件信号赋值语句

条件信号赋值语句是一种根据不同的条件,将不同的表达式值赋给目标信号的语句。

表达方式如下：

赋值目标 <= 表达式1   when   赋值条件1   else
         表达式2   when   赋值条件2   else
         表达式3   when   赋值条件3   else
                                 ⋮
         表达式$n-1$ when   赋值条件$n-1$ else
         表达式n；

当执行该语句时，首先要进行条件判断，每一赋值条件是按书写的先后关系逐项测定的，一旦发现赋值条件为 true，就立即将表达式的值赋给赋值目标。

【例9-7】 例9-6中的与门电路，如果用条件信号赋值语句描述，程序如下：

```
library ieee ;
use ieee.std_logic_1164.all;
entity andgate is
  port(a,b,c:in std_logic;
  x,y,z :out std_logic);
end andgate;
architecture  arc of andgate is
  begin
    x<='0' when a='0' and b='0'else ……………………………………(1)
       '0' when a='0' and b='1'else
       '0' when a='1' and b='0'else
       '1'; ………………………………………………………………………(2)
    y<='0' when a='0' and c='0'else
       '0' when a='0' and c='1'else
       '0' when a='1' and c='0'else
       '1';
    z<='0' when b='0' and c='0'else
       '0' when b='0' and c='1'else
       '0' when b='1' and c='0'else
       '1';
  end  arc;
```

程序语句说明：

语句(1)与语句(2)之间的代码等效于简单信号赋值语句"x<=a and b;"。

从以上两例可以看出，利用条件信号赋值语句描述的与门电路要比用简单赋值语句描述在内容上复杂得多，因此在描述电路时合理选择语句结构是重要的。

条件信号赋值语句与含有 If 条件语句的进程语句结构等效，后者格式如下：
process(敏感信号表)
  begin
    if 条件1 then
    信号赋值语句；
    …
    elsif 条件$n-1$ then

信号赋值语句 n-1;
else
信号赋值语句 n;
end if
end process;

【例9-8】 将上述描述与门电路的VHDL程序中的括号部分，用条件语句代替：

```
process (a,b)
  begin
   if (a='0' and b='0';) then
   x<='0';
   elsif (a='0' and b='1';) then
   x<='0';
   elsif (a='1' and b='0';) then
   x<='0';
   else
   x<='1';
   end if;
 end process;
```

可以看出，if 条件信号赋值语句是顺序语句，只能用在进程(process)中；而条件信号赋值语句是并行语句，在结构体的进程之外使用。

3) 选择信号赋值语句

选择信号赋值语句也是一种并行描述语句，它是一种根据选择条件的不同而将不同的表达式赋给目标信号的语句。

语句格式如下：

with 选择表达式 select

赋值目标信号<=表达式1　　when　　选择条件1;
　　　　　　表达式2　　when　　选择条件2;
　　　　　　表达式3　　when　　选择条件3;
　　　　　　　　　⋮
　　　　　　表达式 n　　when　　选择条件 n;

【例9-9】 利用选择信号赋值语句描述四选一选择器。程序如下：

```
library ieee;
use ieee.std_logic_1164.all;
entity mux4 is
   port(a0,a1,a2,a3:in std_logic;
        s:in std_logic_vector(1 downto 0);
        y: out std_logic);
end mux4;
architecture archmux of mux4 is
  begin
    with s select
    y<=a0 when "00";
```

```
            a1 when "01";
            a2 when "10";
            a3 when "11";
            '0' when others;
    end archmux;
```

例 9-9 的描述产生出如图 9.7 所示的电路符号。程序中 s 除了 "00"、"01"、"10"、"11" 这四个明确的值外，用 others 表示 S 的其他逻辑值。

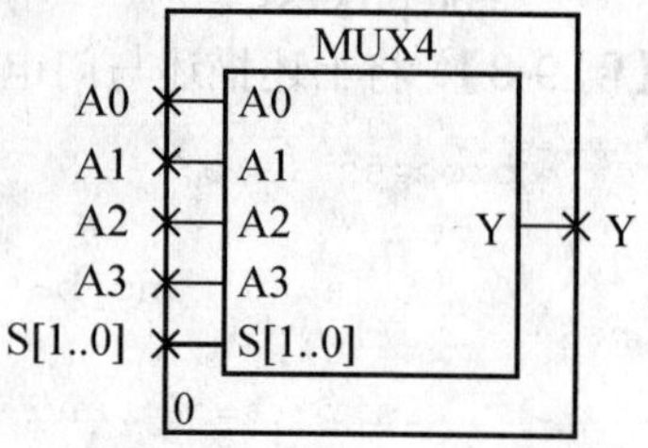

选择信号赋值语句与只含有一个 case 语句的进程结构等效，后者格式为：

  process(敏感信号表)
   begin
   case 条件表达式 is
    when 条件表达式的值 1 =>顺序语句；
    …
    when 条件表达式的值 n=>顺序语句；
   end case;
  end process;

图 9.7 四选一选择器

【例 9-10】 将例 9-9 的选择信号赋值语句结构用含有 case 语句的进程语句结构等效代替。

```
library ieee;
use ieee.std_logic_1164.all;
entity mux41 is
    port(a0,a1,a2,a3:in std_logic;
         s:in std_logic_vector(1 downto 0);
         y: out std_logic);
end mux41;
architecture archmux of mux41 is
    begin
     process(s)
    begin
        case s is
           when "00"=>y<=a0;
           when "01"=>y<=a1;
           when "10"=>y<=a2;
           when "11"=>y<=a3;
           when others=>y<='0';
        end case;
     end process;
end archmux;
```

从以上程序可以看出，选择信号赋值语句能出现在结构体中，但不能在进程内部使用，其选择条件不允许重复；case 语句是顺序描述语句，是根据条件表达式的值而执行由符号 "=>" 所指的顺序语句，出现在进程中。

3. 块(block)语句

块(block)语句是一种将结构体中的并行描述语句进行组合的方法，主要目的是改善并行语句及其结构的可读性，或是利用 block 的保护表达式关闭某些信号。

block 语句的格式如下：

  块标号：block [(块保护表达式)] [is]
  接口声明；
  类属声明；
begin
  并行语句；
end block [块标号];

block 的应用可使结构体层次鲜明，结构明确。利用 block 语句可以将结构体中的并行语句划分成多个并列方式的 block，每一个 block 都像一个独立的设计实体，具有自己的类属参数声明和界面端口，以及与外部环境的衔接描述。

【例9-11】 用块语句描述如图 9.8 所示的逻辑与或电路。

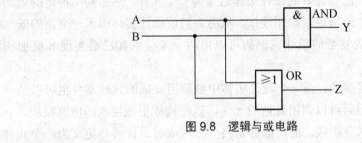

图 9.8 逻辑与或电路

程序如下：

```
library ieee;
use ieee.std_logic_1164.all;
entity and_or is
  port(a,b:in bit;
       y,z:out bit);
end and_or;
architecture arc of and_or is
    begin
    g1:block...........................................................................(1)
      begin
        y<=a and b;
    end block g1;............................................................(2)
    g2:block...........................................................................(3)
      begin
        z<=a or b;
    end block g2;............................................................(4)
  end arc;
```

程序语句说明：

语句(1)为定义标号为 g1 的块语句；语句(2)为结束 g1 块语句，g1 块实现"与"功能；语句(3)为定义标号为 g2 的块语句，g2 块完成"或"功能；语句(4)为结束 g2 块语句。

块语句的并行工作方式更为明显，块语句本身是并行语句结构，而且它的内部也都是由并行语句构成的(包括进程)。

 特别提示

块中定义的所有的数据类型、数据对象(信号、变量、常量)和子程序等都是局部的。对于多层嵌套的块结构，这些局部定义量只适用于当前块，以及嵌套于本层块的所有层次的内部块，而对此块的外部来说是不可见的。

4. 元件例化(component instantiation)语句

VHDL 中，已设计好的设计实体称为一个元件或一个模块，VHDL 中基本的设计层次是元件，它可以作为别的模块或者高层模块引用的底层模块。

元件例化就是将这个已设计好的设计实体定义为一个元件，然后利用特定的语句将此元件与当前的设计实体中的指定端口相连接，从而为当前设计实体引入一个新的低一级的设计层次，由此可以完成复杂的设计。例如可以用两个 4 位的加法器实现 8 位加法器的功能。

元件例化是可以多层次的，在一个设计实体中被调用安插的元件本身也可以是一个低层次的当前设计实体，因而可以调用其他的元件，以便构成更低层次的电路模块。

元件例化语句由两部分组成，前一部分是将一个现成的设计实体定义为一个元件，称为元件定义；第二部分则是此元件与当前设计实体中的连接声明，称为元件例化。语句格式如下：

元件定义语句

    component   例化元件名   is

      generic (类属表)；

      port(例化元件端口名表)；

    end component   例化元件名；

元件例化语句

元件例化名：例化元件名   port map(关联表)

关联表中的端口对应关系有下面三种关联方式：

(1) 位置对应：port map(x，y，out1，out2)。

(2) 显示指定：port map(a=> x，b=>y，d=>out2)，符号"=>"左边为元件声明中指定的端口，右边为实际对象。

(3) 混合指定：port map(X，b=>Y，d=>out2)。

 **特别提示**

实际对象和局部端口之间的关联必须数据类型一致,数据流方向一致。

【例9-12】 利用元件例化语句实现图9.9所示的ord41逻辑结构。

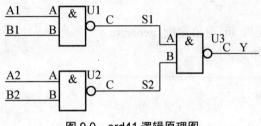

图9.9 ord41逻辑原理图

程序如下:

```
library ieee;
use ieee.std_logic_1164.all;
entity nd2 is
  port(a,b:in std_logic;
       c:out std_logic);
end entity nd2;
architecture artnd2 of nd2 is
  begin
    c<=a nand b;
end architecture artnd2;
library ieee;
use ieee.std_logic_1164.all;
entity ord41 is
  port(a1,b1,a2,b2:in std_logic;
       y:out std_logic);
  end entity ord41;
architecture artord41 of ord41 is
  component nd2 is ................................................(1)
    port(a,b:in std_logic
         c:out std_logic);
  end component nd2;
    signal  s1,s2:std_logic;
  begin
    u1:nd2  port map (a1,b1,s1); ........................(2)
    u2:nd2  port map (a=>a2,c=>s2,b=>b2); ..........(3)
    u3:nd2  port map (s1,s2,c=>y); .....................(4)
end architecture artord41;
```

注释:定义元件 Nd2 的结构,即描述图9.9 中的 U1、U2 或 U3 的与非门结构

注释:实体定义语句,定义实体为 Ord41

注释:元件例化语句

程序语句说明:

语句(1)为元件定义语句,在结构体ord41中定义元件nd2。语句(2)、(3)、(4)为元件例化语句,语句(2)为位置对应关联方式,语句(3)为显示指定关联方式,语句(4)为混合指定关联方式。

5. 生成(generate)语句

生成语句可以简化有规则设计结构的逻辑描述。生成语句有一种复制作用，在设计中，只要根据某些条件，设定好某一元件或设计单位，就可以利用生成语句复制一组完全相同的并行元件或设计单元电路结构。生成语句的语句格式有如下两种形式。

(1) 格式一：

[标号：]for 循环变量 in 取值范围 generate
　　声明；begin
　　并行语句；
　　end generate
　　[标号]；

(2) 格式二：

[标号：]if 条件 generate
　　声明；begin
　　并行语句；
　　end generate
　　[标号]；

这两种语句格式都由如下四部分组成。

① 生成方式：由 for 语句结构或 if 语句结构构成，用于规定并行语句的复制方式。

② 声明部分：这部分包括对元件数据类型、子程序和数据对象作一些局部声明。

③ 并行语句：生成语句结构中的并行语句是用来复制的基本单元，主要包括元件、进程语句、块语句、并行过程调用语句、并行信号赋值语句甚至生成语句。

④ 标号：生成语句中的标号并不是必需的，但如果在嵌套生成语句结构中就是很重要的。

取值范围的语句格式与 loop 语句是相同的，有两种形式：

表达式 to　　 表达式；………递增方式(如：1 to 5)
表达式 downto 表达式；………递减方式(如：5 downto 1)

其中的表达式必须是整数。

【例 9-13】 利用 generate 语句产生四个例 9-1 中所描述的时钟触发 D 触发器。程序如下：

```
library ieee;
use ieee.std_logic_1164.all;
entity dff_4 is
  port(clk,clrn,prn:in std_logic;
       d:in  std_logic_vector(3 downto 0);
       q:out std_logic_vector(3 downto 0));
end dff_4;
architecture archdff_4 of dff_4 is
  component dff
      port(d,clk,clrn,prn:in  std_logic;
              q:out std_logic);
  end component;
begin
```

（定义 D 触发器元件）

```
        dff4:for i in 3 downto 0 generate
            u:dff port map (d(i),clk,clrn,prn,q(i));
        end generate;
 end archdff_4;
```
产生4个D触发器

产生的元件符号如图9.10所示。

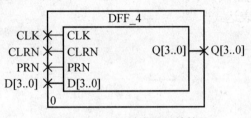

图9.10 四个D触发器元件符号

其内部结构如图9.11所示。

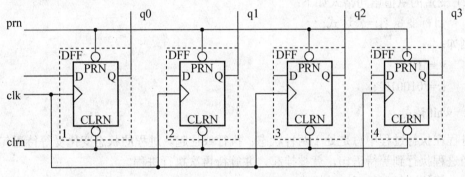

图9.11 四个D触发器内部结构图

特别提示

例9-13产生的是4个独立的D触发器，而不是4个D触发器构成的四位移位寄存器。请思考用4个D触发器构成的四位移位寄存器该如何用VHDL描述？

9.6.2 顺序描述语句

前面提到，VHDL本质上是一种并行执行的语言，其并行语句描述了并发的工作状态，但在process(进程)内部的代码却是顺序执行的。本节介绍的顺序语句主要有：信号和变量赋值语句、wait语句、if语句、case语句、loop语句、next语句、exit语句、return语句、null语句、assertion语句和report语句。

顺序语句是相对于并行语句而言的，其特点是每一条语句顺序地执行(指仿真执行)，执行的顺序是与它们的书写顺序基本一致的，但其相应的硬件逻辑工作方式未必如此，希望读者在理解过程中要注意区分VHDL语言的软件行为及描述综合后的硬件行为之间的差异。

1. 信号和变量赋值(signal and variable assignment)语句

在 VHDL 中，赋值语句就是指将一个数值或者表达式传递给某一个数据对象的语句。VHDL 提供了两种类型的赋值语句：信号赋值和变量赋值语句。

(1) 信号的赋值语句格式如下：

　　目标信号名<=表达式;

例如：

　　c<='1';
　　q<= "010010";
　　q(1)<='1';
　　s<=a xor b;
　　x<=y+z;

(2) 变量的赋值语句格式如下：

　　目标变量名:=表达式;

例如：

　　v:='1';
　　s:="010010";

2. wait 语句

进程在执行过程中总是处于两种状态：执行或挂起。进程的状态变化受等待语句的控制，当进程执行到等待语句，就被挂起，并等待再次执行进程。

wait 等待语句有如下三种格式。

(1) 格式一：

wait on 敏感信号变化

wait on 信号[,信号]

例如：以下进程所实现的功能

　　process
　　begin
　　　y<=a and b;
　　　wait on a,b;
　　end process;

与下例进程相同：

　　process(a,b)
　　　　begin
　　　　　y<=a and b;
　　end process;

(2) 格式二：

wait until 直到条件满足

wait until 布尔表达式

当进程执行到该语句时就被挂起；在布尔表达式为真时，进程将被启动。

例如：wait until ((X*10)<100)

(3) 格式三：

wait for 等待时间到达

wait for 时间表达式

当进程执行到该语句时就被挂起；等待一定的时间后，进程将重新被启动。

例如：wait for 20 ns

特别提示

若在程序中设置的等待条件永远不满足，则进程就永远不能启动。为防止进入无限等待情况，应做一定的处理。

3. if 语句

if 语句是一种具有条件控制功能的语句，它根据语句中所设置的一种或多种条件，有选择地执行指定的顺序语句，其语句结构如下：

if (条件 1=真) Then
  顺序语句 1；
elsif (条件 2=真) Then
  顺序语句 2；
  ……
elsif (条件 n=真)
  顺序语句 n
else
  顺序语句 n+1；
end if；

高优先级

低优先级

if 语句中至少应有一个条件句，条件句必须由布尔表达式构成。if 语句根据条件句产生的判断结果 true 或 false，有条件地选择执行其后的顺序语句。如果某个条件句的布尔值为真(true)，则执行该条件句后的关键词 then 后面的顺序语句，否则结束该条件的执行；或执行 elsif 或 else 后面的顺序语句后，结束该条件句的执行……直到执行到最外层的 end if 语句，才完成全部 if 语句的执行。

【例 9-14】 利用 if-then-else 语句描述二选一选择电路。程序如下：

```
library ieee;
use ieee.std_logic_1164.all;
  entity mux2 is
    port(d0:in std_logic_vector(2 downto 0);
         d1:in std_logic_vector(2 downto 0);
         s:in std_logic;
```

```
              q:out std_logic_vector(2 downto 0));
   end mux2;
architecture arc of mux2 is
   begin
   process(d0,d1,s)
      begin
      if(s='1') then
         q<=d0;
      else
         q<=d1;
      end if;
   end process;
end arc;
```

（if-then-else 结构，条件为 s=1）

if-then-else 语句经常用来描述具有两个不同功能分支的硬件电路，以二选一电路中的 s 是否为 1 作为条件，两条分支为输出 d0 端口或者输出 d1 端口。本例生成如图 9.12 所示的电路元件符号。

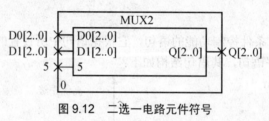

图 9.12 二选一电路元件符号

4. case 语句

case 语句根据满足的条件直接执行由符号"=>"所指的顺序语句。

case 语句的语法格式如下：

```
        case   表达式   is
           when    条件值 1 =>顺序语句 1;
                   ……
           when    条件值 n =>顺序语句 n;
           when    others  =>顺序语句 n+1;
        end   case;
```

使用 case 语句需注意以下几点：

(1) 条件句中的选择值必须在表达式的取值范围内。

(2) 除非所有条件句中的选择值能完整覆盖 case 语句中表达式的取值，否则最末一个条件句中的选择必须用"others"表示。

(3) case 语句中每一条语句的选择只能出现一次，不能有相同选择值的条件语句出现。

(4) case 语句执行中，必须选中且只能选中所列条件语句中的一条。这表明 case 语句中至少要包含一个条件语句。

【例 9-15】 用 case 语句描述四选一多路选择器。关键程序如下(完整程序参见 12 章的数据选择器的 VHDL 描述)：

```
        case temp is
            when "11" =>y<=d(3);
            when "10" =>y<=d(2);
            when "01" =>y<=d(1);
            when "00" =>y<=d(0);
            when others=>t<='0';
        end case;
```

case 结构语句中，对于除这四种确定条件外其他不能穷尽的条件用 others 代表。

特别提示

(1) case 语句与前面的 if-then-else 语句都涉及了条件，但在 case 语句中，条件表达式(即 When 语句)可以颠倒次序，对于多条件的 if 语句，却不能颠倒条件的次序。

(2) case 语句中，条件表达式是没有优先级的，而多条件的 if 语句的条件是有优先级的。故对于类似优先级编码器的电路，可以用 if 语句来描述，不可以用 case 语句描述。

5．for loop 语句

for loop 循环语句使程序进行有规则的循环，有以下两种格式。

(1) 格式一：

[标号：for 循环变量 in　离散范围　loop　顺序处理语句

　end loop [标号];

【例 9-16】 利用 For Loop 语句描述 8 位奇偶检验电路。

奇偶检验(旧称奇偶校验)电路需要不断检验奇偶数，因此需要用到循环语句。当输入信号二进制码中"1"数目为奇数时，输出信号为 1；输入信号二进制码中"1"数目为偶数时，输出信号为 0。

本例程序如下：

```
    library ieee;
    use ieee.std_logic_1164.all;
        entity jiaoyan is
          port(a : in std_logic_vector(7 downto 0);
               y : out std_logic);
          end jiaoyan;
    architecture behave of jiaoyan is
        begin
          cbc: process(a)
          variable tmp: std_logic;...............................................(1)
            begin
              tmp:='0';
              for i in 0 to 7 loop...............................................(2)
                tmp:=tmp xor a(i);.............................................(3)
              end loop;.............................................................(4)
              y<=tmp;
          end process cbc;
    end behave;
```

程序语句说明：

语句(1)为定义一定变量 temp。

语句(2)、(3)、(4)为 loop 循环结构。temp 初值为 0，语句(2)表明循环次数为 8 次。语句(3)为 temp 与输入的 8 位信号的每一位二进制码作异或运算，若 temp^ A7^ A6^ A5^ A4^ A3^ A2^ A1^ A0=1，则 8 位信号中有奇数个"1"，输出为 1；若 Temp^ A7^ A6^ A5^ A4^ A3^ A2^ A1^ A0=0，则 8 位信号中有偶数个"1"，输出为 0。

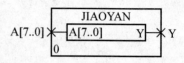

图 9.13　奇偶检验电路元件符号

语句(4)为结束 loop 循环语句。

例 9-16 产生的 8 位奇偶检验电路元件符号如图 9.13 所示。

(2) 格式二：

［标号］：while　条件 loop

顺序处理语句

end loop [标号]；

在该语句中，如果条件为真，则进行循环。否则结束循环。

例如：

```
sum:=0
abcd: while (i<10) loop
sum:=i+sum;
i:=i+1;
end loop abcd;
```

6. next 语句

在 loop 语句中用 next 语句控制内循环的结束。

格式如下：

next [标号][when　条件]；

例如：

```
Process (A,B)
   Constant Max_Limit: Integer:=255
     Begin
   For I In 0 To Max_Limit Loop
     If (Done(I)=True) Then
       Next;                    ← 跳出内循环，循环结束
     Else Done(I):=True;
     End If;
     Q(I)<=A(I) And B(I);
   End Loop;
End Process;
```

7. exit 语句

exit 语句用于结束 loop 循环状态。执行到该语句时,如果条件为"真",将结束循环,跳到"标号"规定的语句。

语法格式如下:

exit [标号] [when 条件]

如果标号省略,表示跳到 end loop 语句的后继位置,开始向后执行。如果标号不省略,则可以跳到多层嵌套循环的指定外层循环起始处。

如果"when 条件"省略,则执行到 next 语句时无条件结束循环。如果"when 条件"不省略,则当 when 后的条件为 true 时,结束循环。

例如:

```
process(a)
  variable int_a :integer;
    begin
    int_a:=a
    for i=0 in  0 to max_limit loop
      if (int_a<=0) then
        exit;           -- 结束 Loop 循环,跳到 End Loop
      else                 处,接着执行 Y<=Q;语句
        int_a:=int_a-1;
        q(i)<=3.1416/real(a*i);
      end if
    end loop;
    y<=q;
end process;
```

next 语句和 exit 语句的区别为:next 只结束本次循环,开始下一次循环;而 exit 语句则结束整个循环,跳出循环体外。

8. null (空操作)语句

空操作语句的语句格式如下:

null;

空操作语句不完成任何操作,它唯一的功能就是使逻辑运行流程跨入下一步语句的执行。null 常用于 case 语句中,利用 null 来表示在所有条件之外的剩余情况"others"时的操作行为。

例如:

```
case opcode is
  when "001"=> tmp := rega and regb;
  when "101"=> tmp := rega or regb;
  when "110"=> tmp := not rega;
  when others => null;       -- 当为"others"情况时
end case;                       执行空操作
```

本例中，当 sel 不满足"001"、"101"、"110"这三种情况，而满足其他值"others"情况时，执行 Null 语句，即执行一个空操作，然后执行下一条语句。

9. assert(断言)语句

断言(assert)语句只能在 VHDL 仿真器中使用，主要作用为仿真和调试中的人机会话，可以给出一个文字串作为警告和错误提示信息。执行 assert 语句时，就会对条件进行判别。如果条件为"真"，则执行下一条语句；如果条件为"假"，则输出由 report 指定的输出信息和由 Severity 指定的错误级别。在 report 后面跟的是设计者所写的文字串，通常是说明错误的原因，文字串应该用双引号引起来。断言语句不是一条可综合语句，仅仅在仿真时可用。

其语法格式如下：

  assert 条件表达式
  report "字符串"
  severity 错误等级[severity_level];

例如：

```
assert   (s='1' and r='1');
report  "both values of signals s and r are not equa to '1'";
severity  error;
```

该断言语句的条件是 S＝'1'并且 R＝'1'。执行到该处时，如果信号量 s 和 r 不同时为 1，那么就输出 report 后面的字符串，说明 s 和 r 都不等于 1 的信息，severity 后跟的错误级别，告诉设计人员，其出错级别为 error。

severity_leve(错误级别)共有如下四种可能的值。
(1) note：可以用在仿真时传递信息。
(2) warning：用在非平常的情形，此时仿真过程仍可继续，但结果可能是不可预知的。
(3) error：用在仿真过程继续执行下去已经不可能的情况。
(4) failure：用在发生了致命错误，仿真过程必须立即停止的情况。

assert 语句可以作为顺序语句使用，也可以作为并行语句使用。作为并行语句时，Assert 语句可看成为一个被动进程。

10. return(返回)语句

返回(return)语句只能用于子程序体中，并用来结束当前子程序体的执行。

其语法格式如下：

  return [表达式];

return 语句的运用见子程序部分。

9.6.3 子程序

子程序和进程(process)一样，采用顺序描述来定义算法。与进程不同的是，子程序不可以直接从结构体的其他部分对信号进行读写操作,所有的通信都必须通过子程序的接口完成。由于可以在结构体的不同部分调用子程序完成重复的计算,因此子程序显得非常的实用。与元件例化语句不同的是,当子程序被实体或者其他子程序调用的时候,并不会产生新的设计层次,但是可以通过手工定义的方法增加设计层次。

子程序分为函数(function)和过程(procedure),它们与进程(process)相似,内部包含顺序语句代码,以达到代码重用和共享的目的。过程与函数的文本规范和书写规则基本相同。

1. 函数

在编写 VHDL 程序中,经常会遇见一些有共性的问题,如数据类型转换、逻辑运算操作、算术运算操作等,我们希望这些功能代码能被共享和重用。使用函数可以达到这个目的。

函数包括函数声明和函数定义两部分,函数声明部分定义了主程序调用函数的接口;函数定义部分则描述了该函数具体逻辑功能的实现。

函数声明部分的语法格式如下:

function (函数名)
[对象类型]参数名[,参数名…]:[in]数据类型;
　　…
)
return 数据类型;

函数定义部分的语法格式如下:

　　function 函数名(参数表) return 数据类型 is
　　　　[说明语句];
　　begin
　　　　顺序语句;
　　　　return 返回变量名;
　　end function 函数名;

函数参数的数据类型,只能包括常量和信号;参数的端口模式只能为 in,因此参数的端口模式可以省略。如果函数中的参数没有指明对象类型和端口模式,那么参数将被默认为端口模式为 in 的常量。

在实际的设计过程中,设计人员常常将函数定义在程序包中,函数声明部分书写在程序包的包声明部分,函数定义部分书写在程序包包体部分。这样设计人员可以将各种实用函数写入一个程序包中,并将其编译到库中,从而进行有效的代码分割、代码重用和代码共享。如果需要使用程序包中定义的函数,那么只需要通过 USE 语句使其对设计实体可见。函数也可以直接存放在主代码中(即可以存放在 entity 中,也可以存放在 architecture 中)。函数可以单独构成表达式,也可以作为表达式的一部分被调用。

【例 9-17】 设计一实现取反功能的函数，在结构体中调用。程序如下：

```
package pack is
  type three_level_logic is ('0','1','z');..................................................(1)
  function invert(s :three_level_logic) return three_level_logic;...(2)
end package pack;
package body pack is
  function invert(s :three_level_logic) return three_level_logic is
    variable temp: three_level_logic ;
  begin
    case s is
      when '0'=>temp:='1';
      when '1'=>temp:='0';
      when 'z'=>temp:='z';
    end case;
    return temp;
  end function invert;
end package body pack;
use work.pack.all;..........................................................................(3)
entity qufan is
  port(a: in three_level_logic;
       b: out three_level_logic);
end entity qufan;
architecture arc of qufan is
  begin
    b<=invert(a);..........................................................................(4)
end arc;
```

（程序包定义、程序包体、函数定义部分）

程序语句说明：

本例函数实现取反功能，从程序中可以看出，程序包名为 pack，函数名为 invert，函数声明在程序包首中定义，函数体在程序包体中定义，在结构体 arc 中通过函数调用语句实现函数的调用，通过 return 语句实现唯一返回值。函数的参数 a 必须为 in 类型。语句(1)为自定义数据类型语句，语句(2)为函数声明，语句(3)为使用程序包 pack，语句(4)为函数调用语句，即调用 invert 函数。本例程序生成如图 9.14 所示的具有取反功能的电路元件符号。

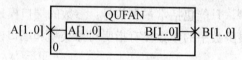

图 9.14 具有取反功能的电路元件符号

2. 过程

过程与函数相似，主要差别在于过程可以具有多个返回值。过程通常包括过程声明部分和过程定义部分。

过程声明的语法格式如下：

　　procedure (过程名)
　　　　([对象类型]参数名[, 参数名…]: [端口模式]数据类型；

...);

过程定义的语法格式如下:

  procedure (过程名)
   ([对象类型]参数名[, 参数名...]: [端口模式]数据类型;
   …
)
   is
    [过程声明]
   begin
    (顺序描述语句)
end 过程名;

在上面的语法格式中,过程的参数可以有任意多个,参数可以是 In,Out 或者 Inout 端口模式的信号、变量或常量。对于输入端口模式(In)的参数,默认情况下为常量;而对于输出端口模式(Out 或者 Inout)的参数,默认情况下为变量。

为了有利于代码的分割、重用与共享,过程通常存放在 package 中,也可以存放在实体或者结构体中。

过程的调用形式上有直接过程调用和在其他语句中进行过程调用,调用格式如下:

过程名(关联参数表);

参数关联方式分位置关联方式和名字关联方式。位置关联方式如"Vect(In1,In2,Out1,Out2);";名字关联方式如"Vect(A=>In1,B=>In2,X=>Out1,Y=>Out2);"。

【例9-18】 设计一过程,此过程返回两数中的较大数。程序如下:

```
package types is
    type data_element is range 0 to 3;
    type data_array is array (1 to 3) of data_element;...............(1)
end types;
use work.types.all;
  entity max_num is
    port( in_array: in data_array;
          out_array: out data_array);
  end entity max_num;
architecture example of max_num is
    begin
      process(in_array)
        procedure swap_num(data: inout data_array;..................(2)
            low,high: in integer) is
          variable temp:data_element;
        begin
          if (data(low)>data(high)) then
            temp:=data(low);
            data(low):=data(high);
            data(high):=temp;
          end if;
        end procedure swap_num;
      variable my_array: data_array;
```

(1) 定义程序包 Types

电子线路 CAD

```
            begin
       my_array:=in_array;
              swap_num(my_array, 1, 2);  ……………………………………(3)
              swap_num(my_array, 2, 3);  ……………………………………(4)
              out_array <= my_array;
       end process;
     end architecture example;
```

程序语句说明：

语句(1)使用包 types 的所有函数语句，语句(2)为定义过程 swap_num，由于过程定义在进程中的说明部分，过程声明可以省略。语句(3)、(4)为过程调用语句。

小　　结

本章主要介绍了硬件描述语言的概念、起源，结构化设计的概念，着重介绍了 VHDL 语言的基本语法结构、语言要素、描述语句和 VHDL 的属性。

VHDL 程序由设计实体(entity)、结构体(architecture)、库(library)、包(package)、配置(configuration)五个部分组成。

VHDL 的语言要素包括 VHDL 的文字规则、数据对象、数据类型、各类操作数和运算操作符。应着重理解和掌握数据对象之间的区别与联系，数据类型和运算操作符之间的对应关系，运算操作符的优先级等。

VHDL 语句包括并行语句和顺序语句，并行语句主要用于描述电路的并发特性，而顺序语句则描述电路里某个结构的过程。并行语句包括进程、并行信号赋值语句、块语句、元件例化语句、生成语句。顺序语句只能出现在进程和子程序中，执行的顺序与它们的书写顺序基本相同，包括 wait 语句、if 语句、case 语句、loop 语句、next 语句、exit 语句、return 语句、null 语句、assertion(断言)语句、report 语句。assertion 语句、report 语句用于在仿真时给出提示信息。

VHDL 中预定义的属性包括值类属性、函数类属性、信号类属性、数据类型类属性、数据区间类属性五类。属性的使用使得可以从指定的对象中获得关心的数据或信息，使 VHDL 设计更加灵活。

本章介绍的是 VHDL 语言最基本的部分，重点讲清基本概念，着重掌握 VHDL 的应用。更详细的语法请参考 VHDL 参考手册。

习　　题

1. VHDL 语言是一种结构化设计语言，一个设计实体(电路模块)包括实体与结构体两部分，结构体描述_____。

　　A. 器件外部特性　　　　　　　　　B. 器件的综合约束
　　C. 器件外部特性与内部功能　　　　D. 器件的内部功能

2. 下列标识符中，_____是不合法的标识符。
   A. tate0   B. 9moon   C. mot_Ack_0   D. signal
3. 关于 VHDL 中的数字，请找出以下数字中最大的一个：_____。
   A. 2#1111_1110#   B. 8#276#
   C. 10#170#   D. 16#E#E1
4. 进程中的变量赋值语句，其变量更新是_____。
   A. 立即完成   B. 按顺序完成
   C. 在进程的最后完成   D. 都不对
5. 信号 a,b,c,定义为 singal a:bit:='1';signal b:bit_vector(3 downto 0):"1100";signal c: bit_vector(3 downto 0):="0010"，写出下列各种信号赋值的结果。

   y1<=a and b;   ---> _____
   y2<=c or b;   ---> _____
   y3<=b xor c;   ---> _____
   y4<=b sll 2;   ---> _____
   y5<= b rol 2; ---> _____

6. 信号 a、b 的定义为：signal a：bit_vector(3 downto 0):="0010";signal b:bit_vector(3 downto 0):="1100"，写出下列信号属性的含义。

   a'low   _____
   a'high   _____
   a'left   _____
   b'right   _____
   b'range   _____

7. VHDL 程序设计结构包括几个组成部分？每部分的作用是什么？
8. 库由哪些部分组成？在 VHDL 语言中常见的有几种库？设计人员怎样使用现有的库？
9. 一个包集合由哪两大部分组成？包集合体通常包含哪些内容？
10. VHDL 语言中数据对象有几种？它们的功能特点是什么？各种数据对象的作用范围如何？各种数据对象对应哪些实际物理含义？
11. 什么称为标识符？VHDL 的基本标识符是怎样规定的？
12. 信号和变量主要区别是什么？
13. VHDL 语言中的标准数据类型有哪几类？用户可以自己定义的数据类型有哪几类？
14. 用户怎样自定义数据类型？试举例声明。
15. VHDL 语言有哪几类操作符？
16. VHDL 程序设计中的基本语句系列有几种？它们的特点如何？它们分别用于什么场合？它们各自包括一些什么基本语句？

17. case 语句一般用在什么场合？
18. VHDL 中信号赋值和变量赋值有什么区别？其赋值符号是否相同？
19. VHDL 的预定义属性的作用是什么？哪些项目可以具有属性？常用的预定义属性有哪几类？
20. 什么是进程？进程的启动条件是什么？什么是函数和过程？进程与函数、过程有什么区别？
21. 元件例化语句的作用是什么？元件例化语句包括几个组成部分？
22. 以下是"参数可定制带计数使能异步复位计数器"的 VHDL 描述，试将括号处的内容补充完整。

```
-- N-BIT UP COUNTER WITH LOAD, COUNT ENABLE, AND ASYNCHRONOUS RESET--
    library ieee;
    use ieee.std_logic_1164.all;
    use ieee.[              ].all;
    use ieee.std_logic_arith.all;
    entity counter_n is
        [          ] (width : integer := 8);
        port(data : in std_logic_vector (width-1 downto 0);
            load, en, clk, rst : [ ] std_logic;
            q : out std_logic_vector (width - 1 downto 0));
    end counter_n;
    architecture behave of [          ] is
        signal count : std_logic_vector (width-1 downto 0);
    begin
        process(clk, rst)
        begin
            if rst = '1' then
                count <= [(              )];.................清零
            elsif [                      ] then..............边沿检测
                if load = '1' then
                    count <= data;
                [         ] en = '1' then
                    count <= count + 1;
                end [ ];
            end if;
        end process;
        [          ];
    end behave;
```

23. 以下程序有错误，仔细阅读下列 VHDL 程序，指出错误的语句行，改正错误，并在 MAX+PlusII 环境下编译调试通过。

(1) library ieee;
(2) use ieee.std_logic_1164.all;
(4) entity cnt10 is

(5)　　port (clk : in std_logic ;
(6)　　　　q   : out std_logic_vector(3 downto 0)) ;
(7) end cnt10;
(8) architecture   bhv of cnt10   is
(9)　　signal q1 : std_logic_vector(3 downto 0);
(10)　begin
(11)　　process (clk) begin
(12)　　　　if rising_edge(clk) begin
(13)　　　　　if q1 < 9 then
(14)　　　　　　q1 <= q1 + 1 ;
(15)　　　　　else
(16)　　　　　　q1 <= (others => '0');
(17)　　　　　end if;
(18)　　　　end if;
(19)　　end process ;
(20)　　q <= q1;
(21) end bhv;

第 10 章

可编程逻辑器件基础

学习目标

- ☞ 理解可编程逻辑器件的概念
- ☞ 了解可编程逻辑器件的分类
- ☞ 掌握复杂可编程逻辑器件 CPLD 的结构与原理
- ☞ 掌握现场可编程逻辑器件 FPGA 的结构与原理
- ☞ 掌握 FPGA 的设计流程

本章知识结构

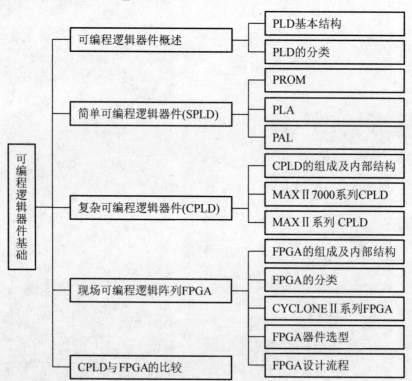

第 10 章 可编程逻辑器件基础

10.1 可编程逻辑器件概述

可编程逻辑器件(Programmed Logic Device，PLD)，是一种由用户通过编程定义其逻辑功能，从而实现各种设计要求的集成电路芯片。编程的含义就是利用专用的开发工具对其进行再加工，在片内进行电路连接，使之完成某个逻辑电路或系统的功能。这是 20 世纪 80 年代发展起来的新型逻辑器件，发展至今，已相继出现了 PROM、EPROM、PLA、PAL、GAL、ISP、CPLD 和 FPGA 等多个品种。

该器件的出现对传统的用中小规模集成电路设计制造数字电路系统的方法产生了很大影响。相比之下，采用 PLD 设计数字系统具有如下特点。

(1) 减小系统体积：单片 PLD 具有相当高的密度，能实现的逻辑功能大约是中小规模集成电路的几倍到几十倍，高密度 PLD 器件甚至能到千倍。因此，使用 PLD 器件能大量节省空间，减小设备体积。

(2) 增强逻辑设计的灵活性：使用 PLD 器件设计的系统，可以不受标准系列器件在逻辑功能上的限制。在系统设计、系统调试过程中的任何阶段都能对 PLD 器件的逻辑功能进行修改，给系统设计提供了很大的灵活性。

(3) 缩短设计周期：由于 PLD 具有可编程特性，用它来设计一个系统所需时间比传统方式大为缩短，对 PLD 器件的逻辑进行调整十分简便迅速，无须重新布线和更换印制板。

(4) 提高系统处理速度：利用 PLD 的与或两级结构可实现任何逻辑功能，比用中小规模器件所需的逻辑级数少。这不仅简化了系统设计，而且减少了时延，提高了系统处理速度。

(5) 降低系统成本：采用 PLD 器件设计的系统，虽然单片 PLD 器件要比单片中小规模集成芯片贵得多，但由于 PLD 集成度高，而且测试与装配的工作量大大减少，加上避免了改变逻辑带来的重新设计和修改等一系列问题，因而有效地降低了成本。

(6) 提高系统的可靠性：用 PLD 器件设计的系统减少了芯片和印制板的数量及相互间的连线，从而增加了系统的平均寿命和抗干扰能力，提高了系统的可靠性。

(7)系统具有加密功能：某些 PLD 器件如 GAL 或高密度的可编程逻辑器件，本身就具有加密功能。设计者在设计时选中加密项，可编程逻辑器件就被加密，器件的逻辑功能无法被读出，可有效地防止逻辑系统被抄袭。因而，使用可编程逻辑器件设计的系统具有保密特性。

目前，使用可编程逻辑器件来设计电路，需要依靠相应的开发软件平台和编程器。可编程逻辑器件开发软件和相应的编程器多种多样，特别是一些较高级的软件平台，其功能更加灵活，具有图形输入、语言输入和波形输入等多种输入方法，且具有功能分析、时序分析、电路划分、布局连线、编程等多种功能。一个系统除了方案设计和输入电路外，都可用编程软件自动完成。

可编程逻辑器件设计逻辑电路过程如图 10.1 所示，它和传统的采用中小规模集成电路设计的方法主要区别在于增加了"编程"和"计算机参与"。

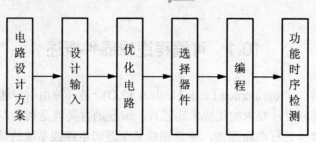

图 10.1　PLD 设计逻辑电路的基本过程

现在，PLD 器件已被广泛应用于计算机硬件、工业控制、智能仪表、通信设备和医疗电子仪器等多个领域。

10.1.1　PLD 基本结构

PLD 的基本结构如图 10.2 所示。图中点画线框内是 PLD 的主体，它由与门阵列和或门阵列构成。与门阵列产生有关与项，或门阵列将所有与项构成"与或"的形式。由于任何组合逻辑函数均可化成"与或"的形式，而任何时序电路均可由组合逻辑电路加上存储元件(触发器)构成，所以 PLD 的与或结构对实现数字电路具有普遍意义。

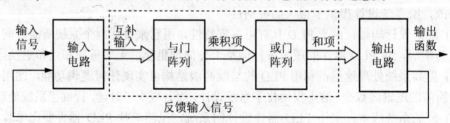

图 10.2　PLD 的基本结构图

10.1.2　PLD 的分类

第一种可编程 IC 被称为可编程逻辑器件 PLD，是 1970 年出现的。随着器件发展，到 20 世纪 70 年代末和 80 年代早期，复杂得多的器件出现了，这些复杂的器件被命名为复杂可编程逻辑器件 CPLD，为了加以区别，将以前的可编程逻辑器件称为简单可编程逻辑器件 SPLD。

有人认为 PLD 和 SPLD 是同一事物，也有人认为 PLD 包括 SPLD 也包括 CPLD。本书采用后一种解释。其中相互关系如图 10.3 所示。

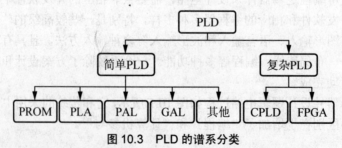

图 10.3　PLD 的谱系分类

除 PLD 外，还有器件 ASIC，它的出现是解决 SPLD 和 CPLD 不能支持大的、复杂的功能，但其设计很消耗时间，代价很大，一旦某设计已经实现为一个 ASIC，就已经固化在芯片上了，不可修改。为了既能支持大的、复杂的功能又可以支持重新编程，Xilinx 公司综合 PLD 和 ASIC 的优点，开发了一种新级别的可编程 IC，命名为现场可编程门阵列即 FPGA，于 1984 年投入市场。

10.2 简单可编程逻辑器件

可编程逻辑器件中用来存放数据的基本单元称为编程单元，它分为易失性和非易失性两种。易失性单元采用 SRAM(静态存储器)结构，其特点是掉电以后信息会丢失，但编程速度快，且可无限次编程。非易失性单元的特点是掉电后信息不会丢失，其结构有以下多种：

(1) 利用熔丝开关、反熔丝开关进行的一次性编程单元；
(2) 利用紫外线擦除、电编程的 UV EPROM 编程单元；
(3) 利用电擦除、电编程的 EEPROM 编程单元；
(4) 闪烁存储器(Flash)构成的 EEPROM 编程单元。

UV EPROM 和 EEPROM 的编程单元均采用浮栅技术生产，这是一种能多次编写的 ROM 结构单元，是利用绝缘栅场效应晶体管中的存储电荷使开启电压发生变化来记忆信息的。

10.2.1 PROM

PROM(Programmable Read-Only Memory)由固定的与阵列和可编程的或阵列组成，出现于 1970 年，大多用来存储计算机程序和数据。此时，固定的输入用作存储器的地址，输出为存储单元的内容。它可以被看作由 AND 阵列函数驱动可编程的 OR 阵列函数。例如，考虑一个 3 输入、3 输出 PROM。

图 10.4 所示为预定义的 AND 门阵列，可编程 OR 门阵列。以下图中"&"表示"与"，"|"表示"或"；"!"表示"非"；●表示预定义连线点，✕表示可编程点。OR 门在门阵列中的可编程连线可以采用熔丝，分别使用 EPROM 和 EAPROM 器件中的 BPROM 晶体管和 EIPROM 单元来实现。请注意，此图仅仅是为了让我们了解实例器件如何工作，并不代表实际的电路结构图。

现用该 PROM 实现如图 10.5 所示的简单组合逻辑块。

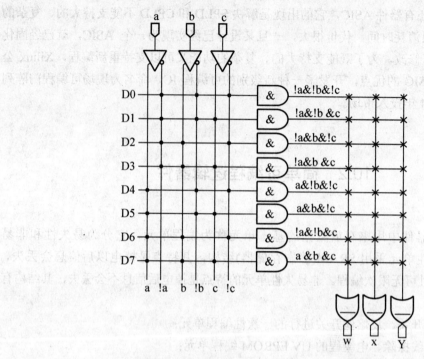

图 10.4 未编程的 PROM 的工作原理示意图

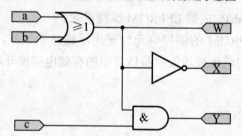

图 10.5 简单的组合逻辑块

该组合逻辑块电路的真值表见表 10-1。

表 10-1 简单组合逻辑块电路的真值表

a	b	c	w	x	Y
0	0	0	0	1	0
0	0	1	0	1	0
0	1	0	1	0	0
0	1	1	1	0	1
1	0	0	1	0	0
1	0	1	1	0	1
1	1	0	1	0	0
1	1	1	1	0	1

根据真值表，对未编程的 PROM 进行连线编程可得到如图 10.6 所示的结果。

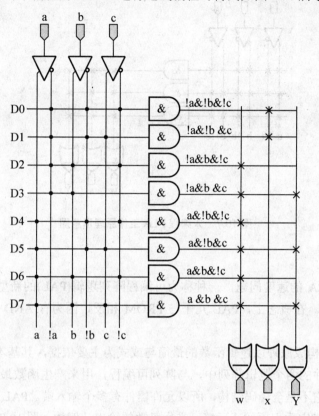

图 10.6　编程后的 PROM

编程后的输出为：w=a+b; x=!a!b; Y=ac+bc;

 特别提示

以上是一个三输入的实例，真正的 PROM 拥有很多的输入和输出，能实现很大的组合逻辑块。从 20 世纪 60 年代中期到 20 世纪 80 年代中期，组合逻辑普遍采用 TI74XX 系列器件的 IC 来实现的，这些小 IC 芯片大部分可以用单一的 PROM 来代替。

10.2.2　PLA

PLA 于 1975 年投入市场，它的特点是与阵列和或阵列都可以配置，是简单可编程逻辑中用户可配置性最好的器件。其工作原理示意图如图 10.7 所示，图中，•表示预定义连线点，×表示可编程点。

PLA 据称对于大型设计非常有用，因为它的逻辑式有这样的特点：具有一组矢量公共的乘积项，可用于多个输出，例如，AND 和 OR 阵列都可编程，就意味着 PLA 的速度要比 PROM 慢得多。

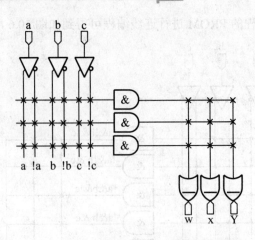

图 10.7　未编程 PLA 工作原理示意图

10.2.3　PAL

为了解决 PLA 的速度问题,一种称为可编程阵列逻辑(PAL)的新型器件,于 20 世纪 70 年代末期出现。在概念上,PAL 几乎与 PROM 相反,因为有 AND 阵列和一个预定制的 OR 阵列。

PAL 器件的构成原理以逻辑函数的最简与或式为主要依据,其基本结构如图 10.8 所示。在 PAL 器件的两个逻辑阵列中,与阵列可编程,用来产生函数最简与或式中所必需的乘积项。因为它不是全译码结构,所以允许器件有多个输入端。PAL 器件的或阵列不可编程,它完成对指定乘积项的或运算,产生函数的输出。例如,图 10.8 所示的与阵列有 4 个输入端,通过编程允许产生 10 个乘积项。或阵列由 4 个四输入或门组成,每个或门允许输入 4 个乘积项,或阵列的每个输出端可以输出任意 4 个或少于 4 个乘积项的四变量组合逻辑函数。

以下图中,• 表示预定义连线点,✕ 表示可编程点。

PAL 的优势在于(与 PLA 相比)它的阵列只有一个可编程,所以速度要快得多。但是 PAL 有更多的限制,因为它只允许有限数量的乘积项相或。

GAL 的基本门阵列部分的结构与 PAL 是相同的,即"与阵列"是可编程的,"或阵列"是固定连接的。GAL 与 PAL 的主要区别为:

(1) PAL 是 PROM 熔丝工艺,为一次编程器件,而 GAL 是 E^2PROM 工艺,可重复编程;

(2) PAL 的输出是固定的,而 GAL 用一个可编程的输出逻辑宏单元(OLMC)作为输出电路;

(3) GAL 比 PAL 更灵活,功能更强,应用更方便,几乎能替代所有的 PLA 器件。

这些区别使得 GAL 器件更受用户的欢迎。

第 10 章 可编程逻辑器件基础

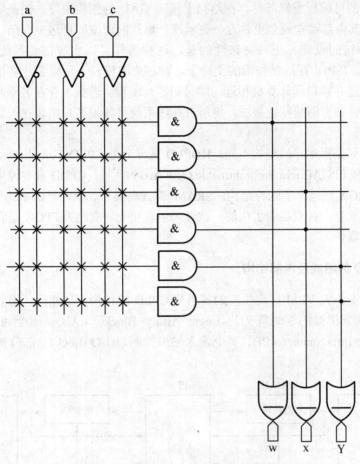

图 10.8 未编程 PAL 工作原理示意图

10.3 复杂可编程逻辑器件

  低密度可编程逻辑器件由于过于简单的结构，使得它们仅能实现规模较小的电路，通常只包含几百门。因为在这些器件中，电路是用乘积项来描述的，如果乘积项的数目太多，器件中的互连结构将变得十分复杂，这是工艺条件所不允许的。为了弥补这一缺陷，世界上各大集成电路厂商纷纷推出新一代的可编程逻辑器件——高密度可编程逻辑器件(High Density Programmable Logic Device，HDPLD)。目前国外各大 VLSI 厂商推出的 HDPLD 品种繁多，如 AMD 公司推出了六种 MACH 系列的 ispLSI 产品；Xilinx 公司推出了多种高性能的 XC 系列 FPGA 芯片；Altera 公司推出了 MAX 系列的 CPLD、FPGA，可谓品种繁多、功能各异，其最大密度已达 10 万门/片；作为世界最早发明 GAL 等可编程逻辑器件的 Lattice 公司也推出了多种系列的 ispLSI 器件。与此相适应，各大公司还推出了与自己的器件相关的开发软件平台，如 Lattice 公司的 Synario，Xilinx 公司的 Foundation，Altera 公司的 MAX+Plus Ⅱ 等。

这种新型的可编程逻辑器件，在结构上延续 GAL 的结构原理，仍是电擦写、电编程的 EPLD，但其内部结构规划更合理、更紧凑，单片的密度即可达上万门，可适用于大规模数字逻辑系统的设计。更具突破性的是，这种器件可以实现在线系统编程(In-system Programmable，ISP)。在这种技术的支持下，对芯片编程时无须将芯片从板上取下，只需用五根口线通过并行口和计算机相连，即可对芯片编程。若板上存在若干片 ISP 器件，只需通过 ISP 器件独有的菊花连接法，将所有在线系统可编程芯片串联在一起，即可同时对这些芯片编程。

根据门阵列编程单元的结构不同，HDPLD 又可分为 CPLD(Complicated Programmable Logic Device)和 FPGA(Field Programmable Gate Array)两种。CPLD 具有掉电后信息不易丢失的特点，FPGA 则包含了两种结构：SRAM-查找表类型、反熔丝的多路开关类型。

由于反熔丝是一种双端非丢失的一次性可编程单元，故此类 FPGA 是具有非丢失性的一次性可编程器件。

10.3.1 CPLD 的组成及内部结构

尽管世界上各大 VLSI 厂商生产的各系列 CPLD 的结构不尽相同，但其基本组成是一致的，都由多个相似的逻辑阵列块(Logic Array Block，LAB)、一个可编程连线阵列(Programmable Interconnect，PI)、多个输入输出控制块(I/O Block)三部分构成。其结构如图 10.9 所示。

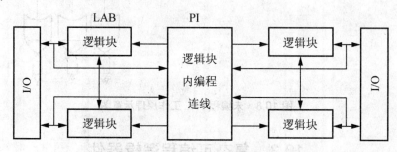

图 10.9 CPLD 结构示意图

下面以 ALTERA 公司的 MAX 7000 芯片和 MAXII 为例，具体介绍 CPLD 的内部结构。

MAX 是 Multiple Array Matrix 的英文缩写，汉语全称为"多阵列矩阵"。MAX 主要指芯片的设计结构，主要包括 MAX 3000、MAX 7000、MAX 9000、MAX II 系列的可擦写可编程逻辑器件。

MAX 系列器件的主要特点如下：

(1) 集成度中低，MAX 7000 系列器件一般包含 600~5000 个逻辑门。
(2) 基于乘积项的逻辑结构。每个宏单元中的可编程乘积项达到 32 个。
(3) 引脚之间的延时为 6ns，工作频率可以达到 151.5MHz。
(4) 可以选择编程功率节省工作模式，这使每个宏单元的功耗降低 50% 以上。
(5) 内置 JTAG 边界扫描测试电路。
(6) 工作电压为 3.3V 或 5.0V，支持系统开发时的在线编程。

(7) 增加了可编程保密位，防止越权的读写操作和编程。这样的设计，有利于保护工业设计中的专利。

(8) 可以对输出电压摆率、I/O 端口的电压、输出集电极开路等参数进行设置。

(9) 采用复合工业标准的 EDA 工具接口，可以与大部分软件兼容。

(10) 封装形式灵活多样，同一型号的芯片有多种引脚数目可以选择。

10.3.2　MAX 7000 系列 CPLD

1. MAX 7000 概述

MAX 7000 系列是 ALTERA 公司销量最大的产品之一，属于高性能、高密度的 CPLD，其制造工艺采用了先进的 CMOS EEPROM 技术。该系列器件的特点主要有：

(1) 采用第二代多阵列矩阵(MAX)结构。

(2) MAX 7000S 系列通过标准的 JTAG 接口(IEEE Std.11410.10-1990)，支持在系统可编程(In System Programmable，ISP)。

(3) 集成密度为 600～5000 个可用门。

(4) 引脚到引脚之间的延时为 6 ns，工作频率最高可达 151.5 MHz。

(5) 3.3 V 或者 5 V 电源供电：EPM7032V 和 EPM7128SV 全为 3.3 V；所有的器件为 3.3 V 或 5.0 V 的 I/O 电平(44 个引脚的器件除外)。

(6) 在可编程功率节省模式下工作，每个宏单元的功耗可降到原来的 50%或更低。

(7) 高性能的可编程连线阵列(PIA)提供一个高速的、延时可预测的互连网络资源。

(8) 每个宏单元中可编程扩展乘积项(Product-Terms)可达 32 个。

(9) 具有可编程保密位，可全面保护你的设计思想。

MAX 7000 系列中的高密度一族称为 MAX 7000E 系列，它们包括 EPM7128E、EPM7160E、EPM7192E 和 EPM7256E。这些器件有几项加强的功能，如附加全局时钟、附加输出使能控制以及增加的连线资源、快速输入寄存器等。

MAX 7000S 系列、MAX 7000A 系列除了具有 MAX 7000E 的增强特性外，还有在系统可编程(ISP)功能、JTAG 边界扫描测试(BST)电路，这些器件又包括 EPM7032S、EPM7064S、EPM7128S、EPM7160S、EPM 7192S、EPM7256S、EPM7128A、EPM7256A 等。

MAX 7000 系列芯片在结构上包含 32 个到 256 个宏单元。每 16 个宏单元组成一个逻辑阵列块(LAB)。每个宏单元有一个可编程的"与阵"和一个固定的"或阵"，以及一个寄存器，这个寄存器具有独立可编程的时钟、时钟使能、清除和置位等功能。为了能构成复杂的逻辑函数，每个宏单元使用共享扩展乘积项和高速并行扩展乘积项，它们可向每个宏单元提供多达 32 个乘积项。

MAX 7000 系列器件的内部逻辑组成见表 10-2。

表 10-2　MAX 7000 系列器件的内部逻辑组成

器件型号	逻辑门数	逻辑阵列块数	宏单元数	引脚数
EPM7032	600	2	32	36
EPM7064	1250	4	64	68

续表

器件型号	逻辑门数	逻辑阵列块数	宏单元数	引脚数
EPM7096	1800	6	96	76
EPM7128E	2500	8	128	100
EPM7160E	3200	10	160	104
EPM7192E	3750	12	192	124
EPM7256E	5000	16	256	164

2. MAX 7000 系列结构

图 10.10 所示为 MAX 7000 系列器件的结构。

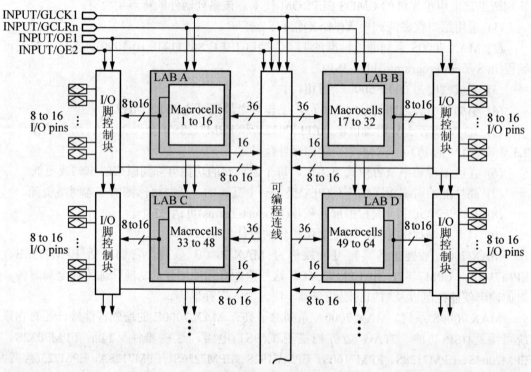

图 10.10　MAX 7000 系列结构图

MAX 7000 系列结构包括以下组成部分：逻辑阵列块、宏单元、扩展乘积项(共享的和并行的)、可编程的互连组数、I/O 控制块。

1) 逻辑阵列块

MAX 7000 结构由高性能、灵活的逻辑阵列块连接而成。LAB 包括 16 个宏单元组数。多个 LAB 通过可编程互连组数(PIA)连接在一起，所有的输入端、I/O 脚和宏单元共享一个全局总线。

每个 LAB 输入以下信号：来自 PIA 的被用做通用逻辑输入的 36 个信号和全局控制信号。

2) 宏单元

MAX 7000 的宏单元可分别设置成时序逻辑或组合逻辑功能。宏单元由三个模块组成：逻辑数组、乘积项选择矩阵和可编程寄存器。

组合逻辑是在逻辑数组中实现的。在逻辑数组中，它为每个宏单元提供五个乘积项。乘积项选择矩阵将这些乘积项分配用作基本的逻辑输入("或"门或"异或"门)来实现组合逻辑功能，或作为二级输入到宏单元的寄存器执行清除、预置、时钟和时钟使能控制功能。还有两类扩展乘积项(扩展)可作为宏单元逻辑资源的补充。宏单元结构如图 10.11 所示。

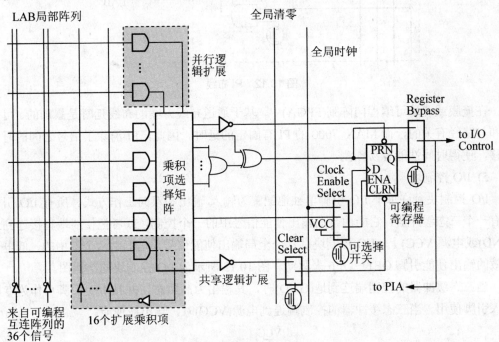

图 10.11 宏单元结构图

3) 扩展乘积项

MAX 7000 结构允许共享和并行扩展乘积项(扩展)，直接为同一个 LAB 中的任意宏单元提供额外的乘积项。这些扩展可以确保以最少的逻辑资源来实现最快的逻辑合成，以实现复杂的逻辑功能。

(1) 共享扩展。每个 LAB 含有 16 个共享扩展，可将其看做不受约束的、带有反馈到逻辑数组、反相输出的单个乘积项的集合(一个宏单元包括一个)。每个共享扩展能被 LAB 中的任意一个或所有宏单元使用和共享，以建立更复杂的逻辑功能。在使用共享扩展时，会产生一个小的延时(t_{SEXP})。共享扩展能被一个 LAB 中的任何一个或所有的宏单元共享。

(2) 并行扩展。并行扩展是不使用的乘积项，它被分配给邻近的宏单元来实现快速、复杂的逻辑功能。并行扩展允许多达 20 个乘积项直接输入到宏单元的"或"门，其中的 5 个由宏单元提供，15 个并行扩展由 LAB 中相邻的宏单元提供。

4) 可编程连线阵列

可编程连线阵列(PI)是将各 LAB 相互连接,构成所需的逻辑布线通道。它能够把器件中任何信号源连接到其目的地。所有 MAX 7000 的专用输入、I/O 引脚和宏单元输出均馈送到 PI,PI 可把这些信号送到整个器件内的各个地方。图 10.12 所示为 PI 如何布线到 LAB。

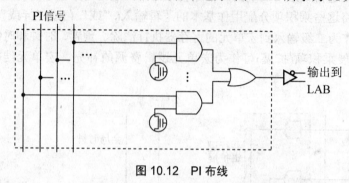

图 10.12　PI 布线

在掩膜或现场可编程门阵列(FPGA)中,基于通道布线方案的布线延时是累加的、可变的和与路径有关的,而 MAX 7000 的 PI 有固定的延时。因此,PI 消除了信号之间的时间偏移,使得时间性能容易预测。

5) I/O 控制块

I/O 控制块允许每个 I/O 引脚单独地配置为输入/输出和双向工作方式。所有 I/O 引脚都有一个三态缓冲器,它能由全局输出使能信号中的一个控制,或者把使能端直接连到地(GND)或电源(VCC)上。I/O 控制块有六个全局输出使能信号,它们由六个专用的、低电平有效的输出使能引脚 OE1～OE6 来驱动。图 10.13 所示为 I/O 控制块的结构图。

当三态缓冲器的控制端连到地(GND)时,其输出为高阻态,并且 I/O 引脚可作为专用输入引脚使用。当三态缓冲器的控制端连到电源(VCC)时,输出被使能。

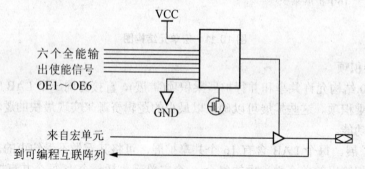

图 10.13　MAX 7000 的 I/O 控制块

10.3.3　MAX Ⅱ 系列 CPLD

MAX Ⅱ 系列器件基于成本优化的 0.18 μm 6 层金属 Flash 工艺,具有 CPLD 所有的优点,如非易失性、即用性、易用性和快速传输延时性。以满足通用性、低密度逻辑应用为目标,MAX Ⅱ 器件成为接口桥接、I/O 扩展、器件配置和上电顺序等应用最理想的解决方案。除这些典型的 CPLD 应用之外，MAXⅡ器件还能满足大量以前在 FPGA、ASSP 和标准逻辑器件中实现的低密度可编程逻辑需求。

MAXⅡ器件有着低功耗，并且提供了如桥逻辑、I/O 扩展、上电复位、器件配置控制等的可编程方法。MAXⅡ系列 CPLD 特点如下：

(1) 与 MAX 系列相比有其四倍的密度，一半的价格。
(2) 有以最小化裸片面积为目标的架构，业界单个 I/O 引脚成本最低。
(3) 与 3.3V MAX 器件相比仅有其十分之一的功耗。
(4) 使 1.8V 内核电压以减小功耗，提高可靠性。
(5) 片内电压调整器支持 3.3V、2.5V 或 1.8V 电源输入。
(6) I/O 接口 PCI 兼容。
(7) 支持内部时钟频率高达 300 MHz。
(8) 内置用户非易失性 Flash 存储器块。
(9) 通过取代分立式非易失性存储器件减少芯片数量。
(10) 器件在工作状态时能够下载第二个设计。
(11) 降低远程现场升级的成本。
(12) 施密特触发器(Schmitt triggers)回转速率可编程及驱动能力可编程提高了信号完整性。
(13) Altera 公司提供免费的 Quartus Ⅱ 基础版软件，支持所有 MAXⅡ器件，它是基于 MAXⅡ器件引脚锁定式装配和性能优化而设计的。

MAXⅡ系列 CPLD 的各个芯片特性见表 10-3。

表 10-3 MAXⅡ系列 CPLD 芯片特性

MAXⅡ	LE	等效典型宏单元数	等效宏单元范围	用户 Flash 位	速度				用户 I/O	封装
					t_{PD}/ns	f_{CNT}/MHz	t_{SU}/ns	t_{CO}/ns		
EPM240	240	192	121～240	8192	4.4	304	1.9	4.2	80	TQFP100
EPM570	570	440	240～570	8192	5.2	304	1.8	4.3	76	TQFP100
									116	TQFP144
									160	BGA256
EPM1270	1270	980	570～1270	8192	6.1	304	1.7	4.4	116	TQPF144
									212	BGA256
EPM2210	2210	1700	1270～2210	8192	6.9	304	1.6	4.5	204	BGA256
									272	BGA324

MAXⅡ系列 CPLD 一共包含三个速度等级：-3、-4 和-5，其中，-3 的速度等级最快。MAXⅡ系列提供的速度等级表见表 10-4。

表 10-4　MAXⅡ系列的速度等级

器　件	速　度　等　级				
	-3	-4	-5	-6	-7
EMP240　EMP240G	具有	具有	具有	—	—
EPM570　EPM570G	具有	具有	具有	—	—
EPM1270　EPM1270G	具有	具有	具有	—	—
EPM2210　EPM2210G	具有	具有	具有	—	—
EPM1240Z	—	—	—	具有	具有
EPM570Z	—	—	—	具有	具有

　　MAXⅡ系列 CPLD 的结构主要由逻辑阵列块(LAB)、输入/输出单元、时钟资源和 FLASH 构成。逻辑资源按照行列的方式分布在芯片中。图 10.14 所示为 MAXⅡCPLD 的平面结构图，说明如下：

　　(1) 逻辑阵列是完成用户自定义逻辑的主体，是 CPLD 中最重要的组成部分。

　　(2) 输入/输出单元位于芯片的外围，包含了输入/输出缓冲器、施密特触发器等。

　　(3) 全局时钟网络由四条全局时钟树组成，为片内的资源提供时钟信号，也可以用来传输全局控制信号，如复位信号、输出使能信号等。

　　(4) MAXⅡ系列内部存在 Flash，用来保存配置文件和用户的数据。Flash 中的大部分用来存储配置文件(Cordiguration Hash Memory，CHM)，其余一小部分可供用户使用，称为用户闪速存储器(User Flash Memory，UFM)。

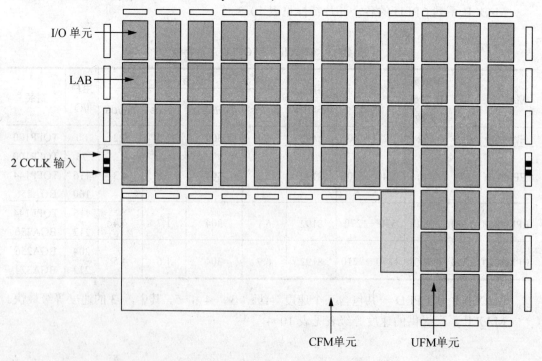

图 10.14　MAXⅡCPLD 的平面结构图

(5) 许多逻辑阵列块 LAB 构成逻辑阵列，各个 LAB 之间通过 Row and Column Inter 提供信号互连而横贯于逻辑器中。LAB 的概略构成如图 10.15 所示。

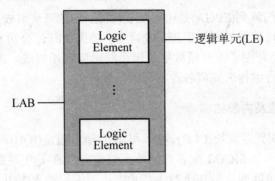

图 10.15　LAB 的概略构成

一个 LAB 由 10 个逻辑单元、内部控制信号、互连通路构成。互连通路包括本地互连、LE 进位链、查询表级连链、寄存器级连链。将图 10.15 具体展开后可得到 LAB 的具体结构，如图 10.16 所示。

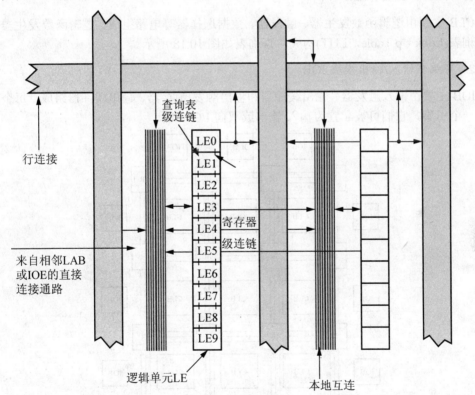

图 10.16　MAX Ⅱ 系列 CPLD 的 LAB 具体结构

逻辑单元是实现逻辑功能的最小单元，由 4 输入查询表、一个可编程寄存器、一条进位链构成。

10.4 现场可编程逻辑门阵列 FPGA

现场可编程逻辑门阵列(FPGA)是由可配置(可编程)逻辑块组成的数字集成电路(IC)，这些逻辑块之间使用可配置的互连资源。1984 年，美国 Xilinx 公司发明了现代可编程阵列器件——FPGA，从而开创了大规模数字逻辑系统可以现场集成、现场实现的新纪元。设计者可对这类器件进行编程来完成各种各样的具体任务。

10.4.1 FPGA 的组成及内部结构

FPGA 主要由可配置逻辑块(CLB)、可编程输入/输出模块(IOB)和可编程互连资源(PIR)等三种可编程电路和一个 SRAM 配置存储单元组成。CLB 是实现逻辑功能的基本单元，它通常规则排列成一个阵列，散布于整个芯片中；可编程输入/输出模块(IOB)主要作为芯片上的逻辑系统与外部的接口，它通常排列在芯片的四周；可编程互连资源(PIR)包括各种长度的连线和可编程连接开关，它们将 CLB 之间、CLB 与 IOB 之间以及 IOB 之间连接起来，构成特定功能的电路。其结构原理图如图 10.17 所示。

1. 可编程逻辑块 CLB

CLB 主要由逻辑函数发生器、触发器、数据选择器等电路组成。逻辑函数发生器主要由查询表(Look Up Table，LUT)构成，查询表如图 10.18 所示。

2. 可编程输入/输出模块 IOB

IOB 主要由输入触发器、输出缓冲器和输出触发/锁存器、输出缓冲器组成，每个 IOB 控制一个引脚，它们可被配置为输入/输出或双向 I/O 功能。

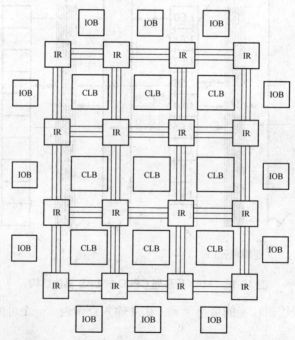

图 10.17 FPGA 结构原理图

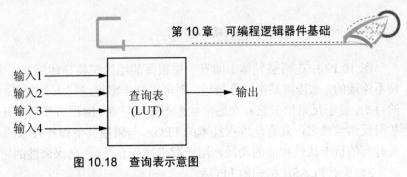

图 10.18 查询表示意图

3. 可编程互联资源 PIR

PIR 由许多金属线段构成,这些金属线段带有可编程开关,通过自动布线实现各种电路的连接,如实现 FPGA 内部的 CLB 和 CLB 之间、CLB 和 IOB 之间的连接。

10.4.2 FPGA 的分类

1. 按照生产 FPGA 产品的公司分类

有关分类可参考阅读材料 13-1。

2. 按 FPGA 编程结构原理分类

1) SRAM 查询表结构 FPGA 器件

大部分 FPGA 是基于 SRAM 配置单元的,这类器件可以一次又一次地配置。基于 SRAM 的主要优势为:新的设计思想可以很快地实现并验证,这样,能够相对容易的容纳标准和协议的变化。不利之处是由于决定器件逻辑功能和互连关系的配置程序是储存在静态储存器当中的,掉电时静态存储器的内容会丢失,因此在系统上电时需要重新配置,需要一个专用的外部存储器件存储配置信息。

从结构上而言,基于 SRAM 的 FPGA 主要由三部分组成:可编程逻辑块 CLB(Configurable Logic Block)、可编程输入/输出模块 IOB(Input/Output Block)、可编程内部连线 PI(Programmable Interconnect)。

基于 SRAM 方式编程的 FPGA 器件主要有 XILINX 公司的 SPARTAN、SPARTAN-II、Virtex/Virtex-E 等系列产品和 ALTERA 公司的 FLEX10KE/ACE1K、FLEX6000、APEX20K/20KE 等系列产品。各种产品在逻辑单元结构和连线形式等方面基本相同。

2) ANTIFUSE(反熔丝)结构 FPGA

所谓的反熔丝(ANTIFUSE)编程技术,是指具有反熔丝(ANTIFUSE)阵列开关结构的 FPGA,其结构如图 10.19 所示。其逻辑功能的定义是由专用编程器,根据设计实现所给出的数据文件,对其内部的反熔丝阵列进行有的放矢的烧录,从而使器件一次性实现相应的逻辑功能。

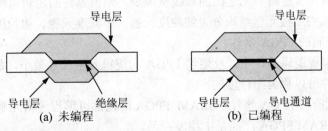

图 10.19 反熔丝结构示意图

图 10.19 中在两层导体中间有一层很薄的绝缘层将导体隔开，未编程时两层导体之间是不连通的，如需将某个节点接通，则可用高压将绝缘层永久击穿，使之导通，达到写"1"的目的。鉴于反熔丝工艺和在通常状态下熔丝导通、编程后使其断开的熔丝工艺刚好相反，故得反熔丝此名。具有此编程技术的 FPGA 与采用其他编程技术的 FPGA、CPLD 相比，具有高的抗干扰性和低的功耗，用于要求高可靠性、高保密性的定型产品。

3) 基于 FLASH 结构的 FPGA

基于 FLASH 结构的 FPGA 中集成了 SRAM 和非易失性 EEPROM 两类存储结构。SRAM 用于在其器件正常工作时对系统进行控制，EEPROM 则用来装载 SRAM。由于这类 FPGA 将 EEPOM 集成在基于 SRAM 工艺的现场可编程器件中，因而可充分发挥 EEPROM 的非易失特性和 SRAM 的重配置性。掉电后，配置信息保存在片内 EEPROM 中，因此不需要片外的配置芯片，有助于降低系统成本，提高设计的安全性。

以上三种可编程单元结构 FPGA 特点比较见表 10-5。

表 10-5 基于三种可编程单元 FPGA 特点比较

种 类	优 点	缺 点	典型产品	用 途
SRAM FPGA	可重编程，技术成熟，可选择产品多，已广泛使用	配置时间长，需要外置配置芯片，功耗较高，安全性较差	XILINX 公司的 SPARTAN 系列，ALTERA 公司的 CYCLONE 系列、STARTIX 系列 FPGA	商用数字系统
反熔丝 FPGA	工作频率高，上电即运行，安全性高，不需要外部配置芯片，抗干扰能力强，功耗低	一次性编程	ACTEL 公司的 AXCELERATOR SX 系列 FPGA；QUICL LOGIC 公司的 ECLIPSE 系列 FPGA	国防、航空航天方面应用
FLASH FPGA	可重编程，上电配置时间极短，安全性高，不需要外部配置芯片，功耗较低	未广泛使用	LATTICE 公司的 ISPXPGA、LATTICEXP 系列 FPGA	一般商用，需要保证设计安全性

3. 按元胞结构分类

在可编程逻辑器件中，内嵌阵列分布的可编程逻辑单元是器件技术特点的表征参数。如果器件内嵌的可编程逻辑单元数量多，每个单元内的逻辑资源少，且逻辑之间的布线通道丰富，则这种器件的逻辑可编程的灵活性就高；反之，如果逻辑单元数量少，每个单元内的逻辑资源丰富，且逻辑单元之间的布线资源少，则该器件的逻辑可编程灵活性就低。一般而言，可将 FPGA 按元胞结构分为细粒度元胞、中粒度元胞、粗粒度元胞三种。

(1) 细粒度元胞的 FPGA 器件。

在目前的可编程逻辑器件中，反熔丝 FPGA 的逻辑元胞尺寸最小，故而 Actel 公司的反熔丝 FPGA 器件可以称为细粒度的产品。

(2) 中粒度元胞的 FPGA 器件。SRAM FPGA 的内部可编程逻辑元胞的尺寸适中，则 XILINX 公司的 SRAM FPGA 产品是中粒度产品。

(3) 粗粒度元胞的 FPGA 器件。ALTERA 公司的 CPLD 产品的内嵌可编程逻辑单元(LAB)逻辑资源丰富，功能较强，属粗粒度产品。

10.4.3 CYCLONE II 系列 FPGA

CYCLONE II 系列 FPGA 器件由美国 ALTERA 公司出品，属于比较有代表性的产品。CYCLONE II 系列 FPGA 采用了 90nm 工艺，最多可达到 68 416 个逻辑单元。除此之外，片内的存储器容量最多增至 1.1Mb，用户可用引脚最多增至 622 个。CYCLONE II 系列 FPGA 内部带有乘法器，这些乘法器能用于完成高速乘法操作，使得 CYCLONE II 系列 FPGA 的数字信号处理能力得到增强。

CYCLONE II 系列结构资源包括逻辑阵列、M4K 存储器块、乘法器等，其资源分布如图 10.20 所示。

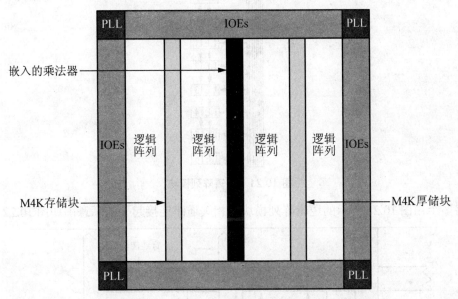

图 10.20 CYCLONE II 系列 EP2C20 资源分布图

1. 逻辑阵列

如图 10.21 所示，单个逻辑阵列模块的主体是 16 个逻辑单元，还包括一些逻辑阵列内部的控制信号以及互连通路，使得逻辑阵列具有一些特性。互连通路是逻辑阵列的重要组成部分，它在逻辑单元之间起到高速链路的作用，为一个逻辑阵列内部的逻辑单元提供高速的连接链路。

逻辑阵列包括的控制信号为：两个时钟信号，两个时钟使能信号，两个异步复位信号，一个同步复位信号和一个同步加载信号。

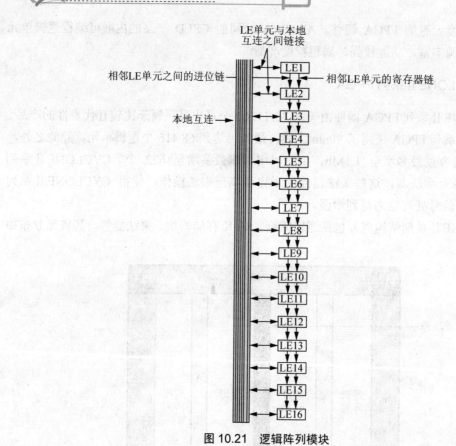

图 10.21 逻辑阵列模块

将多个由图 10.21 所示的逻辑阵列模块用相关通路连接起来的示意图如图 10.22 所示。

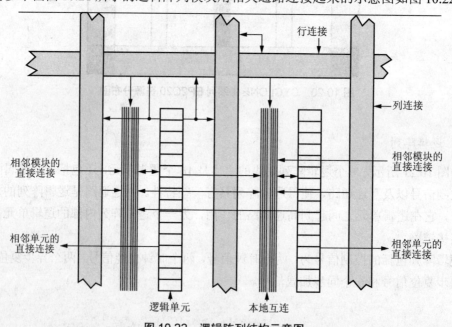

图 10.22 逻辑阵列结构示意图

2. 逻辑单元

逻辑单元是用于完成用户逻辑的最小单元，其结构如图 10.23 所示。一个逻辑阵列包含 16 个逻辑单元以及一些其他资源，在一个逻辑阵列内部的逻辑单元有更为紧密的联系，可以实现一些特有的功能。

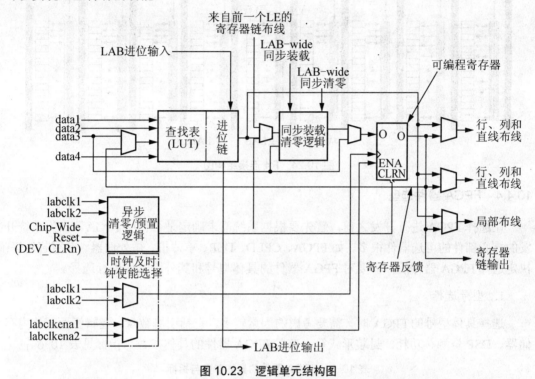

图 10.23　逻辑单元结构图

一个逻辑单元主要由四部件组成：一个输入的查询表(LUT)，一个可编程寄存器，一条进位链和一条寄存器级连接。查询表的功能用于完成用户需要的逻辑功能，CYCLONE II 系列 FPGA 中的查询表是 4 输入 1 输出的查询表，可以完成任意的 4 输入 1 输出的组合逻辑。

可编程的寄存器可以被配置为 D 触发器、T 触发器、JK 触发器或者 SR 触发器。每个寄存器包含有四个输入信号：数据输入、时钟输入、时钟使能输入以及复位输入。

3. 内部连接通路

FPGA 内部存在各种连接通路，用于连接器件内部不同的模块，如逻辑单元之间、逻辑单元同片内存储器之间的连接。因 FPGA 内部的资源是按照行列的方式分布的，所以连接通路也分为行连接和列连接两种。行连接又分为 R4 连接、R24 连接和直接连接。直接连接用于连接相邻的模块，如相邻的逻辑阵列、相邻的逻辑阵列片与内存储器；直接连接是相邻模块间的高速通路。R4 连接的覆盖范围是四个逻辑阵列，包括一个主逻辑阵列，然后以主逻辑阵列为中心向左右两边扩展得到。R4 连接可以驱动逻辑阵列、输入/输出单元等功能模块的本地互连通路，也可驱动 R4 连接和 C4 连接。R4 连接的结构如图 10.24 所示。

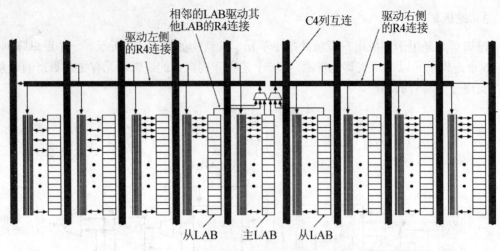

图 10.24 R4 连接结构图

10.4.4 FPGA 器件选型

在选择 FPGA 进行开发之前，首先要根据系统需求确定是否使用 FPGA。作为系统开发的核心部件的可选器件很多，如 FPGA、CPLD、DSP、单片机、微处理器、专用芯片等；决定选择 FPGA 器件后，需要对 FPGA 器件的具体型号和其外围器件进行选择。

1. 型号选择

选择具体型号的 FPGA 时，需要考虑的因素较多，包括引脚数量、逻辑资源、片内存储器、DSP 资源、功耗、封装形式等，有关 FPGA 器件的具体参数与指标见表 10-6。

表 10-6 FPGA 器件的具体参数与指标

基本资源	逻辑单元数量、等效逻辑门数量
	可用 I/O 数量
	片内存储器资源
附加资源	时钟管理、PLL、DLL
	高速 I/O 接口
	嵌入式硬件乘法器、DSP 单元
	处理器硬 IP 核
	其他硬 IP 核
	各种软 IP 核
其他指标	速度等级
	功耗
	成本
	设计安全性
	温度范围、抗干扰能力、体积、封装、工艺等

可以将表 10-6 所列的参数和指标作为 FPGA 器件选择的依据，尽量选择最新器件以及主流器件，同时在资金允许的情况下，尽可能选择系统等效门较大的器件。

为了保证系统具有较好的可扩展性和可升级性，应留出一定的资源余量，因此，要进行系统硬件资源需求的估计。

2. 外围器件选择

FPGA 选定后，还要根据 FPGA 的特性，为其选择合适的电源芯片、片外存储芯片、配置信息存储器等。在系统设计和开发阶段，应该尽量选择升级空间大、引脚兼容的器件；在产品开发后期，再考虑将这些外围器件替换为其他兼容器件以降低成本。

10.4.5 FPGA 设计流程

根据系统的设计需求，确定使用 FPGA 作为核心部件后，基于 FPGA 的设计流程如图 10.25 所示。

下面对该流程的各个步骤进行说明：

1. 设计准备

在系统设计之前，首先要进行方案论证、给出系统设计的具体条件、器件选择等准备工作。设计人员根据任务要求，如系统的功能与复杂程度，对工作速度、器件本身的资源、成本以及连线的可布性等方面进行权衡，选择合适的设计方案和合适的器件类型。

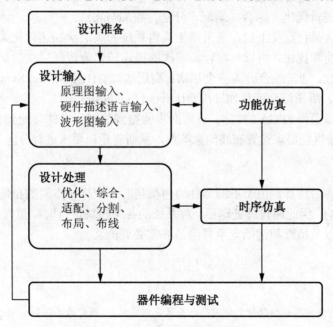

图 10.25　FPGA 设计流程图

2. 设计输入

将所设计的系统或电路以开发软件要求的某种形式表示出来，并送入计算机的过程称为设计输入，设计输入一般有原理图输入、硬件描述语言输入、波形图输入等方式。三种输入方式的特点见表10-7。

表10-7 设计输入方式

输入方式	特　　点
原理图输入	直观、符合思维习惯；要求设计者具有丰富的硬件知识；效率较低，通用性差；适合规模小的系统设计
硬件描述语言输入	效率高，通用性强；不必对硬件底层非常熟悉；适合系统级描述；
波形图输入	辅助输入方式

3．功能仿真

功能仿真也称前仿真，设计者设计的电路必须在编译之前进行逻辑功能验证，此时的仿真没有延时信息，对于初步的功能检测非常方便。仿真前，利用波形编辑器和寄存器传输级硬件描述语言等建立波形文件和测试向量(即将所关心的输入信号组合成序列)，仿真结果将会生成报告文件和输出信号波形，从中便可观察到各个节点的变化，如果发现错误可返回设计输入中修改逻辑设计。故功能仿真是对设计输入进行逻辑仿真，检查设计是否合理。

4．设计处理

设计处理是FPGA设计中的核心环节。在设计处理过程中，编译软件对设计输入文件进行逻辑简化、综合优化和适配，最后产生编程用的编辑文件。所牵涉的工作为语法检查、设计规则检查、逻辑优化、综合、适配、分割、布局与布线。

所谓综合，从某种意义上说，是采用工具将系统的高层次描述转化为低层次描述，其中包括相应的化简和优化。所以，将较高层次的描述转化为较低层次的描述的综合可以在不同的层次上进行。通常综合分为三个层次：高层次综合(High-Level Synthesis)、逻辑综合(Logic-Synthesis)、版图综合或称物理综合(Layout Synthesis)。

适配与分割指根据FPGA的结构，将前面步骤得到的网表文件分配到各个逻辑单元上。然后根据系统性能需求设置布线约束条件，从而将逻辑要求进行分区规划和布局布线。

5．时序仿真

时序仿真又称后仿真，由于不同器件的内部延时不一样，不同的布局布线方案也给延时造成不同的影响，因此在设计处理后，对系统的各个模块进行时序仿真，分析时序关系、估计设计的性能以及检查和消除竞争冒险是非常必要的。

特别提示

时序仿真使用的仿真器和功能仿真使用的仿真器是相同的，所需的流程和激励也是相同的；唯一的差别是时序仿真加载到仿真器的设计，包括基于实际布局布线设计的最坏情况的布局布线延时，并且在仿真结果波形图中，时序仿真后的信号加载了时延，而功能仿真没有。

6．器件的编程与测试

时序仿真完成后，EDA软件产生可供器件编程使用的数据文件。根据对所需的系统资源需求的评估,选择适合的目标器件;器件编程就是将编程数据放到相应的 FPGA 器件中去。器件编程需要满足一定的条件,如编程电压、编程时序、编程算法等。一次性编程的 FPGA 需要专用的编程器完成编程工作,基于 SRAM 的 FPGA 可以由 EPROM 或其他存储器件进行配置。在线可编程 FPGA 不需要专门的编程器,只需要一根编程下载电缆就可以了。器件在编程完毕后,可以用编译时产生的文件对器件进行检验、加密工作。对于支持 JATG 技术,具有边界扫描测试 BST(Boundary-Scan Testing)能力和在线编程能力的器件来说,测试起来更为方便。

10.5 CPLD 与 FPGA 的比较

纵观 CPLD 与 FPGA 的结构及组成,两者之间各有千秋,其差异如下。

(1) 编程单元:查询表型 FPGA 的编程单元为 SRAM 结构,可以无限次编程,但它属于易失性元件,掉电后芯片内信息要丢失;而 CPLD 则采用 EEPROM 编程单元,不仅可无限次编程,且掉电后片内信息不会丢失。

(2) 逻辑功能块:FPGA 的 CLB 阵列在结构形式上克服了 CPLD 中那种固定的与-或逻辑阵列结构的局限性,在组成一些复杂的、特殊的数字系统时显得更加灵活。同时由于 FPGA 中触发器的数目多于 CPLD,故 FPGA 在实现时序电路时要强于 CPLD。另外,由于 FPGA 加大了可编程 I/O 端的数目,也使得各引脚信号的安排更加方便和合理。

(3) 内部连线结构:CPLD 的信号汇总于编程内连矩阵,然后分配到各个 GLB,因此信号通路固定,系统速度可以预测。而 FPGA 的内连线分布在 CLB 的周围,且编程的种类和编程点很多,使布线相当灵活。但由于每个信号的传输途径各异,传输延迟时间是不确定的,这不仅会给设计工作带来麻烦,而且也限制了器件的工作速度。

(4) 芯片逻辑利用率:由于 FPGA 的 CLB 的规模小,可分为组合和时序两个独立的电路,又有丰富的内部连线,系统综合时可进行充分的优化,因此其芯片的逻辑利用率比 CPLD 要高。

(5) 内部功耗:CPLD 的功耗一般在 0.5~2.5W。而 FPGA 的功耗只有 0.25~5mW,静态时几乎没有功耗。

(6) 应用范围:鉴于 FPGA 和 CPLD 在结构上的上述差异,其适用范围也有所不同。FPGA 主要用于数据通路、多 I/O 接口及多寄存器的系统;而 CPLD 则用于高速总线接口、复杂状态机等对速度要求较高的系统。有关 CPLD 与 FPGA 器件的资源或性能比较见表 10-8。

表 10-8 CPLD 与 FPGA 资源或性能比较

资源或性能	CPLD	FPGA
集成规模	几万门	几百万门
逻辑单元块	大	小
单元数	少	多
单元速度	慢	快

续表

资源或性能	CPLD	FPGA
单元逻辑功能	强	弱
触发器个数	少	多
互连方式	集总式	分布式
芯片速度	快	慢
延时	确定，可预测	不确定，不可预测
编程类型	ROM 型	RAM 型
信息	固定	实时重构
加密功能	可加密	不可加密
功耗	大	小
芯片面积	大	小
设计	简单	复杂
应用场合	逻辑密集型	数据密集型

综上所述，CPLD 可以实现的功能比较单一，适合纯组合逻辑。在进行 IC 设计的原型验证，或者设计中包含了复杂的协议处理，或者设计中使用大量的时序元件时，一般选用 FPGA 器件。也就是说，FPGA 可以适应当前技术发展中高密度集成的各种设计。

小　结

本章介绍了可编程逻辑器件的基本概念、结构以及分类，重点叙述 ALTERA 公司的 MAX7000 和 MAX Ⅱ 系列 CPLD，ALTERA 公司的 CYCLONE Ⅱ 系列 FPGA 的结构与原理。对在电路设计中 FPGA 的选型及基于 FPGA 的电路设计流程作了较详细的介绍。本章为后续学习及利用 CPLD 或 FPGA 进行开发和设计电路奠定了基础。

习　题

1. PROM 和 PAL 的结构是_____。
   A．PROM 的与阵列固定，不可编程　　B．PROM 的与阵列、或阵列均不可编程
   C．PAL 的与阵列、或阵列均可编程　　D．PAL 的与阵列可编程
2. PLD 器件的基本结构组成有_____。
   A．与阵列　　　　　　　　　　　　　B．或阵列
   C．输入缓冲电路　　　　　　　　　　D．输出电路
3. 全场可编程(与、或阵列皆可编程)的可编程逻辑器件有_____。
   A．PAL　　　　　B．GAL　　　　　C．PROM　　　　　D．PLA

4. 大规模可编程器件主要有 FPGA、CPLD 两类，下列对 FPGA 结构与工作原理的描述中，正确的是_____。

  A．FPGA 是基于乘积项结构的可编程逻辑器件

  B．FPGA 全称为复杂可编程逻辑器件

  C．基于 SRAM 的 FPGA 器件，在每次上电后必须进行一次配置

  D．在 ALTERA 公司生产的器件中，MAX 7000 系列属于 FPGA 结构

5. CPLD 大都是由_____构成。

  A．PROM   B．E^2PROM 和 Flash

  C．SRAM   D．RAM

6. 可编程逻辑器件的设计是指利用_____和_____对器件进行开发的过程。

7. CPLD 器件中至少包含_____、_____和_____三种结构。

8. 集成密度是集成电路一项很重要的指标，可编程逻辑器件按集成密度可分为_____和_____两类。

9. FPGA 的制作工艺一般为基于_____和 E^2PROM、Flash。

10. 列举世界各大 PLD 生产厂商。

11. 简述基于反熔丝技术的 FPGA 的结构和工作原理。

12. 用真值表形式描述以下函数。

  (1) a&b   (2) a|b   (3) (a&b)|!C

13. 一个二输入查询表的输入分别为 a 和 b，试写出用查询表实现以下布尔函数时，查询表的内容。

  (1) A OR B   (2) NOT B

14. 用 ROM 设计组合逻辑电路，已知函数 $F_1 \sim F_4$ 为：

$$F_1(ABCD) = \overline{A} \cdot \overline{B} + \overline{B} \cdot \overline{D} + \overline{A}CD + BCD$$

$$F_2(ABCD) = \overline{A} \cdot \overline{D} + BC\overline{D} + A\overline{B} \cdot CD$$

$$F_3(ABCD) = \overline{A}B\overline{C} + \overline{A}CD + A\overline{C}D + ABC$$

$$F_4(ABCD) = A\overline{C} + \overline{A}C + \overline{B} + \overline{D}$$

  试用 PROM 实现上述函数，并画出相应的电路图。

第 11 章
EDA 工具——MAX+Plus II

学习目标

- 了解 EDA 工具的概念和分类
- 熟悉 MAX+Plus II 软件界面
- 掌握 MAX+Plus II 各软件模块的功能
- 掌握利用 MAX+Plus II 设计电路的方法

本章知识结构

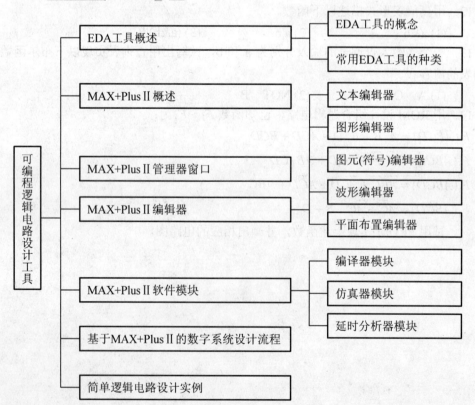

第 11 章 EDA 工具——MAX+Plus II

11.1 EDA 工具概述

1. EDA 工具的概念

EDA 技术是当代计算机科学技术与电子技术的完美结合，EDA 工具是指辅助人们进行大规模电子设计的各种自动化软件。对 EDA 本身概念而言，它包括自动完成算法文件的逻辑编译、化简、分割、综合、优化、布局、布线和仿真，直至对于特定目标芯片的适配编译、逻辑映射和编程下载等工作。而这些工作步骤均由 EDA 工具自动完成。因此，EDA 工具包含多个软件模块，每一个软件模块均能实现上述功能之一。

2. 常用 EDA 工具

EDA 技术在当代迅猛发展，同时各种 EDA 软件也如雨后春笋般呈现在用户面前。它们一般分为两种，一种是专业的芯片制造商为推广自己的芯片而开发的专业 EDA 软件，本书介绍的 ALTERA 公司推出的 MAX+Plus II 就属于此类；另一种是 EDA 软件商提供的第三方软件，如知名的 Synpliy、Synopsys、Viewlogic、Cadence 等，这种软件可以支持大部分芯片公司的 PLD 器件。下面简要介绍其中应用最广泛的几种。

1. Synplify

Synpliy 属于第三方软件，是由 Synplicity 公司专为 FPGA 和 CPLD 开发设计的逻辑综合工具。它在综合优化方面的优点非常突出，得到广大用户的好评。它支持用 Verilog HDL 和 VHDL 硬件描述语言描述的系统级设计，具有强大的行为及综合能力。综合后，能生成 VerilogHDL 或 VHDL 网表，以进行功能级仿真。

2. Synopsys

Synopsys 是另一种系统综合软件，它因综合功能强大而被广泛使用。Synopsys 综合器的综合效果比较理想，系统速度快，消耗资源少。

Synopsys 支持完整的 VHDL 和 Verilog HDL 语言子集，另外它的元件库(Design Ware)中包含着许多现成的实现方案，调用非常方便。正是因为这些突出的优点，Synopsys 逐渐成为设计人员普遍接受的标准工具。

3. Isp Design Expert

Isp Design Expert 是 Lattice 公司专为其 PLD 芯片开发设计的软件，它的前身是该公司的 Synario、Isp Expert。Isp Design Expert 是完备的 EDA 软件，支持系统开发的全过程，包括设计输入、编译综合、系统仿真等。

Isp Design Expert 包括三个版本。Starter 版适于初学者学习，可以免费下载；Base 版为试用版。它们的设计规模都低于 600 个宏单元。Advanced 版是专业设计版，支持该公司的各系列器件，功能齐全。

4. MAX+Plus Ⅱ

MAX+Plus Ⅱ 是 ALTERA 公司专为其 PLD 芯片开发设计的软件。该软件功能全面，使用方便、易懂好学，已成为广泛接受的 EDA 工具之一。

本章的主要内容就是介绍 MAX+Plus Ⅱ 的使用方法。

5. Quartus Ⅱ

Quartus Ⅱ 也是 ALTERA 公司为其 PLD 芯片开发设计的软件。它比 MAX+Plus Ⅱ 支持的器件更全面，特别包括 ALTERA 公司的超高密度的芯片系列——APEX 系列器件。Quartus Ⅱ 可开发的单器件门数达到了 260 万门，特别适合高集成的大型系统的开发设计。

11.2 MAX+Plus Ⅱ 概述

对于 EDA 软件，前面已经介绍了几种，但从获得途径和易用性这两方面来说，ALTERA 公司的 MAX+Plus Ⅱ 是一个合适的选择。MAX+Plus Ⅱ 是 Multiple Away Matrix and Programmable Logic User System Ⅱ 的缩写，中文全称是复阵列矩阵及可编程逻辑用户系统，为 ALTERA 公司专门为其 PLD 器件的应用而开发的软件。1988 年 ALTERA 公司推出了 MAX 系列器件和专为开发这一系列器件的软件——A+Plus，是 MAX+Plus Ⅱ 的前版本，适用于计算机的 DOS 操作系统。随着 Windows 操作系统的迅速普及，ALTERA 公司最终开发了在 Windows 平台上适用的 MAX+Plus Ⅱ。它是这一系列软件最成熟技术的集大成者，功能最全面，可适用的器件非常广泛，所以一经推出就得到普及。MAX+Plus Ⅱ 本身也根据各种最新的 EDA 技术而不断升级版本，目前已发行到 10.1 版。ALTERA 公司为支持教育事业，还为学生提供了免费的教学版软件(MAX+Plus Ⅱ Student Edition)。

MAX+Plus Ⅱ 受到广大电子工程设计人员的青睐，其主要有如下特点。

(1) 提供一个相对独立的设计环境。

(2) 与器件结构独立。MAX+Plus Ⅱ 提供了与器件结构独立的设计环境和综合能力，用户可以在设计过程中不考虑具体的结构。

(3) 比较广泛的适用范围，除支持 ALTERA 公司的所有 PLD 器件，对其他公司的主要芯片也可以进行良好的开发。

(4) 支持板极设计。

(5) 支持多种设计输入，能够综合、支持布线，支持功能仿真、时序分析、器件编程。

(6) 提供可扩展的在线帮助。

(7) 帮助系统功能完善，有丰富的图表设计和实例，为设计带来很大方便。

(8) 支持多种平台(PC 和工作站)。

(9) 支持多种 EDA 无缝接口和工业标准。

(10) 设计环境开放，符合工业标准，提供了与主流的各种 EDA 便捷的无缝接口，操作简单，容易使用，并提供丰富的图形用户接口，软件交互界面友好。

第 11 章　EDA 工具——MAX+Plus Ⅱ

11.3　MAX+Plus Ⅱ 管理器窗口

图 11.1 所示为 MAX+Plus Ⅱ 的管理器窗口。MAX+Plus Ⅱ 管理器是该软件总体框架，其中综合了该软件所有的应用程序。

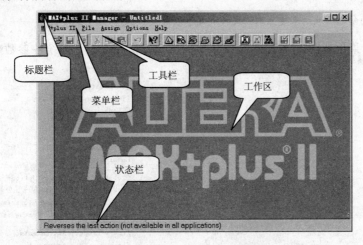

图 11.1　MAX+Plus Ⅱ 管理器窗口

该管理器窗口包括标题栏、菜单栏、工具条、状态栏和工作区等。其中标题栏提示当前文件及工程路径，状态栏提示所选的菜单或工具的功能，工作区是设计者输入的区域。

1. 菜单栏

菜单栏共有五个菜单项，如图 11.2 所示。

MAX+plus II　File　Assign　Options　Help

图 11.2　菜单项

(1) MAX+Plus Ⅱ 菜单中有 11 个应用程序项，如图 11.3 所示。

(2) File 菜单如图 11.4 所示。该菜单包含的命令一般是管理文件的基本操作，如新建一个文件、打开已有文件、删除指定文件、退出程序等。

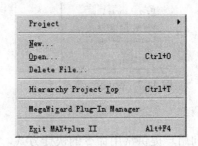

图 11.3　MAX+plus Ⅱ 菜单　　　　　图 11.4　File 菜单

其中，Project 选项向用户提供对所设计工程文件的操作项目，它的子菜单如图 11.5 所示，包括确定工程名称，将该工程设定为当前激活工程，工程的编译、仿真、检查和备份。

特别提示

以反白显示的命令项表示未建立工程文件或处于未被激活状态。

（3）Assign 菜单如图 11.6 所示。该菜单向用户提供对所设计系统各参数赋值的命令。

图 11.5　Project 子菜单　　　　　　　图 11.6　Assign 菜单

（4）Options 菜单如图 11.7 所示。该菜单帮助用户对软件使用中的一些特性进行设置。

（5）Help 菜单如图 11.8 所示。该菜单向用户提供 MAX+Plus II 的各个帮助选项。

图 11.7　options 菜单　　　　　　　图 11.8　Help 菜单

2．工具栏

工具栏向用户提供常用命令的快捷方式，在菜单中都能找到与它们相对应的命令。工具栏如图 11.9 所示。

第 11 章 EDA 工具——MAX+Plus Ⅱ

图 11.9 工具栏

 特别提示

工具条中，凡是涉及与工程相关的按钮，都需要将当前正在编辑的工程文件设置为激活状态，即执行 File|Projects|SetProject to Current File 命令，否则 MAX+Plus Ⅱ 的所有命令操作都作用于上一次被激活的工程文件。

11.4 MAX+Plus Ⅱ 编辑器

MAX+Plus Ⅱ 平台包括文本编辑器、图形编辑器、图元(符号)编辑器、波形编辑器、平面布置编辑器。

11.4.1 文本编辑器

MAX+Plus Ⅱ 的文本编辑器为用户提供了很灵活的文本，通过 MAX+Plus Ⅱ 的文本编辑器，可以用 VHDL、Verilog 或 AHDL 等硬件描述语言进行设计输入。MAX+Plus Ⅱ Compiler 可以对这些语言表达的逻辑进行综合，并将其映射到 ALTERA 公司的任何器件中。采用语言描述的优点是效率较高，结果也较容易仿真，信号观察也较方便，在不同的设计输入库之间转换也非常方便。但语言输入必须依赖综合器，只有好的综合器才能把语言综合成优化的电路。对于大量规范的、易于用语言描述的、易于综合的、速率较低的电路，可以采用这种输入方法。启动文本编辑器的执行步骤如下。

(1) 在 MAX+Plus Ⅱ 的管理器窗口中选择 File 菜单项。

(2) 执行 New 或者 Open 命令。

(3) 执行 New 命令新建一个文件，选择 Text Editor File；执行 Open 命令打开一个已经存在的文档，选择 Text Editor File。

(4) 出现如图 11.10 所示的文本编辑器窗口。

在文本编辑区可以输入 VHDL、Verilog HDL 、AHDL 或二进制代码，扩展名分别为.vhd、.v、.tdf 和.txt。输入文本代码后，将其保存为各种相应的类型，如输入的是 VHDL 代码，就应该保存为以.VHD 为扩展名的文件。

图 11.10 文本编辑器窗口

 **特别提示**

在使用文本编辑器作为电路输入时,可以使用文本编辑器的模板功能。模板功能提供了许多 VHDL、Verilog HDL、AHDL 的语句结构,图 11.11 所示为 VHDL 的模板。

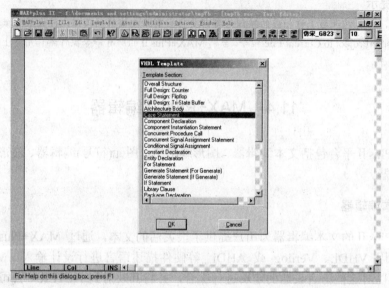

图 11.11 VHDL 程序模板

选中 Case Statement 模板,单击 OK 按钮后,在文本编辑器中出现 Case 声明结构代码段,如图 11.12 所示。

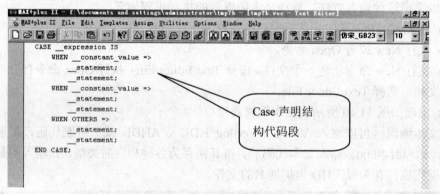

图 11.12 Case 声明结构代码段

保存文本文档时,文件名必须和当前文件中的最高层次的实体名相同,否则编译时会出现错误。

11.4.2 图形编辑器

MAX+Plus Ⅱ 的图形编辑器,提供了一个最直观也是最传统的设计输入方式。MAX+Plus Ⅱ 本身具有种类非常全面的图元和宏模块库,另外图元编辑功能允许用户根据

第 11 章 EDA 工具——MAX+Plus II

自己的习惯与风格建立模块库。通过应用这些库，原理图输入将变得轻而易举。用这种方式输入时，为提高效率，应采用自顶向下的逻辑分块，即把大规模的电路划分成若干小块的方法。一般而言，如果对系统很了解，并且系统速率较高，或在大系统中对时间特性要求较高的部分，都可以采用这种方法。原理图输入效率较低，但容易实现仿真，便于信号的观察以及电路的调整。

启动图形编辑器的步骤如下：

(1) 在 MAX+Plus II 的管理器窗口中选择 File 菜单项。

(2) 执行 New 或者 Open 命令。

(3) 执行 New 命令新建一个文件，选择 Graphic Editor File；执行 Open 命令打开一个已经存在的文档，选择 Graphic Editor File。

(4) 单击 OK 按钮，出现如图 11.13 所示的图形编辑器窗口。

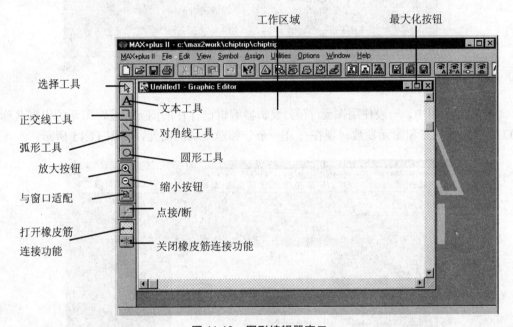

图 11.13　图形编辑器窗口

11.4.3　图元(符号)编辑器

图元编辑器即符号编辑器，可以用来对原理图库中的元件符号以及用户自己设计的元件符号进行修改，以更好适应图形编辑器的需要，文件扩展名为.sys。启动符号编辑器的步骤如下：

(1) 在 MAX+Plus II 的管理器窗口中选择 File 菜单项。

(2) 执行 New 或者 Open 命令。

(3) 执行 New 命令新建一个文件，选择 Sysmbol Editor File；执行 Opon 命令打开一个已经存在的文档，选择 Sysmbol Editor File。

(4) 单击 OK 按钮，出现如图 11.14 所示的图元(符号)编辑器窗口。

电子线路 CAD

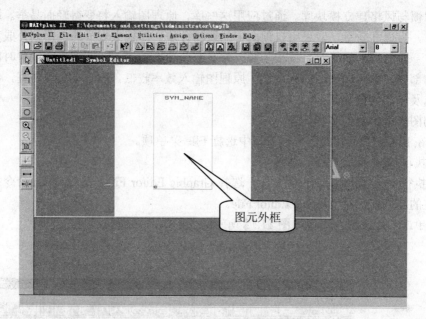

图 11.14 图元(符号)编辑器窗口

在实际应用中,一般使用图元(符号)编辑器编辑已存在的图元,编辑图元的引脚名称、I/O 类型默认状态和图元参数。现在打开一个分频器模块的图元,如图 11.15 所示。

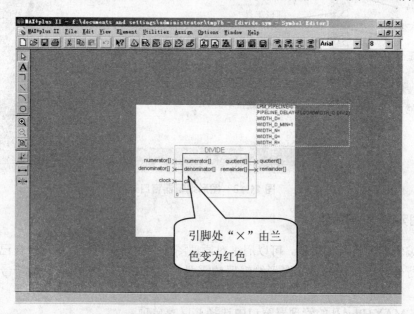

图 11.15 编辑已经存在的图元

对打开的分频器图元的引脚名称、I/O 名称、参数编辑步骤如下:

(1) 单击图元的引脚"×"标记,"×"由兰色变为红色。执行菜单命令 Element|Enter Pinstub,弹出 Enter Pinstub 对话框,如图 11.16 所示。

第 11 章 EDA 工具——MAX+Plus II

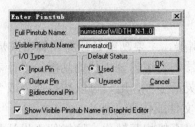

图 11.16 引脚设置对话框

(2) 在 name 文本框输入名称，修改引脚名称；在"I/O Type"选项区选择引脚 I/O 类型或默认值。执行菜单命令 Element|Enter Parameters，弹出 Enter Parameters 对话框，可修改图元参数，如图 11.17 所示。

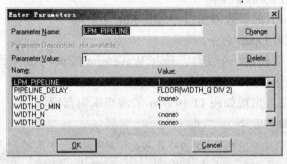

图 11.17 引脚参数对话框

 特别提示

图元元件引脚的默认状态为 Used，图形设计文件中调用该图元时，将显示相应的引脚名称；选择图元元件引脚的状态为 Unused，图形设计文件中调用该图元时，将不显示相应的引脚名称。若需要显示引脚，可以通过执行菜单命令 Symbol|Edit Ports|Parameters，弹出相应的对话框来更改引脚的要求状态，如图 11.18 所示。

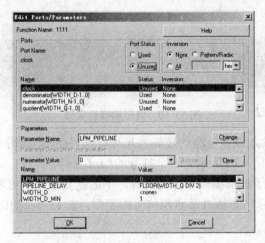

图 11.18 编辑引脚参数

11.4.4 波形编辑器

MAX+Plus Ⅱ 的波形编辑器，主要功能是建立和编辑波形设计文件，及输入仿真向量和功能测试向量。波形编辑器还有逻辑分析仪的功能，设计者可以通过它查看仿真结果。

波形编辑器的使用方法灵活多样，用户可以选择部分或全部转化为波形，也可输入一个 ASAII 码文件来创建波形文件或仿真文件。

波形文件与仿真文件可以直接相互转化，这样便于设计与仿真。

波形设计输入最适合于时序和重复的函数。Compiler 采用先进的波形综合算法，可以根据用户定义的输入/输出波形自动生成逻辑关系。

波形编辑功能允许设计者对波形进行复制、剪切、粘贴、重复与伸展。

启动波形编辑器的步骤如下：

(1) 在 MAX+Plus Ⅱ 的管理器窗口中选择 File 菜单项。

(2) 执行 New 或者 Open 命令。

(3) 执行 New 命令新建一个文件，选择 Waveform Editor File；执行 Open 命令打开一个已经存在的文档，选择 Waveform Editor File。

(4) 单击 OK 按钮，出现如图 11.19 所示的波形编辑器窗口。

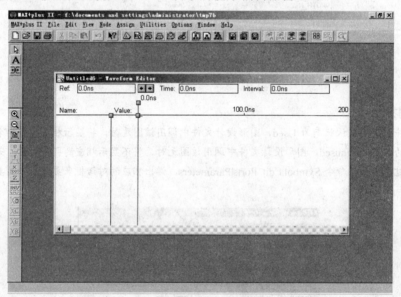

图 11.19　波形编辑器窗口

波形编辑器可以输入设计电路的逻辑波形设计文件(.wdf)和用于创建包含输入矢量的仿真通道文件(.scf)。图 11.20 所示为一个打开的*.scf 文件。

在图 11.20 中标明了波形编辑器上的内容，下面就其中一些内容介绍如下：

(1) 句柄：用来表示节点或者节点组信号的类型，表 11-1 列出了常用句柄与类型的对应关系。

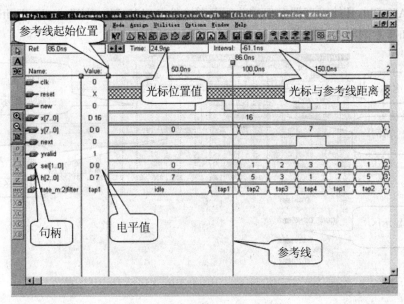

图 11.20　打开一个*.scf 文件

表 11-1　句柄与类型的对应关系表

句　柄	类　型
	输入节点
	输入组
	输出节点
	输出组
	内部节点
	内部组

(2) 参考线位置：图 11.20 标示了参考线与参考线起始位置，起始位置即出现波形的左边那条线。位置单位为 ms。

(3) 光标位置：在某一信号波形上，光标在波形某点与起始线的距离用来标明该点对应的时刻，单位为 ms。

(4) 光标与参考线距离：在某一信号波形上，光标在波形某点与起始线的距离，单位为 ms。

(5) 电平值：共有八种使用每个逻辑电平，可覆盖所选的一个、多个节点或组的全部或部分波形。

11.4.5　平面布置编辑器

MAX+Plus Ⅱ的平面布置编辑器（Floorplan Editor）可以手动分配器件和查看编译器对器件的划分适配结果，并可方便的对器件引脚和逻辑单元进行人工分配。平面布置编辑器允许设计人员观察器件中所有已分配的和未分配的逻辑内容。任何节点或引脚都可以被拉到新的位置。可以把逻辑内容分配给专用引脚和逻辑单元，也可分配给器件中更合适的区域。

在 MAX+Plus Ⅱ 的管理器窗口中执行菜单命令 MAX+Plus Ⅱ|Floorplan|Editor，即可启动符号平面布置编辑器，如图 11.21 所示。

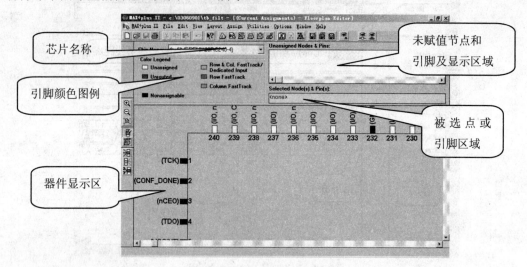

图 11.21 符号平面布置编辑器

图 11.21 中标明了该编辑器的各部分名称，下面简要介绍各部分的作用。

(1) 芯片名称：显示当前工程的芯片名称和实际使用器件的名称。

(2) 引脚颜色图例：使用不同的颜色代表不同类型的节点和引脚，可使得器件的配置和赋值情况很清楚。

(3) 未赋值节点和引脚及显示区域：此区域按字母顺序显示了当前工程中未赋值的节点和引脚。

(4) 被选点或引脚区域：显示在器件显示区中被选中的目标引脚、I/O 单元、逻辑单元、内嵌单元、LAB、行、列等名称。

11.5 MAX+Plus Ⅱ 软件模块

11.5.1 编译器模块

MAX+Plus Ⅱ 的编译器模块可以检查项目中的错误并进行逻辑综合，将项目最终设计结果加载到 ALTERA 器件中去，并为模拟和编程产生输出文件，是 MAX+Plus Ⅱ 的核心。MAX+Plus Ⅱ 编译器既能接受多种输入文件格式又能输出多种文件格式。它能接受的设计文件包括 MAX+Plus Ⅱ 自己的图形文件(.gdf)、AHDL 文件(.tdf)、VHDL 文件(.vhd)、Verilog 文件(.v)；它还能接受第三方 EDA 工具输入文件，如 EDIF 文件(.edf)、库映射文件(.lmf)、OrCAD 文件(.sch)及 XILINX 文件(.xnf)；最后，它还能接受赋值和配置文件(.acf)。

MAX+Plus Ⅱ 编译器的输出文件包括设计检验文件、MAX+Plus Ⅱ 的模拟器网表文件(.snf)、第三方 EDA 工具所用的网表文件(.vo)和标准格式的 SDF 文件(.do)，另外还可输出可编程文件，包括用于编程器的目标文件(.pof)、用于在线配置的 SRAM 目标文件(.sof)和

JEDEC 文件(.jed)。

在 MAX+Plus Ⅱ 的管理器界面下执行菜单命令 MAX+Plus Ⅱ|Compiler，可启动编译器，如图 11.22 所示。

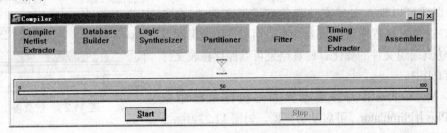

图 11.22 启动编译器

编译器有七个子模块，每个子模块完成一定的任务。

(1) Compiler Netlist Extractor：编译器网表提取器。对输入文件进行检查，一边检查一边提取网表，如果发现错误信息，就给出错误信息，如果没有发现错误则进入下一步。

(2) Database Builder：数据库建库器。用于将所有设计文件集成到项目数据库中。

(3) Logic synthesizer：逻辑综合器。对设计方案进行逻辑综合和优化，并能看到设计实现的真正结果。

(4) Partitioner：分配器。如果整个设计不能装入一个器件中，分配器将设计进行划分以装入同一器件系列的多个器件中。

(5) Fitter：适配器。将逻辑综合的结果向目标器映射，这项工作称为适配。

(6) Timing SNF Extractor：时序模拟的模拟器网表文件生成器。为模拟器和时序分析器提取网表文件。

(7) Assembler：装配器。产生编程文件(针对所选定的目标器件)。

特别提示

编译器开始工作前，需要将当前需要编译的文件设置为工程文件，否则编译的还是上一次指定的工程文件。

11.5.2 仿真器模块

通过仿真器可以对设计项目进行功能和时序模拟，主要作用是检验工程中的逻辑操作与时延的正确性。仿真器允许脱离硬件，仅对设计逻辑进行仿真，这大大减少了仿真时间。用户在对整个工程仿真时，不需要考虑实现它需要几个器件。仿真分为三种：功能仿真、时序仿真、连接仿真。

(1) 功能仿真文件在逻辑综合、器件划分、适配之前形成。仿真器对工程中的所有节点进行仿真，输出电平与输入矢量同时变化，而不计由于器件的物理结构造成的延时，输出结果只能进行逻辑验证。

(2) 时序仿真只对逻辑综合后还符合规则的节点进行仿真，要考虑器件的物理结构造成的延时。

(3) 连接仿真对多个工程一起进行仿真。其中包括一个顶层工程和多个子工程。连接仿真既可进行功能仿真，又可进行时间仿真。

仿真器可以输入矢量文件和仿真通道文件(扩展名为.scf)。在仿真过程中或仿真结束后，可以使用波形编辑器察看仿真通道文件的变化。仿真结果可以保存在表文件(扩展为.tbl)中。

在 MAX+Plus Ⅱ 的管理器界面下执行菜单命令 MAX+Plus Ⅱ|Simulator，可启动仿真器，如图 11.23 所示。

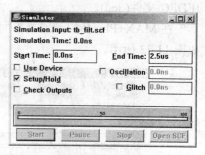

图 11.23　仿真器

图 11.23 中，在 Start Time 和 End Time 两处输入仿真的起始时间和终止时间，单击 Start 按钮，仿真器开始对当前项目进行模拟运算。模拟结束后，单击 Open SCF 按钮，可得到如图 11.24 所示的仿真结果波形。

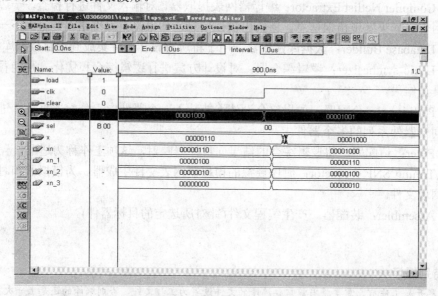

图 11.24　仿真结果波形

11.5.3　延时分析器模块

通过延时分析器模块可以计算点到点的器件延时矩阵，确定器件引脚上的建立时间与保持时间要求，还可计算最高的时钟频率。

11.6　基于 MAX+Plus Ⅱ 的数字系统设计流程

基于 MAX+Plus Ⅱ 设计开发数字系统的基本过程主要包括以下步骤：设计输入、项目编译、仿真与定时分析、器件编程下载和测试，具体设计流程如图 11.25 所示。

第 11 章 EDA 工具——MAX+Plus Ⅱ

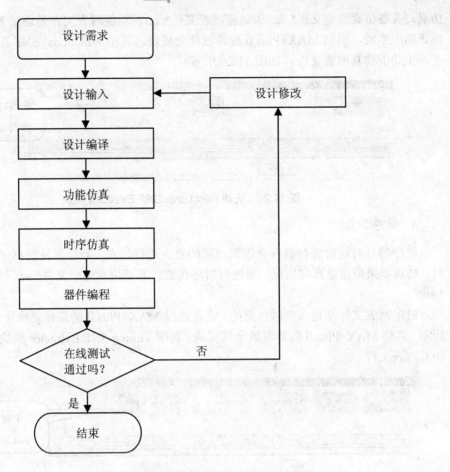

图 11.25 设计流程图

该流程图中的关键步骤说明如下：

1. 设计输入

MAX+Plus Ⅱ 的设计输入方法有多种，包括图形输入、文本输入、波形输入和网表输入。图形输入、文本输入、波形输入所对应编辑器的用法已在前面论述，主要接收 .gdf、.wdf、.tdf、.v、.vhd 等类型文件。网表输入是第三方软件输入，接收的文件主要是 *.sch、*.edf、*.xnf 等类型。

2. 设计编译

设计的编译工作是整个设计的核心部分，前面所提及的编译器即完成此工作，具体完成设计项目的编译、综合、适配和划分等过程。

3. 功能仿真

功能仿真用于验证设计逻辑功能的正确性。仿真器对工程中所有节点进行仿真，输出电平和输入电平同时变化，不考虑器件的物理延时，输出结果只进行逻辑验证。进行功能仿真，需要仿真通道文件*.scf 和功能网表文件*.snf。功能网表文件是通过 MAX+PlusⅡ的编译器产生的，启动 MAX+PlusⅡ编译器部分模块，其中 Functional SNF Extractor 模块用于产生功能仿真网表文件，如图 11.26 所示。

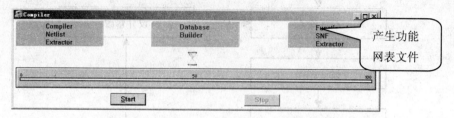

图 11.26　启动 Functional SNF Extractor 模块

4. 时序仿真

时序仿真对逻辑综合后符合逻辑规则的节点进行仿真，考虑器件的物理结构造成的延时，仿真效果最接近真实情况。要进行时序仿真，需要仿真通道文件*.scf 和时序网表文件*.snf。

时序网表文件是包含延时信息的，它是通过 MAX+PlusⅡ的编译器产生的，如图 11.27 所示，启动 MAX+PlusⅡ编译器的全部模块，其中 Timing SNF Extractor 模块用于产生时序仿真网表文件。

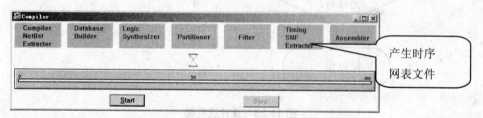

图 11.27　启动 Timing SNF Extractor 模块

5. 器件编程

MAX+PlusⅡ的器件编程器模块将编译生成的编程文件通过专用电缆通过计算机通信口连接到器件的编程接口，下载到目标可编程逻辑器件中，当然这里特指 ALTERA 公司的器件，包括 ALTERA 公司的 APEX、FLEX、ACEX、MAX、MAXⅡ等系列。

6. 在线测试

MAX+PlusⅡ可以用来对器件编程、检验、试验，检查是否空白以及进行功能测试。

11.7　简单逻辑电路设计实例

下面利用 MAX+PlusⅡ的图形输入方式和文本输入方式完成 Y=AB+CD 逻辑的设计。

首先从表达式 Y=AB+CD 可以看出，该逻辑是由两个"与"和一个"或"关系构成。设计步骤如下：

第 11 章 EDA 工具——MAX+Plus II

(1) 启动 MAX+Plus II 集成环境。

(2) 建立工程项目文件。执行菜单命令 File|Project|Name，弹出如图 11.28 所示的对话框，将目录 Directories 选择为 C:\examples，然后在 Project Name 文本框中输入 example1，然后单击 OK 按钮。

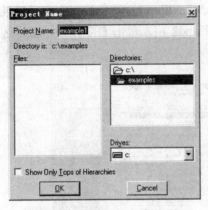

图 11.28　新建工程文件对话框

(3) 执行菜单命令 File|New，弹出如图 11.29 所示的文件类型选择对话框，如果以图形方式作为输入，则点选 Graphic Editor file 单选按钮；如果以文本方式作为输入，则点选 Test Editor File 单选按钮。这里先选择以图形方式输入，单击 OK 按钮，出现标题为 Graphic Editor Untitled 的窗口。

图 11.29　文件类型选择对话框

(4) 执行菜单命令 File|Save As，弹出如图 11.30 所示的文件保存对话框。

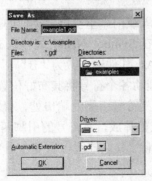

图 11.30　文件保存对话框

保存的文件名为：X:\examples\example1.gdf，单击 OK 按钮即可保存。

(5) 执行菜单命令 File|Project|Set Project to Current File，将该新建的工程项目文件设置为当前工程文件，如图 11.31 所示。

(6) 执行菜单命令 Symbol|Enter Symbol，弹出如图 11.32 所示的 Enter Symbol 对话框，在该对话框中选择 maxplus2/maxlib/prim 子目录，在此子目录中有基本逻辑功能门和一些基本图形元素，用鼠标选择 and2 门，单击 OK 按钮，工作区中即显示二输入值的与门图形，如图 11.33 所示。

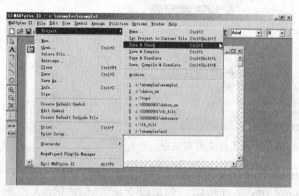

图 11.31　设置当前工程文件

图 11.32　选择图形符号对话框

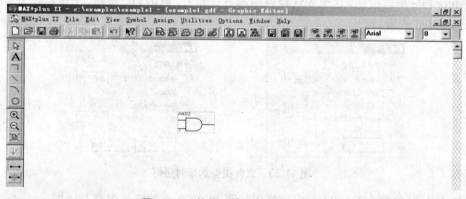

图 11.33　放置二输入与门图形符号

(7) 对于第二个与门和二输入或门，重复以上类似的操作。

(8) 载入输入和输出引脚。在 Symbol Name 处输入 input 和 output，单击 OK 按钮。双击 PIN_NAME，将其改变为 A，其他输入改为"B"、"C"、"D"，输出引脚名改为"X"，修改好名称后，用鼠标拖动各个符号将其布好位置，如图 11.34 所示。

(9) 布线。将鼠标指针移动到符号引脚的端口处，鼠标指针会自动变成十字形，按住左键确定起点，拖动鼠标到终点处释放，将符号的引脚两端连接起来。如果连线错误，该线显示高亮，可按【Delete】键删除。其余连线可重复以上步骤建立。布线完成后如图 11.35 所示。

第 11 章　EDA 工具——MAX+Plus Ⅱ

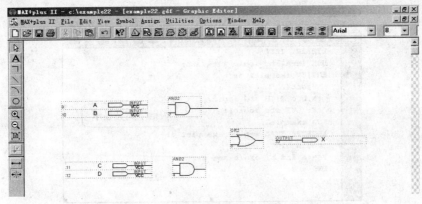

图 11.34　加入并布置输入输出引脚

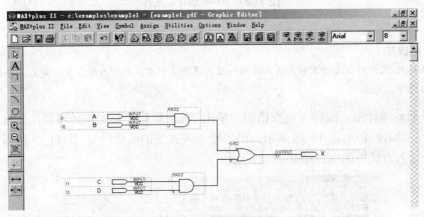

图 11.35　连接导线

(10) 执行菜单命令 File|Save As，将所设计的图形存入文件 example1.gdf。

(11) 如果是以文本方式作为输入方式，执行 File|New|Text Editor file 命令则在文本编辑器窗口输入 VHDL 程序，如图 11.36 所示。

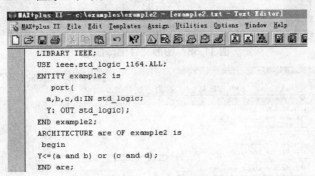

图 11.36　VHDL 程序输入

(12) 保存 VHDL 文件，扩展名为*.vhd，保存后，凡是关键字部分都以高亮显示，如图 11.37 所示。

电子线路 CAD

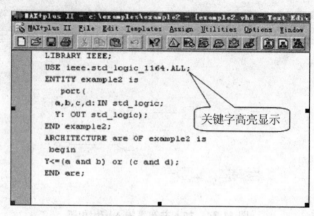

图 11.37 保存 VHDL 文件

 特别提示

保存 VHDL 文件时，文件名和实体名必须一致，不能为中文，最好为有意义的英文，并且不能将其保存在根目录下。

(13) 启动编译器，编译并检查错误。单击 Start 按钮，开始编译项目，如果设计没有错误，则提示编译成功。图 11.38 所示为图形输入方式下的编译结果，图 11.39 所示为 VHDL 语言作为输入方式下的编译结果。

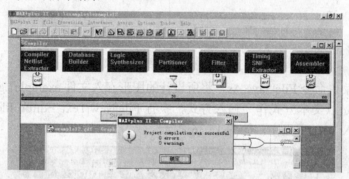

图 11.38 图形文件编译成功

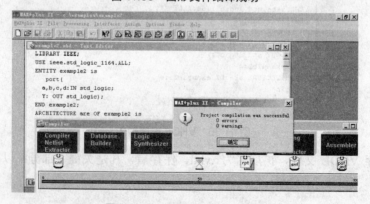

图 11.39 VHDL 文件编译成功

第 11 章　EDA 工具——MAX+Plus Ⅱ

(14) 为波形仿真创建仿真器通道文件，扩展名为.SCF。执行菜单命令 File|New，弹出如图 11.40 所示的新建文件对话框，点选"Waveform Editor file"单选按钮，单击 OK 按钮，创建一个仿真波形文件。

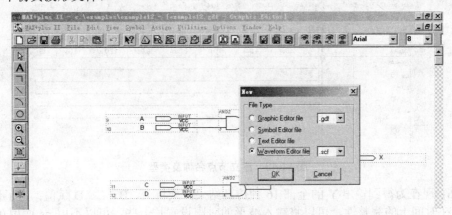

图 11.40　创建仿真波形文件

(15) 弹出波形编辑器，如图 11.41 所示。现为四个输入和一个输出创建节点名。在单词"Name"正下方的位置空白处双击，弹出 Insert Node 对话框。现在为第一个输入键入节点名称"A"，如图 11.42 所示，单击 OK 按钮。

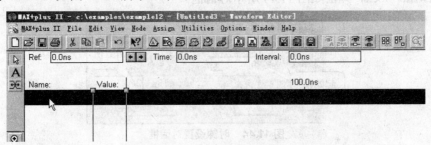

图 11.41　波形编辑器

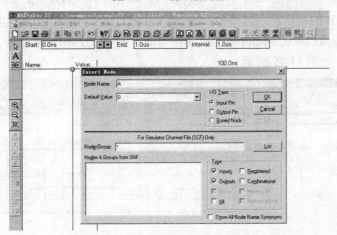

图 11.42　Insert Node 对话框

对其他三个输入分别键入名称"B"、"C"、"D"。对于输出,键入名称"Y",此时应注意"Y"的类型为"Output Pin",如图 11.43 所示。

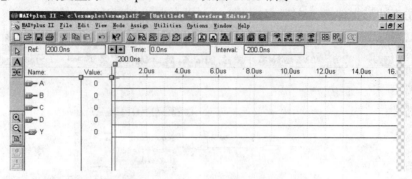

图 11.43　建立节点名称及类型

(16) 现在为得到输出 Y 的全部 16 种仿真结果,须将 A、B、C、D 赋值;为了保证仿真结果在时间上的完整性,可以将输入波形的时限设置长一些,可以不用 ns 而用 μs 数量级。这里设置 Endtime 为 16μs,这样可以观察到从 0000 到 1111 的一系列波形。设置栅格步长 Gridsiz 为 1μs。

(17) 为输入 A、B、C、D 赋值。选中一输入信号,使其高亮,执行菜单命令 Edit|Overwrite|Clock,弹出如图 11.44 所示对话框。

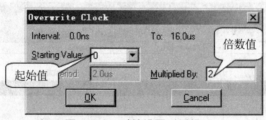

图 11.44　时钟设置对话框

分别在起始值和倍数值处选择"0"和输入"2"(表示周期为 2μs 的时钟脉冲),按同样的步骤为输入 B 的初始输入赋值为 Starting Value:1, Multiplied By:1;为输入 C 的初始输入赋值为 Starting Value:0, Multiplied By:4;为输出 D 的初始输入赋值为 Starting Value:0, Multiplied By:8;如图 11.45 所示。

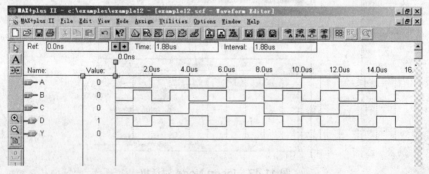

图 11.45　为输入 A、B、C、D 赋值

(18) 仿真分析结果。执行菜单命令 File|project|save&Compile Simulate，编译结果如图 11.46 所示。

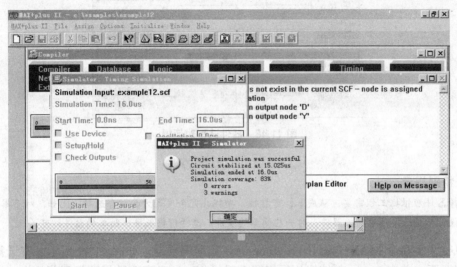

图 11.46 编译结果

弹出的编译结果出现了"0 errors"、"3 warnings"，表示有 0 个错误、3 个警告，单击"确定"按钮。要查看时序分析结果波形，单击 Open SCF。结果波形如图 11.47 所示。

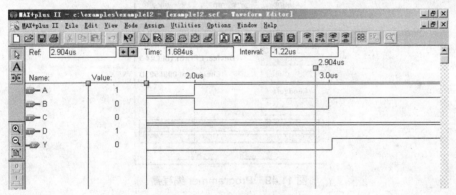

图 11.47 时序分析结果波形图

(19) 器件编程、下载。执行菜单命令 Assign|Device，弹出如图 11.48 所示的器件选型对话框，由于此逻辑电路功能太简单，所以选择 ALTERA 公司的低端 CLASSIC 系列器件——EP610ILC-10，此芯片只有 26 个引脚，但完成逻辑电路 Y=AB+CD 的设计已经足够。

若设计者不选择器件，则选择 AUTO 项目，在配置引脚时 MAX+PlusⅡ会自动为所设计的电路选择引脚，并且指定该引脚和设计文件中的输入和输出之间的关系。设计者指定部分节点与引脚的对应关系，未被指定的节点由 MAX+PlusⅡ自动分配，选择完成后单击 OK 按钮。

电子线路 CAD

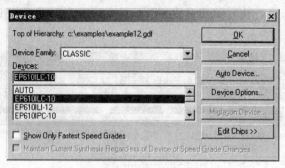

图 11.48 器件选型对话框

特别提示

选择器件应根据工程需要,从成本、可靠性、功耗、冗余度等方面综合选择。比如,对于军事、航空上的设计必须选择高可靠性器件,对一些简单的设计,选择价格低廉、简单的器件即可。

执行菜单命令 MAX+Plus II|Programmer,启动编程器,如图 11.49 所示。在选择好器件的情况下,单击 Program 按钮执行烧写下载操作,一旦配置数据下载到芯片中,该芯片就可以使用在实验装置中,并通过实验验证其设计的准确性。

图 11.49 Programmer 编程器

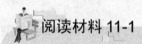
阅读材料 11-1

赛灵思(XILINX)与 FPGA

1. 赛灵思(XILINX)公司的创建

1984 年在硅谷工作的两位工程师 Bernie Vonderschmitt、Ross Freeman 和一位营销主管 Jim Barnett 梦想创立一家不同于一般的公司。他们希望创建一家在整个新领域内开发和推出先进技术的公司,并且还希望以下面的方式来领导它:在这里工作的人们热爱他们的工作,享受工作带来的乐趣,并且对他们所从事的工作着迷,具有坚定的道德观,宣扬忠诚,生产非常有用的好产品,让员工感觉到他们就是公司的主人。

第 11 章　EDA 工具——MAX+Plus Ⅱ

工程师 Ross Freeman 发明了一种新型半导体器件，这种半导体器件全部由"开放式门"组成计算机芯片，其专利号为 4870302。采用这种芯片，工程师可以在软件的帮助下根据需要进行编程，添加新的功能，满足不断发展的标准或规范要求，并可在设计的最后阶段进行修改。这种新型半导体器件发展到后面便是 FPGA(现场可编程逻辑器件)。

有了这项创新型半导体技术为基础，一家新型公司——赛灵思(XILINX)公司就诞生了，同时 Bernie Vonderschmitt 创造性地开创了无晶圆公司商业模式，成为无晶圆公司的鼻祖。

2. XILINX 公司的创建人

1) Bernie Vonderschmitt

Bernie Vonderschmitt 先生(见图 11.50(a))是赛灵思(XILINX)公司的创建人之一，他提出了一个针对新兴商业的商业模式——无晶圆公司商业模式。他担任 RCA 的 Solid State 部门总经理之职时，就依靠自己敏锐的商业嗅觉，确信应与三个生产半导体的代工厂合作，以避开投资巨大并且还很麻烦的半导体晶圆的加工。他发誓说："如果我要创建一家半导体公司，它要实现无工厂化。我们要找到能够为我们进行生产的合作伙伴。"赛灵思公司通过与半导体代工厂良好合作，将公司的主要资本重新聚焦于研发和市场开发，最终将 Freeman 无与伦比的创新才华拓展成一个二十多年来始终占据市场份额一半以上的伟大公司。当 Bernie Vonderschmitt 先生于 2003 年从赛灵思董事长的位置上退休时，留下的是一个超过 2500 名雇员，被财富杂志评为当年全美最适合工作地点第四名的全球知名企业。

2) Ross Freeman(1948—1989 年)

Ross Freeman 先生(见图 11.50(b))于 1969 年在密歇根州立大学(Michigan State University)获得物理学学士学位，1971 年在伊利诺斯大学(University of Illinois)获得物理学硕士学位。在步入职业生涯前，Freeman 还曾担任"和平队"志愿者，在加纳教过数学和电子学。

(a) Bernie Vonderschmitt(提出无晶圆公司概念)　　(b) Ross Freeman(FPGA 的发明人)

图 11.50　两位著名的半导体工程师

Ross Freeman 提出了在那个晶体管比黄金还贵重的时代最为激进的想法——让芯片就像一个空白的磁带,可以任由工程师在上面编程增添功能,就好像画师在白布上任意涂鸦一样。正是这念头促使其发明了新型半导体器件——可编程逻辑器件(PLD),也诞生了一个价值数十亿美元的全新行业。

Ross Freeman 预计由于晶体管数量会越来越多,价格也会越来越便宜,因此接下来的几年里,就会出现数十亿美元的现场可编程门阵列(FPGA)市场。现在看来,他的预言是准确的,这为 XILINX 公司今天的成功打下了基础。不幸的是,1989 年 Ross Freeman 因病与世长辞。然而,他发明的技术已呈现一派欣欣向荣的景象,并且继续在不断发展。

赛灵思现任总裁兼首席执行官 Moshe Gavrielov 表示:"凭着这项专利,Ross Freeman 点燃了创新精神,成就了一个行业。"

特别提示

Ross Freeman 发明的新型半导体专利名:由可配置的逻辑元器件及其互连组成的可配置电路(Configurable electrical circuit having configurable logic elements and configurable interconnects)。专利号(美国):4870302。发明人:Ross Freeman(加州圣何塞 San Jose, CA)。公布日期:1989.09.26。委托人:赛灵思(XILINX)。

3. FPGA 的发明为赛灵思的持续创新奠定了坚实的基础

当 Freeman 与 Bernie Vonderschmitt、Jim Barnett 在 1984 年共同创立赛灵思的时候,他发明的现场可编程门阵列不仅为公司打下了基础,也为一个全新的行业奠定了基础。赛灵思现在拥有 2 000 多项专利,在数十亿美元规模的可编程逻辑器件(PLD)行业中占有 50%以上的市场份额。赛灵思的芯片广泛应用于汽车、消费、工业、医疗、航空航天、国防以及有线/无线通信等终端市场领域中,其应用范围涵盖车载信息娱乐、驾驶员辅助、平板显示、医疗成像、视频监控以及无线基站等领域。

1992 年,赛灵思开创了一个新的公司传统来纪念 Freeman,以鼓励技术创新,奖励为公司带来重大的切实收益的技术贡献。

2009 年,Ross Freeman 先生入选了美国发明家名人堂(The National Inventors Hall of Fame)。

小 结

本章主要讲述了 EDA 工具的概念、常用的 EDA 工具软件、MAX+Plus Ⅱ 的概况和特点、MAX+Plus Ⅱ 的工作界面、MAX+Plus Ⅱ 的各个功能模块、基于 MAX+Plus Ⅱ 的数字系统设计流程等内容。通过一个简单逻辑电路的设计实例,按照设计流程步骤,详细介绍了使用 MAX+Plus Ⅱ 设计数字电路的方法。

习　题

1. 下列 EDA 软件中，不具有逻辑综合功能的是_____。
   A．MAX+PlusⅡ　　　　　　　B．ModelSim
   C．QuartusⅡ　　　　　　　　D．Synplify
2. MAX+PlusⅡ中能够用于编辑 VHDL 语言的编辑器是_____。
   A．图形编辑器　　　　　　　　B．图元编辑器
   C．文本编辑器　　　　　　　　D．波形编辑器
3. MAX+PlusⅡ图形编辑器支持的格式文件有_____。
   A．.vhd　　　　B．.scf　　　　C．.gdf　　　　D．.wdf
4. MAX+PlusⅡ集成环境可分为_____模块、仿真器模块、延时分析模块。
5. MAX+PlusⅡ仿真分为时序仿真和_____仿真。
6. 在 Max+PlusⅡ环境下，以图形输入的方式设计一个 4 位计数器。
7. 在 MAX+PlusⅡ环境下，以文本输入的方式设计一个 4 位计数器。
8. 在 MAX+PlusⅡ环境下，以波形输入法实现一个模为 8 的递减计数器。
9. 在 MAX+PlusⅡ环境下，使用 2 个 74151，设计一个由 4 个数据选择器控制输入端所控制的 16 路多路复用器。
10. 某 VHDL 程序在 MAX+PlusⅡ环境下编译，出现了如图 11.51 所示的错误提示框，请分析出错原因。

图 11.51　错误提示框

11. 在 Max+PlusⅡ下用图形法建立一个 D 触发器，并建立如图 11.52 所示的仿真电路来验证这个设计。

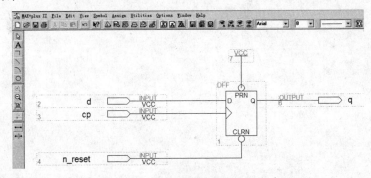

图 11.52　D 触发器的图形设计电路

第 4 篇　实例篇

例图 1 所示为本篇第 13 章的实例"基于 CPLD 的交通灯控制器设计"在 CPLD 开发板上运行的实际情况,此时刻为"东西方向黄灯亮,南北方向红灯亮"。相信读者阅读了此类实例,定能对工程实践产生浓厚的兴趣,并且加深了对所学知识的理解。

例图 1　交通灯控制器在 CPLD 开发板上的实际运行情况

本篇提供了丰富实际的电路设计实例,读者通过实际操作训练将前面所学的知识付诸实践,加深对所学基础知识的掌握,同时也让读者了解所学的基础知识有怎样的工程应用以及如何应用。通过本篇的学习,读者应用 CAD 软件设计电路的应用能力必将得到提高。

第12章 数字电路 VHDL 设计实例

学习目标

- 掌握简单数字逻辑电路的结构和原理
- 进一步熟悉 VHDL 语言的语法结构
- 掌握利用 VHDL 语言设计数字电路的方法
- 掌握常见组合及时序数字逻辑电路的 VHDL 设计

本章知识结构

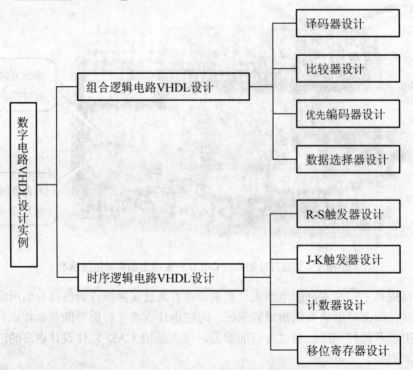

12.1 组合逻辑电路 VHDL 设计

12.1.1 译码器设计

所谓译码是把一些编码(如二进制、BCD 或十六进制)转化为一个表示其数值的单个有效输出的过程,例如,一个系统读入 4 位 BCD 码,然后通过点亮十进制指示灯,将其转化为对应的十进制数。译码器是接收一组以二进制数表示的输入,其输出与二进制输入相对应的有效逻辑的电路。

图 12.1 所示为 N 路输入、M 路输出的译码器。由于每一路输入都有 0 和 1 两种状态,因此总共有 2 的 N 次方种输入组合或编码。对于每一种输入组合,M 路输出中只有一路呈现高电平有效状态,其他的输出均为低电平无效状态。

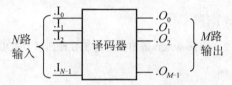

图 12.1 N 输入和 M 输出的译码器示意图

设计一个译码器,先设计一张列有所有可能输入/输出组合的真值表是很有用的,这里以 3-8 线译码器(高电平有效)为例,其真值表见表 12-1。

表 12-1 3-8 线译码器真值表

输		入	输				出			
C	B	A	O_0	O_1	O_2	O_3	O_4	O_5	O_6	O_7
0	0	0	1	0	0	0	0	0	0	0
0	0	1	0	1	0	0	0	0	0	0
0	1	0	0	0	1	0	0	0	0	0
0	1	1	0	0	0	1	0	0	0	0
1	0	0	0	0	0	0	1	0	0	0
1	0	1	0	0	0	0	0	1	0	0
1	1	0	0	0	0	0	0	0	1	0
1	1	1	0	0	0	0	0	0	0	1

根据真值表,可将其所描述的译码器用 VHDL 语言描述,用 case-when 语句结构实现。电路 VHDL 程序如图 12.2 所示。

```
library ieee;
use ieee.std_logic_1164.all;
entity decoder is
  port(en: in    std_logic;
       a : in    std_logic_vector (2 downto 0);
       y : out   std_logic_vector (7 downto 0));
end decoder;
architecture arc38 of decoder is
  begin
    process (a,en)
      begin
        if(en='1') --------------------------------(1)
          then
            case a is
              when "000" =>y<="00000001";
              when "001" =>y<="00000010";
              when "010" =>y<="00000100";
              when "011" =>y<="00001000";
              when "100" =>y<="00010000";
              when "101" =>y<="00100000";
              when "110" =>y<="01000000";
              when "111" =>y<="10000000";
              when others=>y<="00000000";
            end case;
          else y<="00000000";----------------------(2)
        end if;
    end process;
end arc38;
```

图 12.2　case-when 语句实现的 3-8 译码器 VHDL 程序

程序语句说明如下：

语句(1)表示使能的判定，高电平时才执行 then 后的语句；语句(2)表示当使能端为低电平时，所有输出为低电平。

仿真结果波形如图 12.3 所示。

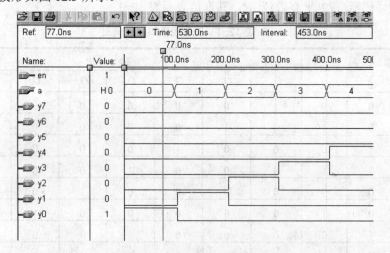

图 12.3　case-when 语句实现的 3-8 译码器的仿真波形

特别提示

从以上输出波形可以看出，仿真波形的输出比输入延后 6ns。

12.1.2 比较器设计

比较器属于组合逻辑电路，功能为对两个二进制输入数值进行比较，输出比较结果和哪个数值较大。输入是两个无符号二进制数 A 和 B，输出是三个信号：AeqB,AgtB,AltB。当 A 等于 B 时，AeqB 被设定为逻辑"1"；当 A 大于 B 时，AgtB 被设定为逻辑"1"；当 A 小于 B 时，AltB 被设定为逻辑"1"；三个信号在其余状况下均被设定为逻辑"0"这里利用 VHDL 设计一个四位比较器 74HC85，图 12.4 所示为 74HC85 四位数值比较器的符号。

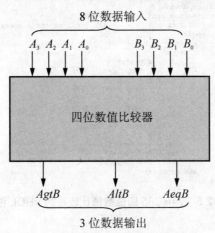

图 12.4 四位数值比较器符号

四位数值比较器符号逻辑真值表见表 12-2。

表 12-2 四位数值比较器真值表

输　　入				比　较　输　出		
A_3B_3	A_2B_2	A_1B_1	A_0B_0	AgtB	AltB	AeqB
>	X	X	X	1	0	0
<	X	X	X	0	1	0
=	>	X	X	1	0	0
=	<	X	X	0	1	0
=	=	>	X	1	0	0
=	=	<	X	0	1	0
=	=	=	>	1	0	0
=	=	=	<	0	1	0
=	=	=	=	1	0	0
=	=	=	=	0	1	0
=	=	=	=	0	0	1
=	=	=	=	0	1	0
=	=	=	=	0	0	0

采用 if-else 语句结构进行设计，程序中 A 和 B 是两个 8 位向量作为输入，另外声明了三个独立输出变量用以表示比较结果：A 大于 B(agb)、A 小于 B(alb)、A 等于 B(aeb)；result 被声明为内部信号，用于接收比较结果。

电路 VHDL 程序如图 12.5 所示。

```
library ieee;
use ieee.std_logic_1164.all;
entity compare8 is
  port(a, b     :in std_logic_vector(7 downto 0);
       agb,aeb,alb:out std_logic);
end compare8;
architecture arc8 of compare8 is
  signal temp           : std_logic_vector(2 downto 0);
  begin
    process (a,b)-----------------------------------(1)
      begin
        if    a<b then
              temp  <=  "001";
        elsif a=b then
              temp  <=  "010";
        elsif a>b then
              temp  <=  "100";
        else
              temp  <=  "000";
        end if;
        agb  <=  temp(2);------------------------(2)
        aeb  <=  temp(1);
        alb  <=  temp(0);
      end process;
end arc8;
```

图 12.5　74HC85 四位数值比较器的 VHDL 程序

程序语句说明如下：

语句(1)为一进程语句，A 或 B 改变时，执行内部语句；语句(2)为将信号 temp 的向量元素分配到输出端 agb，aeb，alb。

仿真结果波形如图 12.6 所示。

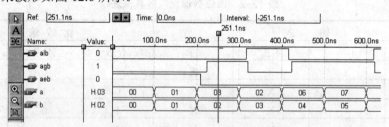

图 12.6　四位数值比较器的仿真波形

将图 12.6 放大后的波形图如图 12.7 所示。

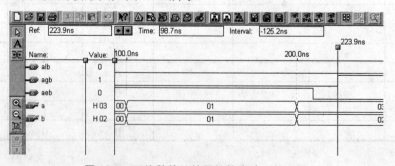

图 12.7　四位数值比较器的仿真波形放大图

对于 A>B(此时 A 为"03", B 为"02"), agb 逻辑电平不是立即跳变(即由 0 变成 1),而是在 223.9ns 时跳变,其他信号也有类似延迟。

12.1.3 优先编码器设计

编码是译码的反过程。编码器是将某种信号编成某种进制代码的电路,例如,将 8 个输入信号编成对应的二进制代码输出。用 VHDL 设计一个低电平有效输入、高电平有效输出的 8 线输入、3 线输出的优先编码器,其逻辑真值表见表 12-3。

表 12-3 8-3 线优先编码器真值表

	输			入					输	出	
$\overline{EN}$	$\overline{I_0}$	$\overline{I_1}$	$\overline{I_2}$	$\overline{I_3}$	$\overline{I_4}$	$\overline{I_5}$	$\overline{I_6}$	$\overline{I_7}$	A_0	A_1	A_2
1	X	X	X	X	X	X	X	X	0	0	0
0	X	X	X	X	X	X	X	0	1	1	1
0	X	X	X	X	X	X	0	1	0	1	1
0	X	X	X	X	X	0	1	1	1	0	1
0	X	X	X	X	0	1	1	1	0	0	1
0	X	X	X	0	1	1	1	1	1	1	0
0	X	X	0	1	1	1	1	1	0	1	0
0	X	0	1	1	1	1	1	1	1	0	0
0	0	1	1	1	1	1	1	1	0	0	0

注:$\overline{EN}$ 为低电平有效使能输入端,这一输入端的高电平输入将所有输出强制为低电平状态。X 代表该二进制优先编码器,可采用 VHDL 中的条件信号赋值语句即 when-else 语句结构进行描述。

电路 VHDL 程序如图 12.8 所示。

```
library ieee;
use ieee.std_logic_1164.all;
entity encoder is
  port(en:in std_logic;
       i:in std_logic_vector(7 downto 0);
       a:out std_logic_vector(2 downto 0));
end encoder;
architecture arc of encoder is
  begin
    a<="000" when en='1'   else------------------(1)
       "111" when i(7)='0' else
       "110" when i(6)='0' else
       "101" when i(5)='0' else
       "100" when i(4)='0' else
       "011" when i(3)='0' else
       "010" when i(2)='0' else
       "001" when i(1)='0' else
       "000" when i(0)='0' else
       "000";--------------------------------(2)
end arc;
```

图 12.8 8-3 线优先编码器的 VHDL 程序

程序语句说明如下:

语句(1)具有最高优先级,如果该语句为真(即输入使能端高电平时),所有后面的 else 子句都会被跳过;语句(2)表示输入为其他情况时,输出为"000"。

仿真结果波形如图 12.9 所示。

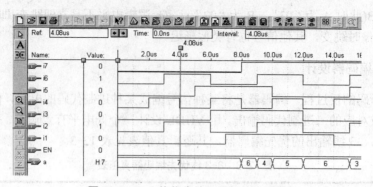

图 12.9 8-3 线优先编码器的仿真波形

如图 12.9 所示，在波形 4.0μs 处，I7、I5、I4、I3 和 I1 都是低电平，因 I7 具有最高优先级，所以 I7 被编码输出到 A。查看其余波形，所有结果都是正确的。

12.1.4 数据选择器设计

数据选择器是可以接收几路数字信号输入，并在给定时间内选择其中一路，将其传送至输出端的逻辑电路。有两个或多个数字输入信号连接到它的输入端。也有输入的控制信号以指定选择哪一路信号。数据选择器工作像个多位开关，即通过选择输入端送入代码，来控制将被传输到输出端的数据。图 12.10 所示为四选一数据选择器，名称一般以 MUX 开头，其内部结构通常如图 12.11 所示。

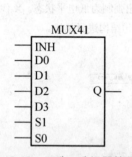
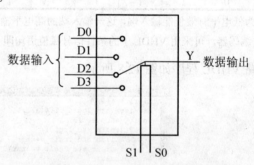

图 12.10 四选一选择器符号　　　　图 12.11 四选一选择器内部结构图

S1、S0 端用于决定哪一路数据输入端会被选择传送到数据输出线 Y。例如，如果 S1=0，S0=0，那么 D0 就被选中。四选一选择器的真值表见表 12-4。

表 12-4 四选一选择器真值表

选择输入		数据输出
S1	S0	Y
0	0	D0
0	1	D1
1	0	D2
1	1	D3

由真值表和四选一选择器的结构,可用 case 语句结构来描述其逻辑电路。
电路 VHDL 程序如图 12.12 所示。

```
library ieee;
use ieee.std_logic_1164.all;
entity mux41 is
  port(d : in std_logic_vector(3 downto 0);
       s0: in std_logic;
       s1: in std_logic;
       y : out std_logic);
end mux41;
architecture arc of mux41 is
  begin
    process(s0,s1)
      variable temp:std_logic_vector(1 downto 0);----(1)
    begin
      temp:=s1&s0;--------------------------------(2)
        case temp is
          when "11"=> y<=d(3);
          when "10"=> y<=d(2);
          when "01"=> y<=d(1);
          when "00"=> y<=d(0);
          when others=>y<='0';
        end case;
    end process;
end arc;
```

图 12.12 四选一选择器的 VHDL 程序

程序语句说明如下:

此程序中 d 为 4 个变量的矢量,作为数据输入端,S0、S1 为数据选择端,Y 为数据输出,运用进程语句,敏感变量 S0 和 S1 只要一个发生变化,则 case when 语句重新执行。

语句(1)为定义 temp 变量,用来作为临时变量;语句(2)为变量赋值语句,"&"是连接符。

仿真结果波形如图 12.13 所示。

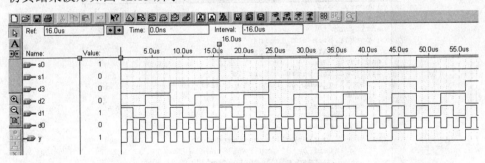

图 12.13 四选一选择器的仿真结果波形

从波形图中可以看出,0~16μs ,y=d0;16~32μs ,y=d1;32~48μs ,y=d2;48μs 后,y=d3。

12.2 时序逻辑电路 VHDL 设计

12.2.1 R-S 触发器设计

R-S 触发器是一种数据存储电路，两个 NOR(或非)门交叉耦合，其元件符号如图 12.14 所示，其内部结构如图 12.15 所示。

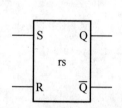

图 12.14 R-S 触发器元件符号

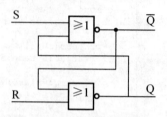

图 12.15 R-S 触发器内部结构

R-S 触发器逻辑真值表见表 12-5。

表 12-5 R-S 触发器逻辑真值表

S	R	Q	QN	注 释
0	0	Q	QN	保持原状态
1	0	1	0	触发器置位
0	1	0	1	触发器复位
1	1	0	0	未用

可运用 process 和 if else 语句完成 R-S 触发器的 VHDL 设计。
电路 VHDL 程序如图 12.16 所示。

```vhdl
library ieee;
use ieee.std_logic_1164.all;
entity rs is
  port(r,s:in std_logic;
       q,qn:out std_logic);
end rs;
architecture behav1 of rs is
  signal q_temp,qn_temp:std_logic;----------------(1)
  begin
    process(s,r)
      begin
        if s='1' and r='0' then
          q_temp<='1'; qn_temp<='0';
        elsif s='0' and r='1' then
          q_temp<='0'; qn_temp<='1';
        elsif s='0' and r='0' then
          q_temp<=q_temp; qn_temp<=qn_temp;
        else
          q_temp<='0'; qn_temp<='0';
        end if;
    end process;
      q<=q_temp; qn<=qn_temp;
end behav1;
```

图 12.16 R-S 触发器的 VHDL 程序

程序语句说明如下：

语句(1)定义了两个临时信号，用于临时信号的赋值。

仿真结果波形如图 12.17 所示。

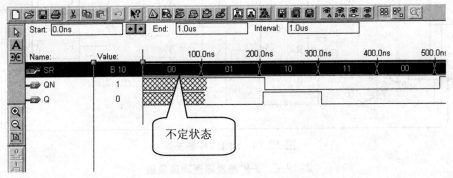

图 12.17　R-S 触发器仿真波形图

特别提示

从波形图中可以看出，当 SR=00 时，QN 应该保持原状态，但由于在仿真初始时，并未指定 QN 的初始值，因而这里呈现不定状态。

12.2.2　J-K 触发器设计

J-K 触发器的符号如图 12.18 所示。

与 S-R 触发器的不同之处，是 J-K 触发器具有一种新的工作模式，即所谓翻转模式。翻转是指在时钟沿有效时候，Q 和 $\overline{Q}$ 转换为各自的相反状态(由 1 转换为 0，或从 0 转换为 1)。从 R-S 触发器的真值表可以看出，当 R=1，S=1 时，Q 为不确定输出状态；而对于 J-K 触发器，J=1，K=1 时，J-K 触发器产生翻转。JK 触发器有四种工作模式：JK=00，工作在保持模式；JK=10，工作在置位模式；JK=01，工作在复位模式；JK=11，工作在翻转模式。

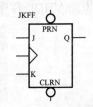

图 12.18　J-K 触发器符号

边沿 JK 触发器，是在传统的 JK 触发器上采用边沿触发器而构成，主要解决当高电平有效时，由于脉冲持续比较长，J 和 K 输入端产生无用信号的问题。图 12.19 所示为边沿触发器的内部结构图。

如图 12.19 所示，C_p 输入端输入脉冲边沿信号，可为正沿和负沿有效，假设 C_p 输入端为正沿有效，当 C_p 由低向高变化时，1、2 与门使能，主触发器接收 JK 信号，3、4 与门被禁止；当 C_p 由高到低变化时，1、2 与门被禁止，而 3、4 门使能，从触发器由主触发器加载。Q 和 QN 的反馈线连接到 J、K 的输入端。J-K 触发器逻辑真值表见表 12-6。

电子线路 CAD

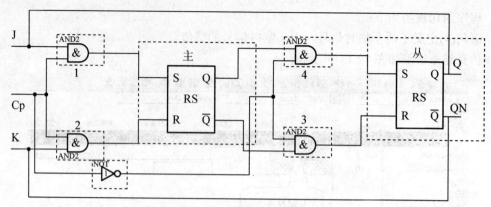

图 12.19　边沿 JK 触发器

表 12-6　J-K 触发器逻辑真值表

工作模式	J	K	C_p	QQN
保持	0	0	↑	保持不变
置位	1	0	↑	1 0
复位	0	1	↑	0 1
翻转	1	1	↑	相反状态

由于 J-K 触发器有四种工作模式，VHDL 描述可以用 if-else 语句，也可以用 case 语句来表达，用后一种结构描述更为简单。

电路 VHDL 程序如图 12.20 所示。

```
library ieee;
use ieee.std_logic_1164.all;
entity jkf is
  port(n_cp, j, k : in    std_logic;
       q          : buffer std_logic);------------(1)
end jkf;
architecture arc of jkf is
  signal jk : std_logic_vector (1 downto 0);
    begin
      jk<=j&k;-----------------------------------(2)
        process (n_cp, j, k)
          begin
            if(n_cp'event and n_cp= '1') then------(3)
              case jk is
                when "00" => q <= q;
                when "01" => q <= '0';
                when "10" => q <= '1';
                when "11" => q <= not q;
                when others => q <= q;
              end case;
            end if;
        end process;
end arc;
```

图 12.20　J-K 触发器的 VHDL 程序

程序语句说明如下：

语句(1)表示由于 Q 既作为输入变量也作为输出变量，而为缓冲类型；语句(2)为信号赋值语句，&为连接符，连接两个字符；语句(3)表示上升沿有效。

仿真结果波形如图 12.21 所示。

第 12 章 数字电路 VHDL 设计实例

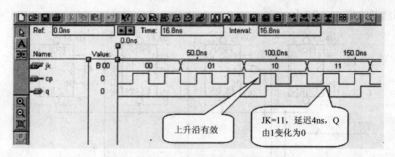

图 12.21　J-K 触发器仿真波形

从波形图可以看出，当 JK=00，Q 值保持不变；JK=01，Q=0；JK=10，C$_P$ 上升沿后，Q 值延迟 4ns 后，Q 由低电平"0"变为高电平"1"；JK=11，C$_P$ 上升沿后，Q 值延迟 4ns 后，从高电平"1"变为低电平"0"。

12.2.3　计数器设计

时序逻辑遵循预定的数字状态顺序，并且被定时脉冲或时钟触发，其时序电路最常见的一种应用是被用来计数和记录各种过程的持续时间。计数器通常以二进制计数，并可在任何时候停止或再次循环重新计数。在循环计数器中，不同二进制状态的个数，被定义为计数器的模数。例如，从 0 到 15 计数的计数器，称为模 16 计数器，也可成为 4 位二进制计数器，这样的计数器，必须有四个二进制输出和一个时钟触发输入。图 12.22 所示为一个 4 位二进制计数器符号。

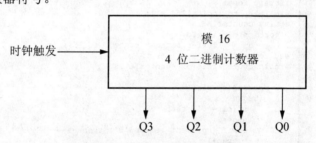

图 12.22　4 位二进制计数器符号

计数器一般分为异步计数器和同步计数器。

1．异步计数器

异步计数器通常由多个触发器构成，如 74LS293，其符号如图 12.23 所示，默认情况下为进制计数器。

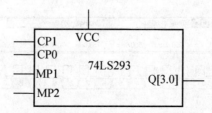

图 12.23　异步计数器 74LS293 符号

其内部结构如图 12.24 所示。

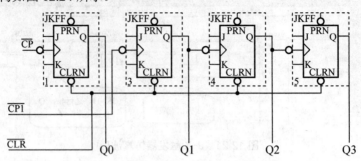

图 12.24　异步计数器 74LS293 内部结构图

74LS293 有四个 JK 触发器,其中 Q1、Q2、Q3 已经连接成了一个 3 位的异步触发器,若将触发器 Q0 与 Q1 相连后可形成 4 位计数器,可计数 0~15 这 16 个数。

每个触发器都有一个异步低电平清零输入端,为 Clrn,与输入为 MR1 和 MR2 的二输入与非门的输出相连接,MR 代表直接复位信号。两个 MR 输入端必须是高电平,使计数器清零为 0000。

74LS293 这类 4 位二进制计数器,可通过 VHDL 中的进程加上 IF-ELSE 语句结构实现,当然也可以通过元件例化语句实现。这里利用进程语句加上 IF-ELSE 语句结构实现。电路 VHDL 程序如图 12.25 所示。

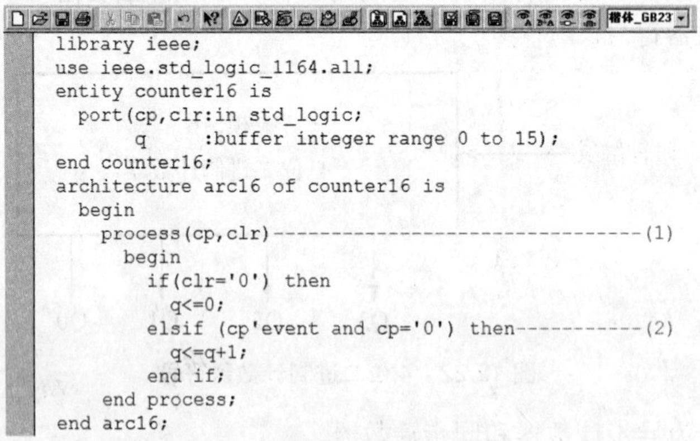

```
library ieee;
use ieee.std_logic_1164.all;
entity counter16 is
  port(cp,clr:in std_logic;
       q       :buffer integer range 0 to 15);
end counter16;
architecture arc16 of counter16 is
  begin
    process(cp,clr)------------------------------(1)
      begin
        if(clr='0') then
          q<=0;
        elsif (cp'event and cp='0') then-----------(2)
          q<=q+1;
        end if;
    end process;
end arc16;
```

图 12.25　4 位异步计数器的 VHDL 程序

程序语句说明如下:

语句(1)表明将 Cp 和 Clr 作为敏感信号;语句(2)表明当下降时钟沿到来时计数。仿真结果波形如图 12.26 所示。

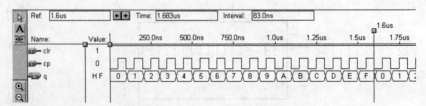

图 12.26　4 位二进制计数器仿真波形

从波形图可看出,计数到"F"后,又重复开始计数。

2. 同步计数器

所谓同步计数器,就是在时钟脉冲(计数脉冲)的控制下,构成计数器的各种状态同时发生变化的一类计数器。

同步计数器可解决异步计数器中的两个问题,一是增加触发器会引起传输延迟时间加长,二是异步计数器中,触发器不能与输入脉冲同步改变所有状态。所有触发器与时钟输入脉冲同步(并行)触发。因为输入脉冲同时直接作用到所有触发器上,必须采取一定控制手段,来控制时钟脉冲何时触发某个触发器,何时某个触发器不受时钟脉冲影响。通常使用 J 和 K 输入端来进行控制,典型的同步 4 位十六进制同步计数器结构如图 12.27 所示。

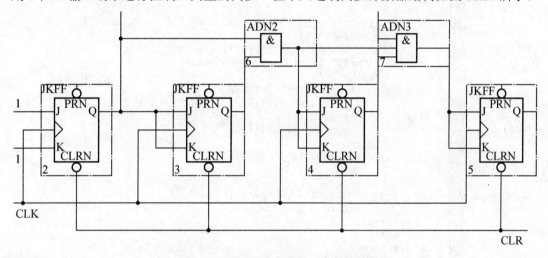

图 12.27 4 位十六进制同步计数器

典型的十六进制同步计数器,由四个 JK 触发器构成,Clk 为时钟信号,同时接在四个 JK 触发器的时钟输入端,Clr 为清零信号,除第一个 JK 触发器 J、K 为 1,其余的 J、K 端都由触发器的输出信号驱动。现在利用 VHDL 设计一个带使能端和清零端的,能递增和递减的十六进制计数器,同步十六进制位计数器逻辑真值表见表 12-7。

表 12-7 递增或递减同步十六进制计数器逻辑真值表

输	入			输	出		
En	Clr	Updn	Clk	Qa	Qb	Qc	Qd
0	1	X	X	0	0	0	0
1	0	X	X	保持	保持	保持	保持
1	0	1	↑	递增计数			
1	0	0	↑	递减计数			

从真值表可以看出,计数器满足的条件不同,其输出结果不同,可采取 VHDL 中的 IF-ELSE-THEN 条件结构进行描述。

电路 VHDL 程序如图 12.28 所示。

```
library ieee;
use ieee.std_logic_1164.all;
use ieee.std_logic_unsigned.all;
entity counter16 is
  port(clk,clr,en,updn:in std_logic;
       qa,qb,qc,qd:out std_logic);
end  counter16;
architecture arc of counter16 is
  signal count4:std_logic_vector(3 downto 0);--------(1)
    begin
      qa<=count4(0); qb<=count4(1);
      qc<=count4(2); qd<=count4(3);
    process(clk,clr)
      begin
        if(clr='1') then -----------------------------(2)
          count4<="0000";
        elsif(clk'event and clk='1') then
          if(en='1' ) then ---------------------------(3)
            if(updn='1') then ------------------------(4)
              if(count4="1111")then
                count4<="0000";
              else
                count4<=count4+'1';
              end if;
            elsif (count4="0000")then
              count4<="1111";
            else
              count4<=count4-'1';
            end if;
          end if;
        end if;
    end process;
```

图 12.28　同步十六进制计数器的 VHDL 程序

程序语句说明如下：

语句(1)定义了一个 4 位的信号；语句(2)判定 Clr 清零端是否为 1；语句(3)判定使能端是否为 1；语句(4)判定为递增还是递减。

仿真结果波形如图 12.29 和图 12.30 所示。

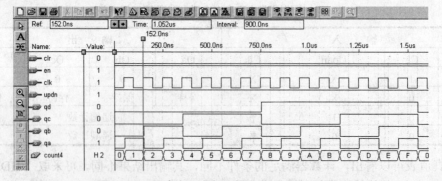

图 12.29　同步十六进制计数器递增计数仿真波形

第 12 章 数字电路 VHDL 设计实例

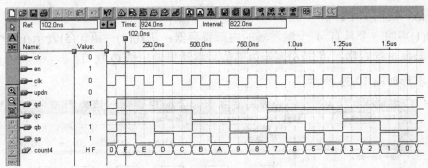

图 12.30 同步十六进制计数器递减计数仿真波形

12.2.4 移位寄存器设计

移位寄存器由一些触发器构成，在每个时钟脉冲到来时，移位寄存器中的数据(存储的二进制数)逐位右移或左移。

四个 J-K 触发器或 D 触发器，通常构成 4 位的移位寄存器。一串行输入 4 位右移移位寄存器结构如图 12.31 所示，其中每个触发器相互连接，通过移位脉冲的下降沿，每个触发器取得它左边触发器中存储的数，而触发器的状态则由下降沿到来时，移位寄存器中数据是否左移或右移决定，这可以通过改变结构体部分的赋值语句的顺序实现。

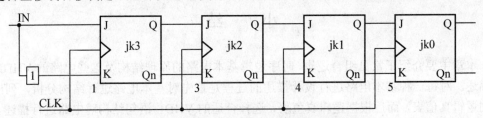

图 12.31 串行输入 4 位右移移位寄存器结构图

电路 VHDL 程序如图 12.32 所示。

```
library ieee;
use ieee.std_logic_1164.all;
entity shift is
  port(clk, ser_data    : in std_logic;
       q                : out std_logic_vector(3 downto 0));---(1)
end shift;
architecture arc of shift is
  signal shiftreg : std_logic_vector (3 downto 0);
  begin
    process (clk)
      begin
        if (clk'event and clk='0') then
          shiftreg(3)<= ser_data;--------------------------(2)
          shiftreg(2)<= shiftreg(3);----------------------(3)
          shiftreg(1)<= shiftreg(2);----------------------(4)
          shiftreg(0)<= shiftreg(1);----------------------(5)
        end if;
        q<=shiftreg;-------------------------------------(6)
      end process;
end arc;
```

图 12.32 串行输入 4 位右移移位寄存器的 VHDL 程序

程序语句说明如下：

语句(1)声明一个具有 4 个触发器的内部寄存器；语句(2)～语句(5)表示在每个时钟沿到来时，数据进行右移；语句(6)表示内部信号将结果输出给 Q 端口。

仿真结果波形如图 12.33 所示。

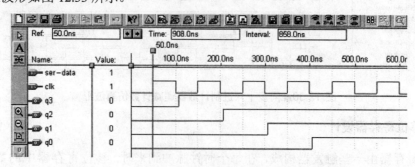

图 12.33　串行输入 4 位右移移位寄存器的仿真波形

从波形图中可看出，在 100ns 时，ser_data 为高电平，它将 Q3 设置为高电平(由程序中语句(2)描述)。从 Q3、Q2、Q1、Q0 的波形可以看出，数据在每个下降时钟沿到来时进行右移。

小　　结

本章主要介绍了常见组合逻辑、时序逻辑基本电路的原理结构及这些电路的 VHDL 语言描述。对每一种基本电路进行设计描述的过程是首先对基本电路进行结构分析，列出电路的逻辑真值表，而后根据逻辑真值表，选择合适的 VHDL 语句结构对电路进行描述。将电路 VHDL 源程序在 MAX+PlusⅡ环境下进行仿真，得到仿真波形以验证电路 VHDL 描述程序的正确性。本章对 VHDL 源程序中的一些关键语句作了一定的解释说明。通过学习本章读者，能够掌握如何运用 VHDL 语言进行简单数字逻辑电路的设计，为利用 VHDL 语言设计较复杂学习的数字电路系统奠定基础。

习　　题

1. 四选一选择器可用 case 语句和选择赋值语句实现，比较两种实现方法各有什么优缺点。
2. 利用 VHDL 描述一个三态门电路。
3. 用 if-else 语句设计 8 线-3 线编码器。
4. 用 VHDL 描述七段 LED 显示译码器 7447 IC。
5. 用 VHDL 描述 7474 D 触发器。
6. 一逻辑电路如图 12.34 所示，根据图示，列出输出 X 与输入 A、B、C 之间的关系表达式。然后利用 VHDL 语言对其描述，并在 MAX+PlusⅡ环境下进行仿真，得出仿真波形，验证关系表达式的正确性。

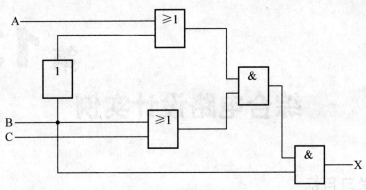

图 12.34 逻辑电路

7. 利用 VHDL 描述一计数器，功能与 74191 类似。
8. 利用 VHDL 描述一同步一百进制计数器。

第 13 章 综合电路设计实例

学习目标

- 熟悉电路系统设计的基本流程
- 通过 STC89C51 单片机控制板、ARM7 精简实验系统的设计进一步掌握原理图、原理图库元件的设计方法
- 通过 256MB 内存盘电路的设计掌握双面板 PCB 的设计方法
- 通过基于 CPLD(MAX II) 的交通灯控制器设计，进一步掌握 VHDL 描述电路的方法

本章知识结构

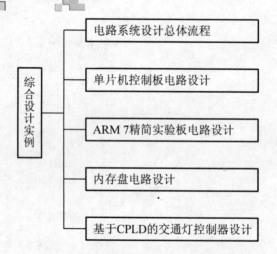

13.1 电路系统设计总体流程

电路系统设计的总体流程如图 13.1 所示,设计者接受系统设计任务后,首先分析、确定设计方案,并为该方案选取合适的元器件,再根据具体的元器件性能、参数设计电路原理图。原理图设计完成后,进行诸如数字电路的逻辑模拟、仿真、故障分析,对电路进行交直流分析、瞬态分析等,以验证电路功能方面的正确性。仿真通过后,根据电路原理图产生的网络表文件,进行 PCB 板的自动布局布线。在制作 PCB 板之前,还可以进行 PCB 分析,包括热分析、噪声及串扰分析、电磁兼容分析、可靠性分析等,以仿真 PCB 板在实际工作环境中的可行性,若没有通过仿真,应将分析后的结果反馈到 PCB 设计中,进行 PCB 图的修正,再对 PCB 进行仿真分析,仿真完全通过后,可进行 PCB 制板工作。

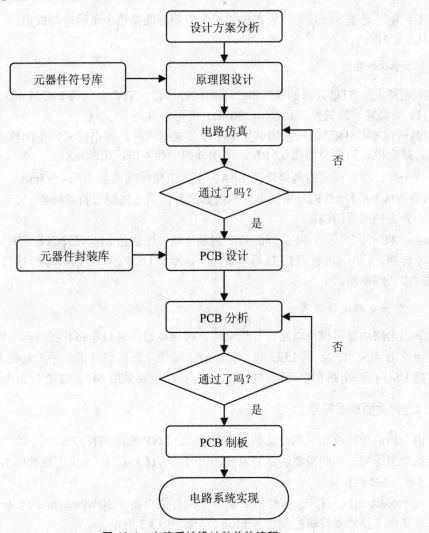

图 13.1 电路系统设计的总体流程

13.2 单片机控制板电路设计

将运算器、控制器、数据与程序存储器、输入/输出接口这四大部分集成在电路芯片上就形成了单片机，而有些单片机还集成了其他部分，如 A/D、D/A 转换器等。单片机因其体积小、功能强、应用面广等优点，在自动化控制领域树立了核心地位。单片机一般用 40 引脚封装，有些也有 68 个引脚的。常用典型的单片机有 Intel 公司的 MCS51 系列、STC 公司的 89 系列。

13.2.1 总体分析

本例电路是基于 51 单片机实现的用来控制智能循迹小车的控制板电路，单片机芯片为 STC89C51。

1. 核心部件简介

本电路采用 STC 公司的 STC89C51 为核心部件。STC 公司的 89C51 具有如下特点：
(1) 低功耗、超低价、高速(0~90M)、高可靠性。
(2) STC89C51RC/RD+系列单片机工作模式有三种：掉电模式、空闲模式、正常工作模式。掉电模式的典型功耗 0.5μA，可由外部中断唤醒，中断返回后，继续执行原程序，超强抗干扰；空闲模式的典型功耗 2mA；正常工作模式典型功耗 4~7mA。
(3) STC89C51RC/RD+系列单片机内部的看门狗电路经过特殊处理，打开后无法关闭，可放心省去外部看门狗。
(4) STC89C51 采用 40 引脚的 DIP 封装。整体还包括 MAX232CPE 芯片，用来实现串口电平转换，4 位七段数码 LED 显示管模块，A 型 USB 接口，DB9 串行接口，12M 晶振，复位端口，蜂鸣器。

2. 外围电路设计方案

外围电路由显示模块电路、复位电路、时钟电路、接口电路、扬声器电路组成。显示模块电路由 4 位七段数码 LED 显示管组成。复位电路的设计采用手工复位方式。接口电路包括 USB 接口电路和串行接口电路，串行接口电路采用 MAX3232 作为电平转换芯片。

13.2.2 创建原理图符号

由于精简控制板原理图中某些元件在 Protel DXP 原理图符号库中没有，故而需要自己创建原理图符号。本例需要创建的原理图符号为 STC89C51，4 位七段数码 LED 显示管模块，A 型 USB 接口。

在 Project 面板上右击，在弹出的菜单中执行菜单命令 New|Schematic Library 创建一名为原理图库文件"单片机控制板.SchLib"，如图 13.2 所示。

第 13 章 综合电路设计实例

图 13.2 新建的"单片机控制板.SchLib"原理图库文件

单击 Project 面板中的"单片机控制板.SchLib"项,启动原理图库编辑器,如图 13.3 所示。

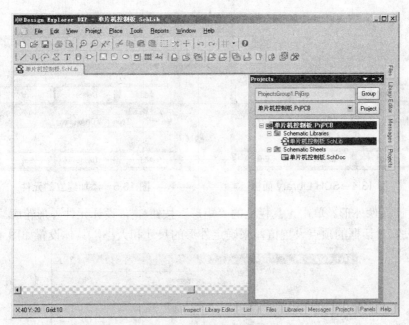

图 13.3 启动原理图库编辑器

单击图 13.3 下部的 Library Editor 按钮,弹出 SCH Library 面板,如图 13.4 所示。

图 13.4 所示的 SCH Library 面板中,系统已经默认建立了一个元件,双击这个元件,弹出此元件的属性对话框,因为这里设计 STC89C51 元件符号,故将 Default Designator 项改为"U?",Library Ref 项设置为"STC89C51",单击 OK 按钮,在 SCH Library 面板即出现了一个"STC89C51"的元件。由于我们还需要设计 4 位七段数码 LED 显示管模块和 A 型 USB 接口,故在 SCH Library 面板的元件列表栏里单击 Add 按钮,添加两个元件,元件名称为 7-SEGMENT 4-DIGIT LED DISPLAY 和 USB A,如图 13.5 所示。双击 SCH Library 面板中的某个元件,即可在 SCHLIB 编辑环境下设计该原理图符号。STC89C51 元件符号的设计步骤如下:

315

图 13.4　SCH Library 面板

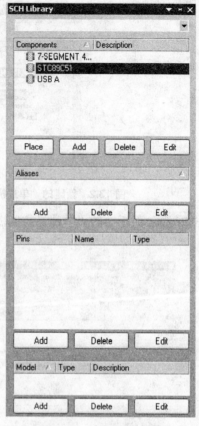

图 13.5　添加建立的元件

(1) 设计元件外形。单击工具栏上的"矩形"按钮 ，设计元件外形轮廓。通过元件外形属性设置对话框的顶点设置值，来确定外形的尺寸和大小，具体设置如图 13.6 所示。

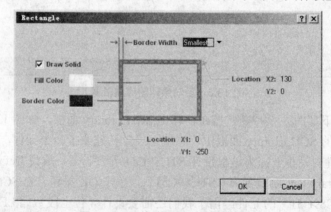

图 13.6　元件外形属性设置对话框

初步设计好的元件外形如图 13.7 所示。

第 13 章 综合电路设计实例

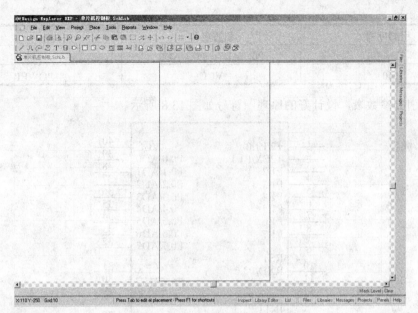

图 13.7 STC89C51 元件初步外形图

(2) 添加引脚。单击工具栏上的 按钮，为元件放置各个引脚。STC89C51 有 40 个引脚，各引脚序号与名称见表 13-1。

表 13-1 STC89C51 引脚参数表

引脚序号	引脚名称	类　　型
1	T2/P1.0	I/O
2	T2EX/P1.1	I/O
3～8	P1.2～P1.7	I/O
9	RST	INPUT
10	RXD/P3.0	I/O
11	TXD/P3.1	I/O
12	$\overline{INT0}$/P3.2	I/O
13	$\overline{INT1}$/P3.2	I/O
14	T0/P3.4	I/O
15	T1/P3.5	I/O
16	$\overline{WR}$/P3.6	I/O
17	$\overline{RD}$/P3.7	I/O
18～19	XTAL2～XTAL1	INPUT
20	VSS	POWER
21～28	P2.0/A8～P2.7/A15	I/O
29	$\overline{PSEN}$	OUTPUT
30	ALE/$\overline{PROG}$	OUTPUT
31	$\overline{EA}$	INPUT

续表

引脚序号	引脚名称	类　　型
32～39	P0.7/AD7～P0.1/AD0	I/O
40	VCC	POWER

根据引脚参数表，设计好的原理图符号如图 13.8 所示。

```
 1  T2/P1.0      VCC        40
 2  T2EX/P1.1    P0.0/AD0   39
 3  P1.2         P0.1/AD1   38
 4  P1.3         P0.2/AD2   37
 5  P1.4         P0.3/AD3   36
 6  P1.5         P0.4/AD4   35
 7  P1.6         P0.5/AD5   34
 8  P1.7         P0.6/AD6   33
                 P0.7/AD7   32
 9  RST
10  RXD/P3.0     EA         31
11  TXD/P3.1     ALE/PROG   30
12  INT0/P3.2    PSEN       29
13  INT1/P3.3
                 P2.7/A15   28
14  T0/P3.4      P2.6/A14   27
15  T1/P3.5      P2.5/A13   26
16  WR/P3.6      P2.4/A12   25
17  RD/P3.7      P2.3/A11   24
18  XTAL2        P2.2/A10   23
19  XTAL1        P2.1/A9    22
20  VSS          P2.0/A8    21
```

图 13.8　STC89C51 原理图符号

4 位七段数码 LED 显示管元件和 USB 接口元件设计步骤与上面类似，设计好的原理图符号分别如图 13.9 和图 13.10 所示。

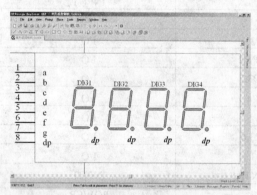

图 13.9　4 位七段数码 LED 显示管原理图符号

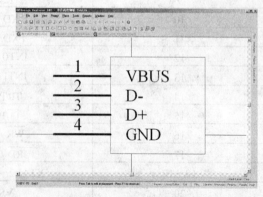

图 13.10　A 型 USB 原理图符号

特别提示

为元件添加引脚时，出现红色米字形的热点端是电气端，应该朝外，以便与其他元件相连。

第 13 章 综合电路设计实例

将设计好的 STC89C51 控制芯片、4 位七段 LED 管、USB-DEVICE 的相关外围电路，一起放置在原理图中，如图 13.11 所示。

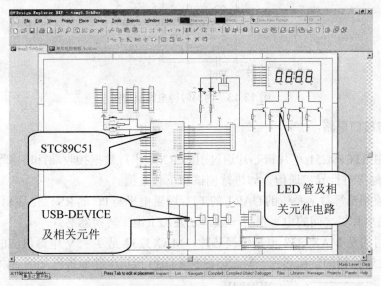

图 13.11 单片机控制板电路部分原理图

13.2.3 复位电路

单片机在工作之前都有个复位的过程。复位是让 CPU 及系统其他部件都处于确定的初始状态，并从初始状态开始工作。复位需要在单片机的 RESET 引脚上加上高电平，复位时间不少于 5ms。为了达到这个要求，可以用多种方法，如 RC 复位、看门狗复位、复位芯片复位。

RC 复位可采用上电自动复位和按键手动复位。本例采用按钮手动复位电路，其原理图如图 13.12 所示。

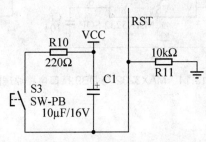

图 13.12 手动复位电路原理图

13.2.4 时钟电路

单片机可采用内部时钟或外部时钟。本例采用内部时钟电路，内部时钟电路原理图如图 13.13 所示。51 系列单片机采用晶振的频率一般为 12.0592MHz。

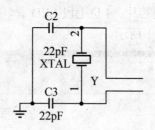

图 13.13　内部时钟电路原理图

13.2.5　串行接口电路

控制板中 STC89C51 单片机芯片通过引脚 RXD(串行数据接收端)和引脚 TXD(串行数据发送端)与外界进行异步通信，如进行调试和下载数据。

由于微控制器等数字系统的 UART 的 TTL 逻辑电平与 PC 的 RS-232 逻辑电平不兼容，为了使 PC 与单片机之间的电平保持一致，还要加上电平转换器芯片。

本例采用的是 MAX3232 电平转换芯片，MAX3232 是 3～5V 电源供应的，含有两对 RS-232 收/发转换器的转换芯片。MAX3232 与 DB9 接口电路原理图如图 13.14 所示。

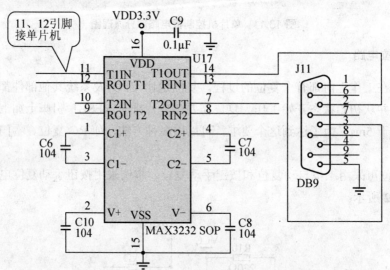

图 13.14　MAX3232 与 DB9 接口电路原理图

这里的 DB9 连接器使用的是插孔型的插座，DB9 插座无论是插针型的还是插孔型的，原理图元件都是一样的，可以从集成库 Miscellaneous Connectors.INTLIB 中找到。

13.2.6　扬声器电路

为控制板加一个扬声器电路，电路中主要元件是扬声器和 NPN 晶体管，两个原理图元件在 Miscellaneous.INTLIB 中可以找到。扬声器电路原理图如图 13.15 所示。

第 13 章 综合电路设计实例

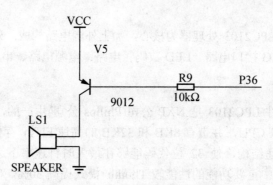

图 13.15 扬声器电路模块原理图

最后，调整各部分电路在原理图中的位置分布，完成后，智能循迹小车单片机控制板整体原理图如图 13.16 所示。

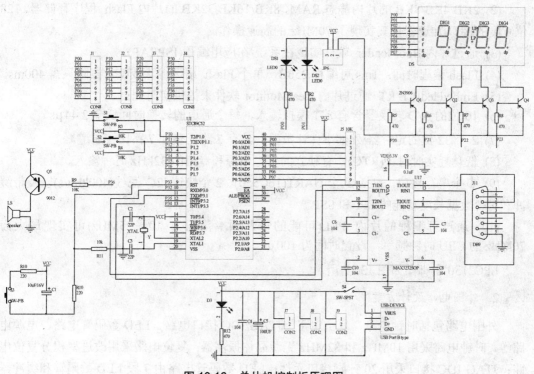

图 13.16 单片机控制板原理图

13.3 ARM 7 精简实验板电路设计

ARM 7 精简实验系统硬件结构简单，可以完成 LED 闪烁灯控制、计数器、UART、PW(脉宽调制)、中断控制等实验。

13.3.1 总体分析

该实验系统是以 LPC2103 处理器为核心，加上外围电路构成，外围电路主要包括时钟电路、复位电路、JTAG 接口电路、LED 数码管电路、电源电路、串口电路等。

1. 核心部件简介

本电路的核心部件 LPC2103 是 NXP 公司(Philips 公司)生产的，是一个基于支持实时仿真的 ARM7TDMI-S CPU，并带有 8KB 和 32KB 的高速 Flash 存储器。128 位宽度的存储器接口和独特的加速结构，使 32 位代码能够在最大时钟速率下运行。这可以使得中断服务程序和 DSP 算法中重要功能的性能较 Thumb 模式提高 30%。对代码规模有严格控制的应用，可使用 16 位 Thumb 模式将代码规模降低 30% 以上，而性能的损失却很小。主要特性如下：

(1) 16/32 位 ARM7TDMI-S 处理器，极小型 LQFP48 封装。

(2) 2KB/4KB/8KB 的片内静态 RAM，8KB/16KB/32KB 的片内 Flash 程序存储器，128 位宽度的接口/加速器使其实现了 70MHz 的高速操作。

(3) 通过片内 Boot-loader 软件实现在系统/在应用编程(ISP/IAP)。

(4) Flash 编程时间：1ms 可编程 256B，单个 Flash 扇区擦除或整片擦除只需 400ms。

(5) EmbeddedICE RT 通过片内 RealMonitor 软件来提供实时调试。

(6) 10 位的 A/D 转换器含有 8 个模拟输入，每个通道的转换时间低至 2.44μs。

(7) 2 个 32 位的定时器/外部事件计数器，具有 7 路捕获和 7 路比较通道。

(8) 低功耗实时时钟(RTC)，有独立的供电电源和专门的 32kHz 时钟输入。

(9) 多个串行接口，包括 2 个 UART(16C550)、2 个快速 I2C 总线(400kbit/s)以及带缓冲和可变数据长度功能的 SPI 和 SSP。

(10) 通过可编程的片内 PLL(可能的输入频率范围为 10～25MHz)可实现最大为 70MHz 的 CPU 时钟频率，设置时间为 100μs。

LPC2130 引脚图如图 13.17 所示。

2. 外围电路设计方案

外围电路包括时钟电路、复位电路、JTAG IDC 接口电路、LED 数码管电路、电源电路等。时钟电路采用 10MHz 和 32MHz 无源晶体振荡器；复位电路采用改进型积分复位电路；JTAG IDC 接口采用 20 针脚接口元件；LED 数码管电路由 7 段 LED 数码管和缓冲器构成；电源电路系统需要 1.8V 内核电压和 3.3V I/O 口电压，外界 5V 供电，通常采用 DC/DC 转换，可由 LM1117-33 或 AMS1117-18 来实现。

13.3.2 创建原理图符号

需要设计的原理图元件为 LPC2103、DC/DC 转换电源、JTAG IDC 接口、24WC02 元件。其他元件可在 Protel DXP 中自带的元件库中找到。LPC2103 原理图元件符号设计如下：

第 13 章 综合电路设计实例

执行菜单命令 File|new|Schematic Library,新建一个原理图元件库文件。单击 Projects 面板标签,打开 Projects 面板,将新建立的原理图库文件加入到"ARM7 实验板.PrjPCB"工程文件中,并更名为 LPC2103.Schlib,如图 13.18 所示。

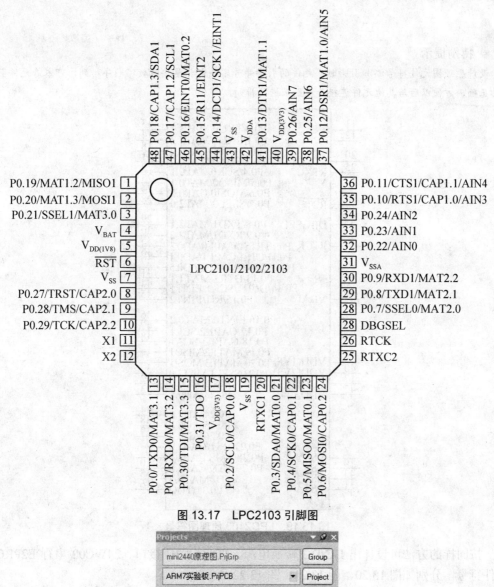

图 13.17 LPC2103 引脚图

图 13.18 LPC2103 库文件

切换到原理图库编辑器状态下,执行菜单命令 Place|Rectangle,此时在编辑环境下出现一个浮动的红色矩形虚线框,单击确定矩形框的起点,拖动鼠标到适当位置确定矩形

框的终点。执行菜单命令 Place|pin 或单击工具栏的 按钮，根据 LPC2103 的引脚信息图，为矩形框添加引脚，共需要添加 48 个引脚。添加好引脚后的 LPC2103 原理图符号如图 13.19 所示。

**特别提示**

设计原理图元件符号添加引脚时，元件的引脚序号不一定非要按照数字顺序排列，可本着元件引脚名称正确，方便以后与其他元件连接为原则来进行排列。

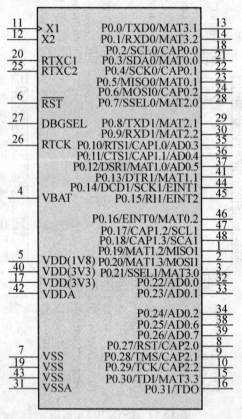

图 13.19 LPC2103 原理图符号

按同样的方法可设计出 DC/DC 转换电源、JTAG IDC 接口、24WC02 串行 E2PROM 元件符号，分别如图 13.20、图 13.21、图 13.22 所示。

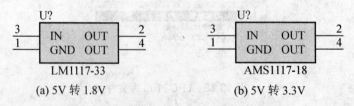

(a) 5V 转 1.8V   (b) 5V 转 3.3V

图 13.20 DC/DC 转换电源原理图

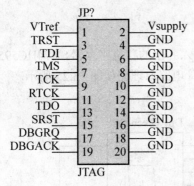

图 13.21 JTAG IDC 接口电路原理图　　图 13.22 24WC02 串行 E²PROM 原理图

13.3.3 时钟电路

LPC2103 的原理图符号的 11、12 引脚之间是内部时钟发生器的输入，20、25 引脚之间是实时时钟的输入，这两个端口用无源晶体振荡器作为时钟输入。11、12 引脚之间用 10MHz 的晶振，20、25 引脚之间用 32 768Hz 的晶振作为输入，如图 13.23 所示。

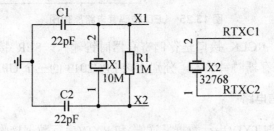

图 13.23 时钟电路原理图

13.3.4 复位电路

本例采用积分型复位电路，如图 13.24 所示。这种积分型复位电路放电时间常数与充电时间时间常数相比，一般都很小，可以解决由于重复开关电源，而造成上电复位不可靠的问题。

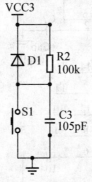

图 13.24 积分型复位电路原理图

13.3.5 LED 数码管电路

LED 数码管电路由七段 LED 数码管和 8 位串入并出的移位寄存器 SN74HC595D 构成，SN74HC595D 用来驱动 LED 数码管。LED 数码管电路原理图如图 13.25 所示。

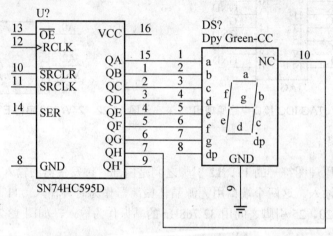

图 13.25 LED 数码管电路原理图

SN74HC595D 的 RCLK 接口是存储寄存器时钟输入，SER 接口为串行数据输入，SRCLK 接口为移位寄存器时钟输入，分别连接 LPC2013 的三个 GPIO 接口端。

13.3.6 串行接口通信电路

LPC2103 通过引脚 TXD(串行数据发送端)和 RXD(串行数据接收端)与外界通信。为了与普通 PC 的 RS-232 接口通信，需要在 LPC2103 的 UART 与 RS-232 接口之间，加入电平转换芯片 MAX3232。串行接口通信电路原理图如图 13.26 所示。

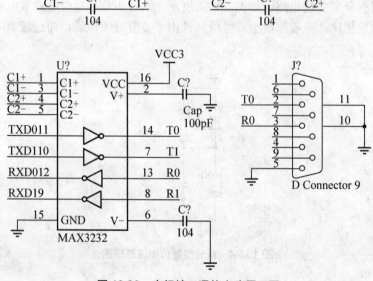

图 13.26 串行接口通信电路原理图

13.3.7 存储模块 24WC02 电路

24WC02 是一个 2K 位串行 CMOS 的 E²PROM，内部含有 128/256/512/1024/2048 个 8 位字节，CATALYST 公司的先进 CMOS 技术实质上减少了器件的功耗。这里选用 24WC02，主要是可进行"I²C 中断方式操作 E²PROM"的实验。24WC02 存储模块电路如图 13.27 所示。

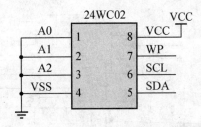

图 13.27　24WC02 存储模块电路原理图

13.3.8 ARM 7 实验板的电路连接

将各主要电路元件和电路模块单元，加上其他分立辅助元件，进行电路连接。引脚之间的连接可以通过导线直接相连或通过网络标号进行网络相连。导线直接相连方式直观，但由于导线过多，显得繁杂；通过网络标号进行网络相连，虽然显得不太直观，但电路清晰、规则，特别对于处理器上有很多引脚同时相连的情况，如对于地址总线相连就非常适合。设计比较复杂的电路，一般采用混合的相连方式。

要采用网络标号方式相连，须先对器件的引脚添加上网络标号。这里对 LPC2013 处理器引脚添加网络标号。在原理图编辑环境下，执行菜单命令 Place|Wire，为欲添加网络标号的引脚添加引脚延长线。执行菜单命令 Place|Net Label，出现十字形光标，移到欲添加网络标号的引脚处单击进行放置，然后双击网络标号，对其名称进行修改。修改完成后如图 13.28 所示。

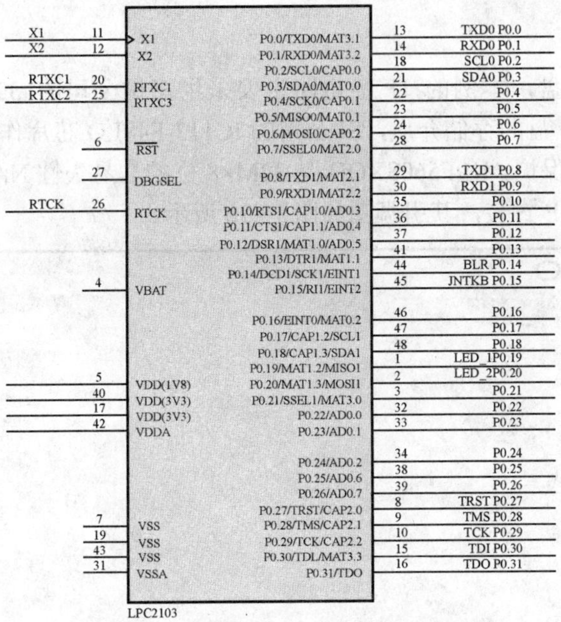

图 13.28　LPC2103 添加网络标号

对其他的各部分元件也添加上网络标号，调整各部分电路在原理图中的位置使分布得当，完成后，ARM 7 精简实验系统板整体原理图如图 13.29 所示。

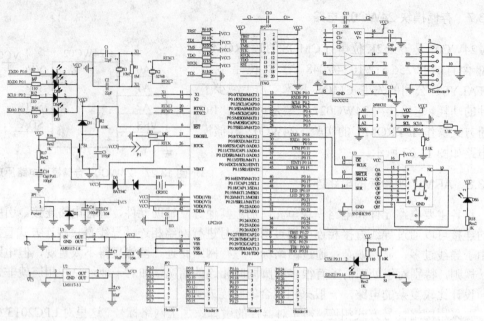

图 13.29　ARM7 精简实验系统板整体原理图

13.4　内存盘电路设计

13.4.1　总体分析

内存盘又称 U 盘，本例的 U 盘电路主要采用三星公司的 32M NAND 闪存芯片 K9F5608XOD 作为 U 盘的存储介质，SI 公司的 IC113-F48LQ 芯片作为 USB 接口 Flash 读写控制器。U 盘可写保护。K9F5608XOD 是 32M×8 位的非易失性 NAND 存储器，2.5V 供电，48 个引脚，TSOP 封装，其引脚图如图 13.30 所示。

图 13.30　K9F5608XOD 引脚图

IC1114-F48LQ 芯片是一个高速 8 位，每机器周期有 4 个时钟周期的微控制器，兼容 MCS-51，32KB 的程序 Flash，4MB 字节 SRAM 的数据存储区。支持在线系统编程，内含全速 USB 主接口控制模块，主从 IIC 和 uart 接口模块作为外界通信扩展。3.0~3.6V 供电，12MHz 的晶振作为输入，48 引脚的 LQFP 封装，其引脚图如图 13.31 所示。

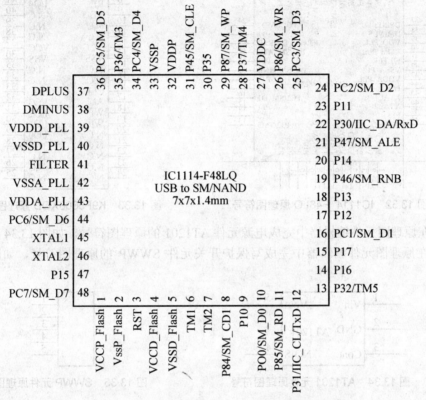

图 13.31　IC1114-F48LQ 芯片引脚名称图

IC113-F48LQ 芯片作为微控制器，可以从外设 USB 接口读入数据，存入 K9F5608XOD 中，也可以通过从 K9F5608XOD 中读取数据，利用 USB 接口传送到计算机中，从而实现 256MB 的 U 盘存储功能。

本例通过从原理图设计"更新"到 PCB 的设计方式完成其 U 盘电路的 PCB 设计。

13.4.2　原理图符号设计

该 U 盘电路需要的原理图元件为 IC1114-F48LQ、K9F5608XOD、AT1201、SW1A，对这些元件进行元件原理图符号设计。步骤如下：

(1) 新建原理图库文件，以"256MB U 盘电路设计.SchLib"为文件名保存。

(2) 在该原理图库文件中分别对各个元件进行编辑，编辑的元件 IC1114_F48LQ，如图 13.32 所示。

(3) 在原理图元件编辑器中完成的 K9F5608XOD 元件符号如图 13.33 所示。

电子线路 CAD

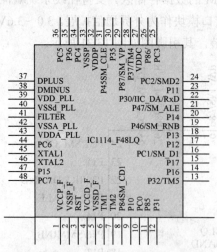

图 13.32 IC1114_F48LQ 原理图符号　　图 13.33 K9F5608XOD 原理图符号

(4) 在原理图元件编辑器中完成电源元件 AT1201 的原理图符号，如图 13.34 所示。

(5) 在原理图元件编辑器中完成写保护开关元件 SWWP 的原理图符号，如图 13.35 所示。

图 13.34 AT1201 元件原理图符号　　图 13.35 SWWP 元件原理图符号

13.4.3 放置元件、布局、连线

新建一原理图文件，保存为"U 盘电路设计.Schdoc"。启动原理图库面板，调用 U 盘所需要的各个元件，放置到原理图中，将各个元件用导线连接起来，形成各个功能电路部分。其中除 IC1114_F48LQ 控制电路、K9F5608XOD 存储器电路外，其余重要的电路有晶振电路部分、USB 接口电路部分、滤波电路部分、写保护开关电路部分。

(1) 晶振电路部分如图 13.36 所示。

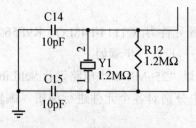

图 13.36 晶振电路模块原理图

(2) USB 接口电路部分如图 13.37 所示。

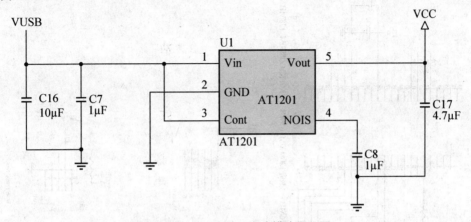

图 13.37　USB 接口电路模块原理图

(3) 滤波电路部分原理图如图 13.38 所示。

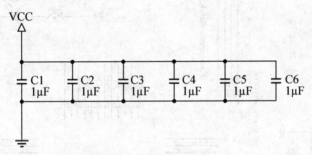

图 13.38　滤波电路模块原理图

(4) 写保护开关部分原理图如图 13.39 所示。

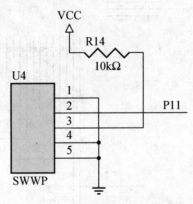

图 13.39　写保护电路模块原理图

将这些电路部分和分立元件放置到原理图中，布局并且连接好导线，结果如图 13.40 所示。

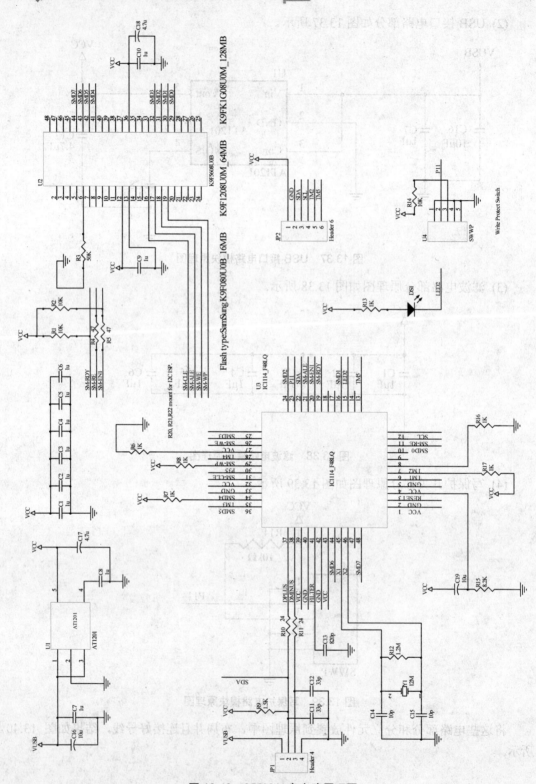

图 13.40 256M U 盘电路原理图

13.4.4　U 盘 PCB 电路板参数设置

设置 U 盘 PCB 电路板参数，包括 PCB 板层数设置与电气边界设置。

在工程文件下，执行菜单命令 File|New|PCB，新建一 PCB 文件。在 PCB 编辑环境下，执行菜单命令 Design|Layer Stack Manager，弹出 PCB 面板设置对话框，将其设置为双面板，如图 13.41 所示。

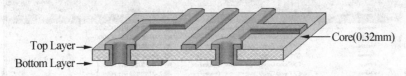

图 13.41　PCB 板层设置

设置完成后单击 OK 按钮，返回到 PCB 编辑界面。

切换到 PCB 文件下的 Keep Out Layer 面板标签，执行菜单命令 Place|Line，在禁止布线层上绘制电气边界，绘制好的电气边界如图 13.42 所示。

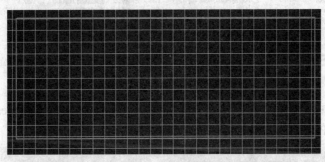

图 13.42　PCB 电气边界

切换到 PCB 文件下的 Mechanical1 层，执行菜单命令 Place|Pad，在机械层上放置焊盘作为固定安装孔，根据实际情况修改焊盘大小，这里设置焊盘直径为 3mm，如图 13.43 所示。

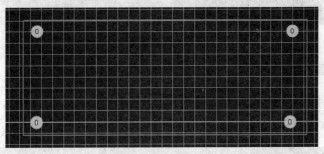

图 13.43　放置固定安装孔图

特别提示

电气边界应该是一封闭图形，绘制时应该特别注意。为了使设计时更精确方便，应在 PCB 图纸设置对话框中，将尺度单位设置为 mm。

13.4.5 网络表和封装载入

在 U 盘电路设计原理图下,执行菜单命令 Design|Update PCB U 盘电路设计,弹出 Engineering Change Order 对话框,单击 按钮,执行元件检查操作,主要检查元件封装是否被正确载入,检查结果如图 13.44 所示。

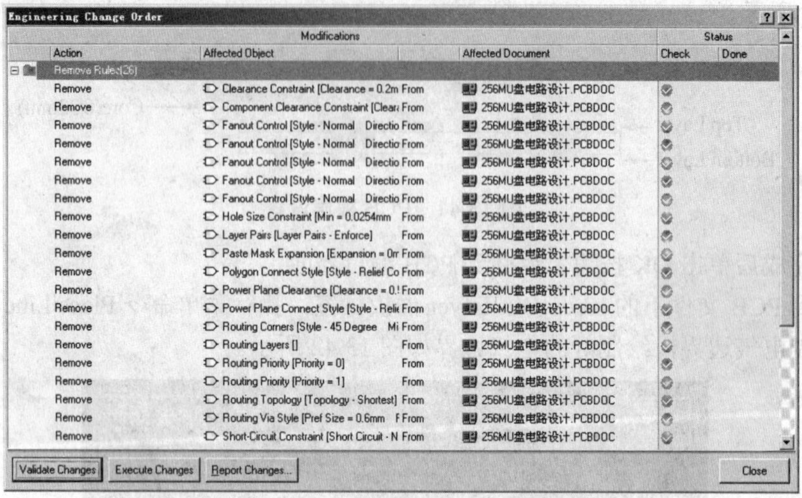

图 13.44 工程变换命令对话框

若 Status 栏中的 Check 列全部都为正确状态。单击 Execute Changes 按钮,将元件封装及网络表载入 PCB 中。载入的结果如图 13.45 所示。

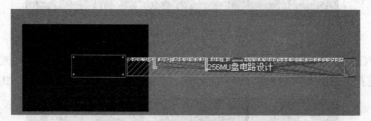

图 13.45 载入的网络表和元件封装

13.4.6 元件布局

根据各个元件的连接关系,对元件进行布局。首先放置主要关键元件,本例的主要封装元件为 QFP12x13-G48 / N 和 TSOP48,将其放置在合适位置,如图 13.46 所示。

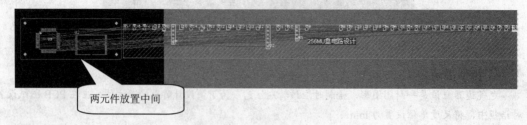

图 13.46 放置主要元件

以"PCB 布局原则"为依据将其他元件分类布局,本例电路并不复杂,因此最好采用手工布局。布局好的 PCB 图如图 13.47 所示。

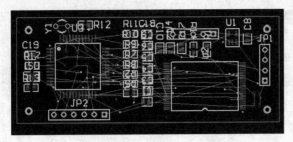

图 13.47 完成布局的 U 盘 PCB 图

13.4.7 U 盘电路 PCB 布线

在布线之前首先要进行布线规则设置。布线规则主要是对导线之间的安全间距、线宽、布线结构、布线优先级、过孔类型等进行设置。执行菜单命令 Auto Route|All,弹出布线设置对话框,单击 Routing Rules... 按钮,弹出电气特性设置对话框,如图 13.48 所示。本例中主要对线宽、安全间距、拓扑布线结构、过孔类型、布线拐角样式、敷铜层连接方式等进行如下设置:

(1) 线宽设置有三项,即最小线宽为 8mil,典型线宽为 10mil,最大线宽为 12mil。

(2) 最小安全间距为 10mil。布线拓扑结构选择 Shortest 结构。

(3) 过孔类型(即 Routing Vias)设置:外孔最大、最小、典型尺寸均为 25mil,内孔最大、最小、典型尺寸为 12mil。

(4) 布线拐角样式(Routing Corners)设置为 45°拐角。

(5) 敷铜层连接方式(Polygon Plane connect style)设置: Connect Style(敷铜连接方式)设置为 Relief Connect (导线直接连接), Conductors(导铜的数目)设置为 4,导铜的连接类型设置为 45°, Conductors Width(铜线宽度)设置为 0.2 mm。

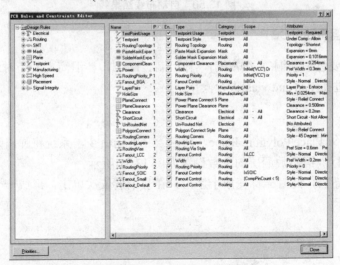

图 13.48 电气特性设置对话框

电气规则设置完成后,利用 Protel DXP 提供的自动布线器进行自动布线。执行菜单命令 Auto Route|All,弹出自动布线器参数设置对话框,如图 13.49 所示。

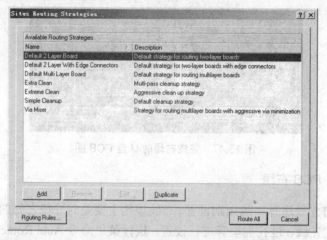

图 13.49 自动布线器参数设置对话框

选择布线策略,这里采用默认的双面板布线策略。单击 按钮,开始自动布线。自动布线的结果如图 13.50 所示。

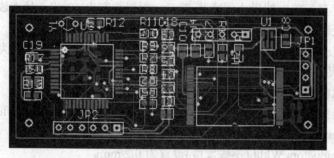

图 13.50 自动布线结果

13.4.8 完善 U 盘电路 PCB

完善工作主要包括敷铜(又作覆铜)、补泪滴、DRC。补泪滴主要是对地(GND)、电源(VCC)、焊盘和过孔(Pad and vias)进行操作。

1. 敷铜

执行菜单命令 Place|Polygon Plane,激活绘制敷铜命令,系统将弹出敷铜层属性设置对话框。对地进行敷铜,敷铜层的参数设置如图 13.51 所示。

单击 OK 按钮后,此时光标变成十字形,在敷铜层依次单击,形成一个多边形,完成后如图 13.52 所示。

第 13 章 综合电路设计实例

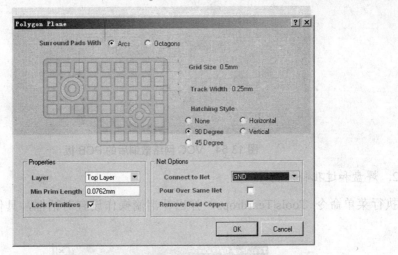

图 13.51 敷铜层属性设置对话框

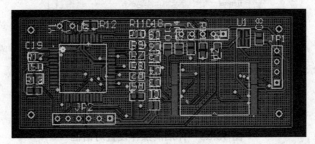

图 13.52 GND 网络敷铜后的 PCB 板

电源敷铜，敷铜层的参数设置如图 13.53 所示。

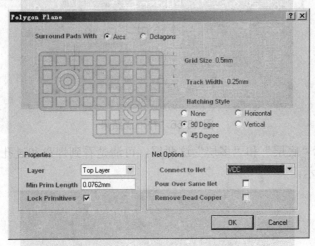

图 13.53 敷铜层参数设置

单击 OK 按钮，对 VCC 网络敷铜后的 PCB 板如图 13.54 所示。

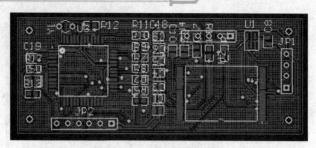

图 13.54　VCC 网络敷铜后的 PCB 板

2. 焊盘和过孔补泪滴

执行菜单命令 Tools|Teardrops，弹出补泪滴操作设置对话框，具体设置如图 13.55 所示。

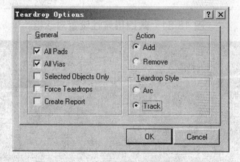

图 13.55　补泪滴操作设置对话框

单击 OK 按钮，补泪滴结果如图 13.56 所示。

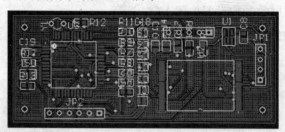

图 13.56　补泪滴结果

若设置只显示"底层"和"多层"这两层，可清楚看到焊盘和过孔附近有"泪滴"效果，如图 13.57 所示。

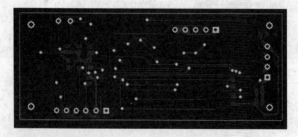

图 13.57　"底层"和"多层"上的补泪滴效果

第13章 综合电路设计实例

3. 设计规则检查 DRC

完成 PCB 制作后，执行 PCB 设计规则检查。生成的结果报表如图 13.58 所示。

```
Protel Design System Design Rule Check
PCB File : \Backup1\桌面\U盘电路设计.PCBDOC
Date     : 2009-5-4
Time     : 9:43:16

Processing Rule : Short-Circuit Constraint (Allowed=Not Allowed) (All),(All)
Rule Violations :0

Processing Rule : Broken-Net Constraint ( (All).)
Rule Violations :0

Processing Rule : Clearance Constraint (Gap=0.2mm) (All),(All)
Rule Violations :0

Processing Rule : Width Constraint (Min=0.2mm) (Max=0.3mm) (Prefered=0.2mm) (All)
Rule Violations :0

Processing Rule : Hole Size Constraint (Min=0.0254mm) (Max=2.54mm) (All)
Rule Violations :0

Processing Rule : Width Constraint (Min=0.2mm) (Max=0.3mm) (Prefered=0.3mm) (InNet('VCC') Or InNet('VUSB'))
Rule Violations :0


Violations Detected : 0
Time Elapsed        : 00:00:01
```

图 13.58 PCB 的 DRC 报表

从结果报表可以看出，每项规则检查的错误均为"0"，表示通过了 DRC 的检查，至此，256MB 的 U 盘电路的 PCB 已设计完成。

13.5 基于 CPLD 的交通灯控制器设计

13.5.1 总体分析

本例设计一个交通灯控制器，用于十字路口上，东西和南北方向上各放置一组数码管用于显示倒计时。东西方向各灯显示时间为：红灯 45s，绿灯 30s，黄灯作为过渡 5s；南北方向各灯显示时间为：红灯 35s，绿灯 40s，黄灯作为过渡 5s；夜间凌晨由于交通道上车辆行驶数量稀少，交通灯处于黄灯状态，道路常通。完成一次循环分四步，共需要 80s，交通灯工作状态见表 13-2(表中 1 表示灯亮，0 表示灯灭)。

表 13-2 交通灯工作状态表

方向	秒 数											
	0～29s			30～34s			35～74s			75～79s		
	红	绿	黄	红	绿	黄	红	绿	黄	红	绿	黄
东 西	0	1	0	0	0	1	1	0	0	1	0	0
南 北	1	0	0	1	0	0	0	1	0	0	0	1

特别提示

黄灯亮是作为同一支路上(东西方向或者南北方向)绿灯灭转向红灯亮的过渡提示，因此黄灯总在绿灯灭后才亮，而不是在红灯灭后才亮。当一支路的黄灯亮时，另一支路的红灯未灭。

通过对设计要求的分析，基于模块化设计思想，此交通灯控制器可由时钟信号分频模块、主控制模块、显示模块构成。

时钟信号分频模块用于对晶振信号进行分频，产生 1HZ 的时钟信号，提供其它模块所需要的时钟输入。

主控制模块用来实现交通灯的逻辑和时序控制。

个十位提取模块用于将计数的十位和个位分开，作为译码模块的输入。

译码模块用于将个十位提取模块输出的信号，经过译码以驱动七段数码管模块显示倒计时。

设计总电路原理框图如图 13.59 所示，从图中可以看出，各个模块是独立的，对于每个独立模块，相应有一个 VHDL 实体与其对应，并且将 VHDL 描述的各个独立模块生成底层图元，最后将各个图元组合，可形成如系统总电路图，该电路仿真通过后，通过 JTAG 接口编程下载到 CPLD，实现交通灯控制器的设计。

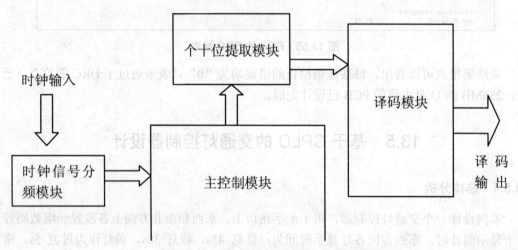

图 13.59 交通灯控制器设计总电路原理框图

13.5.2 时钟信号分频电路模块 VHDL 设计

整个电路以 10kHz 的频率输入，对于主控制电路和显示电路模块以 1Hz 时钟脉冲作为输入。Clk10k 表示 10kHz 的输入时钟信号，Clk1 表示分频后得到 1Hz 输出信号。此模块的 VHDL 程序如下：

```
library ieee;
use ieee.std_logic_1164.all;
use ieee.std_logic_arith.all;
use ieee.std_logic_unsigned.all;
entity freq is
  port
    (clk10k:in std_logic; clk1: out std_logic );
end freq;
architecture count of freq is
  signal tout:integer range 0 to 4999;
```

```
      signal clk:std_logic;
    begin
      process(clk10k)
        begin
          if rising_edge(clk10k) then
            if tout=4999 then
              clk<=not clk;
              tout<=0;
            else tout<=tout+1;
            end if;
          end if;
      end process;
  clk1<=clk;
  end count;
```

13.5.3 主控制模块 VHDL 设计

以 RedEW、GreenEW、YellowEW 分别表示东西方向上的红、绿、黄灯信号输出，高电平有效，以 RedNS、GreenNS、YellowNS 分别表示南北方向上的红、绿、黄灯信号输出，高电平有效。Rst 输入表示复位输入信号；Hold 输入表示保持功能信号，Hold 高电平时，黄灯长亮，停止计数。此模块的 VHDL 程序如下：

```
library ieee;
use ieee.std_logic_1164.all;
use ieee.std_logic_arith.all;
use ieee.std_logic_unsigned.all;
entity jtdcontr is
  port(clk_1  : in    std_logic;
       rst    : in    std_logic;
       hold : in    std_logic;
       countew,countns      : out   integer range 0 to 40;
       redew,greenew,yellowew: out std_logic;
       redns,greenns,yellowns: out std_logic
       );
end jtdcontr;
architecture arc of jtdcontr is
  signal countnum: integer range 0 to 80;
    begin
      process(clk_1)
        begin
          if rst='1' then
            countnum<=0;
          elsif rising_edge(clk_1) then
            if countnum=79 then
              countnum<=0;
            else
              countnum<=countnum+1;
            end if;
```

```
            end if;
  end process;
  process(clk_1)
    begin
      if rising_edge(clk_1) then
        if hold='1' then
           redew<='0';
           greenew<='0';
           yellowew<='1';
           redns<='0';
           greenns<='0';
           yellowns<='1';
        else
          if countnum<=29 then
             countew<=29-countnum;
             countns<=34-countnum;
             redew<='0';
             greenew<='1';
             yellowew<='0';
             redns<='1';
             greenns<='0';
             yellowns<='0';
          elsif (countnum<=34) then
             countew<=34-countnum;
             countns<=34-countnum;
             redew<='0';
             greenew<='0';
             yellowew<='1';
             redns<='1';
             greenns<='0';
             yellowns<='0';
          elsif(countnum<=74) then
             countew<=79-countnum;
             countns<=74-countnum;
             redew<='1';
             greenew<='0';
             yellowew<='0';
             redns<='0';
             greenns<='1';
             yellowns<='0';
          else
             countew<=79-countnum;
             countns<=79-countnum;
             redew<='1';
             greenew<='0';
             yellowew<='0';
             redns<='0';
             greenns<='0';
             yellowns<='1';
```

```
            end if;
          end if;
        end if;
    end process;
end arc;
```

13.5.4 提取十位及个位数模块 VHDL 设计

numin 表示输入，numone 表示个位数字输出，numten 表示十位数字输出，此模块的 VHDL 程序如下：

```
library ieee;
use ieee.std_logic_1164.all;
use ieee.std_logic_arith.all;
use ieee.std_logic_unsigned.all;
entity tiqu is
  port(clock:in std_logic;
       numin: in integer range 0 to 45;
       numone:out integer range 0 to 9;
       numten:out integer range 0 to 9
       );
end;
architecture arc of tiqu is
  begin
    process(clock)
      begin
        if rising_edge(clock) then
          if numin>=40 then
             numten<=4;
             numone<=numin-40;
          elsif numin>=30 then
             numten<=3;
             numone<=numin-30;
          elsif numin>=20 then
             numten<=2;
             numone<=numin-20;
          elsif numin>=10 then
             numten<=1;
             numone<=numin-10;
          else
             numten<=0;
             numone<=numin;
          end if;
        end if;
    end process;
end arc;
```

13.5.5 译码模块 VHDL 设计

此模块电路完成将显示数值译码并驱动七段数码 LED 显示的功能。此模块的 VHDL 程序如下：

```vhdl
library ieee;
use ieee.std_logic_1164.all;
use ieee.std_logic_arith.all;
use ieee.std_logic_unsigned.all;
entity decoder is
  port
    (clock :in std_logic;
     qin   :in std_logic_vector(3 downto 0);
     display:out std_logic_vector(0 downto 6));
end;
architecture light of decoder is
  signal timeout :integer range 0 to 11;
    begin
      process(clock)
        begin
          if rising_edge(clock) then
            if(timeout=11) then
              timeout<=0;
            else
              timeout<=timeout+1;
            end if;
          end if;
          if(timeout<=11) then
            case qin is
              when "0000"=>display<="1111110";
              when "0001"=>display<="0110000";
              when "0010"=>display<="1101101";
              when "0011"=>display<="1111001";
              when "0100"=>display<="0110011";
              when "0101"=>display<="1011011";
              when "0110"=>display<="0011111";
              when "0111"=>display<="1110000";
              when "1000"=>display<="1111111";
              when "1001"=>display<="1111011";
              when others=>display<="0000000";
            end case;
          else
            display<="0000000";
          end if;
        end process;
end light;
```

各个模块编译通过后，利用 MAX+PlusⅡ的电路模块生成功能，生成各电路模块，将各个电路模块用导线连接起来，形成图 13.60 所示的控制器原理图。在 MAX+PlusⅡ环境下仿真，取一个时间周期 80s，得到交通灯控制器仿真波形如图 13.61 所示。

第 13 章 综合电路设计实例

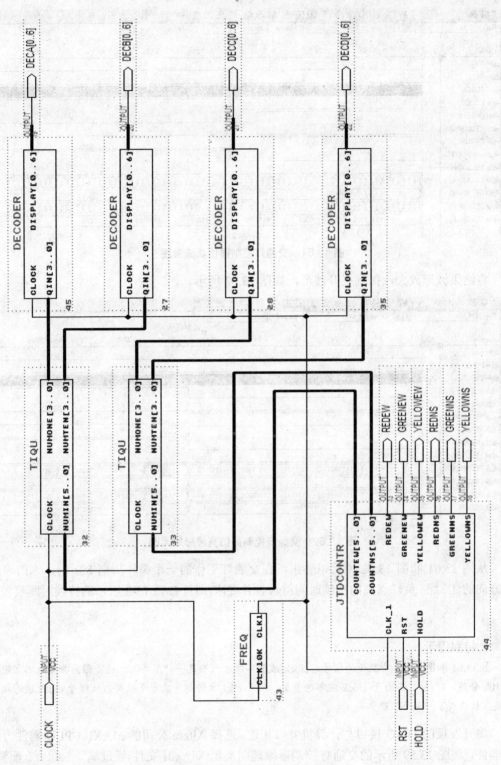

图 13.60 交通灯控制器总原理图

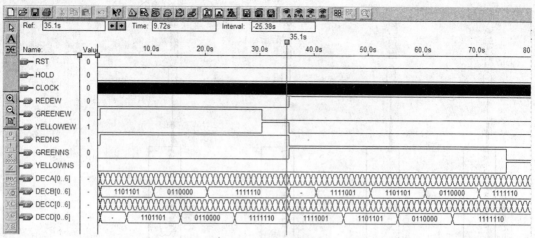

图 13.61 交通灯控制器仿真波形图

将结果波形放大,得到展开波形,如图 13.62 所示。

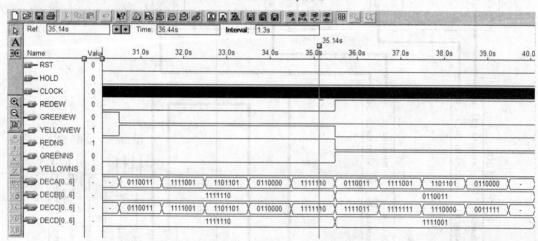

图 13.62 交通灯控制器仿真波形放大图

从图 13.61 和图 13.62 中可以看出,在交通灯工作的一个循环周期 80s 内,东西、南北方向的红、绿、黄灯点亮的持续时间符合设计要求(即符合表 13-2 所示的持续时间要求)。

特别提示

图 13.61 和图 13.62 中显示的信号,clock 波形不像波形而是一"黑条",这是因为分频电路实现的是 10k 分频,即经过 5000 个 clock 波形的重复,信号 clk1 才进行一次电平跃变,故信号 clock 波形相当密集,故造成了"黑条"现象。

将开发板的 JTAG 接口与计算机并口相连,选择 Altera 公司的 MAXII CPLD 器件为下载器件,将图 13.59 所示的交通灯控制器原理图文档(即*.gdf 文件)经过编译、综合、配置、优化所得到的二进制烧录文件下载到 CPLD(MAXII)中,运行情况如图 13.63 所示。经过运行测试，完全符合交通灯控制器的设计要求。

图 13.63 开发板上交通灯控制器的运行情况

阅读材料 13-1

CPLD/FPGA 厂商简介

随着可编程逻辑器件应用的日益广泛，许多 IC 制造厂家涉足 PLD/FPGA 领域。目前世界上有十几家生产 CPLD/FPGA 的公司，其中最大三家为 ALTERA、XILINX、Lattice，其中 ALTERA 和 XILINX 占有了 60%以上的市场份额。

1. 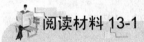公司

ALTERA 公司成立于 1983 年，总部位于美国加州圣何塞，拥有分布在 19 个国家的 2600 多名员工。20 世纪 90 年代以后发展很快，为全球最大的可编程逻辑器件供应商之一。

ALTERA 公司是可编程逻辑解决方案的倡导者，ALTERA 的 FPGA、CPLD 和 Hard Copy® ASIC 结合软件工具、知识产权和客户支持，已至少为全世界 12000 名客户提供了非常有价值的可编程解决方案。

1) 主流 CPLD 产品

MAX II: 新一代 PLD 器件，0.18μm Falsh 工艺，2004 年底推出，采用 FPGA 结构，配置芯片集成在内部，和普通 PLD 一样上电即可工作。容量比上一代大大增加，内部集成一片 8KB 串行 EEPROM，增加了很多功能。MAX II 采用 2.5V 或者 3.3V 内核电压，MAXII G 系列采用 1.8V 内核电压。

2) 主流 FPGA 产品

ALTERA 的主流 FPGA 分为两大类，一种侧重低成本应用，容量中等，性能可以满足一般的逻辑设计要求，如 Cyclone，CycloneⅡ；还有一种侧重于高性能应用，容量大，性能能满足各类高端应用，如 Startix，StratixⅡ等。用户可以根据自己实际需求进行选择。

① Cyclone(飓风)：ALTERA 中等规模 FPGA，2003 年推出，0.13μm 工艺，1.5V 内核供电，与 Stratix 结构类似，是一种低成本 FPGA 系列，且是目前主流产品，其配置芯片也改用全新的产品。

② Cyclone Ⅱ：Cyclone 的下一代产品，2005 年开始推出，90nm 工艺，1.2V 内核供电，属于低成本 FPGA，性能和 Cyclone 相当，提供了硬件乘法器单元。

③ Stratix：ALTERA 大规模高端 FPGA，2002 年中期推出，0.13μm 工艺，1.5V 内核供电。集成硬件乘加器，芯片内部结构比 ALTERA 以前的产品有很大变化。

④ Stratix Ⅱ：Stratix 的下一代产品，2004 年中期推出，90nm 工艺，1.2V 内核供电，为大容量高性能 FPGA。

2. 公司

XILINX 是全球领先的可编程逻辑完整解决方案的供应商。XILINX 公司成立于 1984 年，其首创了现场可编程逻辑阵列(FPGA)这一创新性的技术，并于 1985 年首次推出商业化产品。XILINX 研发、制造并销售范围广泛的高级集成电路、软件设计工具以及作为预定义系统级功能的 IP(Intellectual Property)核。客户使用 XILINX 及其合作伙伴的自动化软件工具和 IP 核对器件进行编程，可完成特定的逻辑操作。

1) 主流 CPLD 产品

① XC9500：Flash 工艺 CPLD，常见型号有 XC9536、XC9572、XC95144 等。型号后两位数表示宏单元数量。

② CoolRunner-Ⅱ：1.8V 低功耗 CPLD 产品。

2) 主流 FPGA 产品

XILINX 的主流 FPGA 分为两大类，一种侧重低成本应用，容量中等，性能可以满足一般的逻辑设计要求，如 Spartan 系列；还有一种侧重于高性能应用，容量大，性能能满足各类高端应用，如 Virtex 系列。用户可以根据自己实际需求进行选择。

① Spartan-3/3L：新一代 FPGA 产品，结构与 Virtex Ⅱ 类似，全球第一款 90nm 工艺 FPGA，1.2V 内核，于 2003 年开始陆续推出。

② Spartan-3E：XILINX 最新推出的低成本 FPGA，基于 Spartan-3/3L，对性能和成本进一步优化。

③ Virtex-4：XILINX 最新一代高端 FPGA 产品，包含三个子系列：LX，SX，FX。

④ Virtex-Ⅱ：2002 年推出，0.15μm 工艺，1.5V 内核，大规模高端 FPGA 产品。

⑤ Virtex-Ⅱ pro：基于 Virtex Ⅱ 的结构，内部集成 CPU 和高速接口的 FPGA 产品。

3. Lattice 公司

Lattice(莱迪思)是 ISP(在线可编程)技术的发明者，ISP 技术极大促进了 CPLD 产品的发展，20 世纪 80 年代和 90 年代初是其高速发展的黄金时期。Lattice 中小规模 CPLD/FPGA 比较有特色，种类齐全，性能不错。1999 年 Lattice 收购 Vantis(原 AMD 子公司)，2001 年收购 Lucent 微电子的 FPGA 部门，2004 年以后开始大规模进入 FPGA 领域，是世界第三大可编程逻辑器件供应商。目前 Lattice 公司在上海设有研发部门。

1) 主流 CPLD 产品

① MachXO：LATTICE 利用 FPGA 技术和结构设计的新一代 CPLD，0.13μm Flash 工艺。不需要加载，和传统 CPLD 一样上电即可工作。部分型号还集成锁相环和 RAM

块，功能接近 FPGA。

② IspMACH4000V/B/C/Z: LATTICE 收购 Vantis 公司以后推出的 CPLD，目前的主流 CPLD 产品，0.18μm 工艺。其中 4000Z 系列是零功耗 CPLD，静态功耗非常低，适用于电池供电系统。

2) 主流 FPGA 产品

① Lattice ECP2: Lattice 最新的低成本 FPGA 产品，90nm 工艺，1.2V 内核供电。Lattice ECP2 包含硬件乘法器。

② Lattice ECP2M: 第一款在低成本 FPGA 产品上集成 Serdes 高速收发模块的 FPGA，逻辑部分和 ECP2 一样。

③ Lattice SC: Lattice 最新的高性能 FPGA 产品，90nm 工艺，1.2V 内核供电，带高速串行接口。

④ Lattice EC/ECP: Lattice 的 FPGA 产品，0.13μm 工艺，1.5V 内核供电。Lattice EC 不包含 DSP 单元，侧重于普通逻辑应用，ECP 包含 DSP 模块，可用于数字信号处理。该 FPGA 可以使用通用的存储器给 FPGA 进行配置，不需要专用的配置芯片。

⑤ Lattice XP: Lattice 的 FPGA 产品，Lattice XP 器件将非易失的 Flash 单元和 SRAM 技术组合在一起，不需要配置芯片，提供了支持"瞬间"启动和无限可重复配置的单芯片解决方案。包含一个分布在 Lattice XP 器件中的 Flash 单元阵列存储器件的配置。在上电时，该配置在 1ms 内从 Flash 存储器中被传送到配置 SRAM 中，提供了瞬时上电的 FPGA。

4. Actel 公司

反熔丝(一次性烧写)CPLD 的领导者，由于反熔丝 CPLD 抗辐射、耐高低温、功耗低、速度快，所以在军品和宇航级市场上有较大优势。ALTERA 和 XILINX 则较少涉足军品和宇航级市场。

5. CYPRESS 公司

Cypress 半导体公司生产高性能 IC 产品，用于数据传输、远程通信、PC 和军用系统。公司 1982 年成立，是一家国际化大公司。CPLD/FPGA 不是 Cypress 的主要业务，但有一定的用户群。

6. QUICKLOGIC 公司

专业 CPLD/FPGA 公司，以一次性反熔丝工艺为主，有一些集成硬核的 FPGA 比较有特色，但在中国地区总体上销售量不大。

7. ATMEL 公司

ATMEL 公司成立于 1984 年，总部位于美国，是世界上高级半导体产品设计、制造和行销的领先者，产品包括了微处理器、可编程逻辑器件、非易失性存储器、安全芯片、混合信号及 RF 射频集成电路。CPLD/FPGA 不是 ATMEL 公司的主要业务，但其中小规模 CPLD 做得不错。ATMEL 也做了一些与 ALTERA 和 XILINX 兼容的片子，但在品质上与之还是有一些差距，在高可靠性产品中使用较少，多用在低端产品上。

8. WSI 公司

生产 PSD(单片机可编程外围芯片)产品。这是一种特殊的 CPLD，型号如 PSD8xx、PSD9xx，集成了 CPLD、EPROM、Flash，并支持 ISP(在线编程)，价格偏贵一点，但集成度高，主要用于配合单片机工作。2000 年 8 月 WSI 公司被 ST 公司收购。

小　结

本章运用前面篇章所学知识，以具体实例介绍了电路系统的设计流程、各个典型电路的设计过程。知识面覆盖了原理图设计、原理图库设计、PCB 设计、PCB 封装库设计、VHDL 硬件描述语言、可编程逻辑器件等内容。读者通过学习本章并付诸实践，设计电路的综合能力一定能得到较大提高。

习　题

1．总结电路系统设计的基本原则。

2．总结电路系统的设计方法。

3．原理图符号的引脚名称与其序号是否必须一致？引脚在元件上的位置是否必须一定？

4．在单面板 PCB 布线时，遇见铜导线不可避免地形成交叉的情况，在实际中怎么解决这个导线交叉问题？

5．程序下载到可编程器件的方法很多，其中最常见的是通过 JTAG 边界扫描方式下载，请问，通过 JTAG 接口方式下载的优点是什么？

6．本章的交通灯控制器设计能否用单片机实现？试比较利用 CPLD 可编程逻辑实现交通灯控制器与利用单片机实现交通灯控制器的优缺点。

7．一门铃电路的原理图如图 13.64 所示，用"原理图更新 PCB"的设计方式设计门铃电路的 PCB 图。

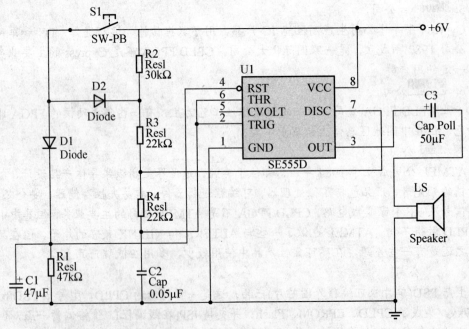

图 13.64　门铃电路原理图

8. 设计一基于 51 单片机的电子密码锁控制电路，具有按键 LED 显示、密码解开显示、密码修改功能。给出具体实现方案。

9. 设计一直流稳压电源，要求电压范围为 0～±5V，最大输出电流为 0.2A，峰-峰值电压不大于 10V，具有过流及短路保护功能。给出具体实现方案，并设计出原理图。

10. 设计基于 ARM7 的温度控制系统，要求测温度范围为 0～100℃，精度为 ±0.5 ℃，可设定温度、实时显示温度。给出具体实现方案，并设计出原理图。

11. 基于 CPLD 或 FPGA 设计一数字秒表，要求有复位、清零、开始、暂停等功能，精度高于 0.01s。给出具体实现方案，利用 VHDL 语言进行描述，并在 MAX+PlusⅡ环境下仿真调试成功。

参 考 文 献

[1] James R.Armstrong. *VHDL Design Representation and Synthesis*(Second Edition)[M]. Prentice Hall PTR,2000.
[2] Kleitz,W.Digital. *Electronics with VHDL*[M]. Prentice Hall,2005.
[3] Maxfield, Clive. *The Design Warrior's Guide to FPFA's Devices、Tools and Flows*[M]. Elsevier,2007.
[4] Douglas Brooks. *Signal Integrity Issues and Printed Circuit Board Design*[M]. Prentice Hall PTR,2005.
[5] 李东生. Protel DXP 电路设计教程[M]. 北京:电子工业出版社,2006.
[6] 张伟. 电路设计与制板——Protel DXP 入门与提高[M]. 北京:人民邮电出版社,2003.
[7] 张伟. 电路设计与制板——Protel DXP 高级应用[M]北京:人民邮电出版社,2004.
[8] 张阳天. Protel DXP 电路设计[M]. 北京:清华大学出版社,2005.
[9] 王辅春. 电子线路 CAD 与 OrCAD 教程[M]. 北京:机械工业出版社,2005.
[10] 李永平. PSpice 电路优化程序设计[M]. 北京:国防工业出版社,2006.
[11] 边计年. 数字系统设计自动化[M]. 2 版. 北京:清华大学出版社,2005.
[12] [德]Jansen Dirk. 电子设计自动化(EDA)手册[M]. 王丹,童如松,译. 北京:电子工业出版社,2005.
[13] [美]Johnson Howard,Graham Martin. 高速数字设计[M]. 沈立,朱来文,陈宏伟,译. 北京:电子工业出版社,2004.
[14] http://www.altera.com.
[15] http://www.xilinx.com.

北京大学出版社电气信息类教材书目(已出版)
欢迎选订

序号	标准书号	书名	编著者	定价
1	978-7-301-10759-1	DSP技术及应用	吴冬梅 张玉杰	26
2	978-7-301-10760-7	单片机原理与应用技术	魏立峰 王宝兴	25
3	978-7-301-10765-2	电工学	蒋 中 刘国林	29
4	978-7-301-10766-9	电工与电子技术(上册)	吴舒辞 朱俊杰	21
5	978-7-301-10767-6	电工与电子技术(下册)	徐卓农 李士军	22
6	978-7-301-10699-0	电子工艺实习	周春阳	19
7	978-7-301-10744-7	电子工艺学教程	张立毅 王华奎	32
8	978-7-301-10915-6	电子线路CAD	吕建平 梅军进	34
9	978-7-301-10764-1	数据通信技术教程	吴延海 陈光军	29
10	978-7-301-10768-3	数字信号处理	阎 毅 黄联芬	24
11	978-7-301-10756-0	现代交换技术	茅正冲 姚 军	30
12	978-7-301-10761-4	信号与系统	华 容 隋晓红	33
13	978-7-301-10762-5	信息与通信工程专业英语	韩定定 赵菊敏	24
14	978-7-301-10757-7	自动控制原理	袁德成 王玉德	29
15	978-7-301-16520-1	高频电子线路(第2版)	宋树祥 周冬梅	35
16	978-7-301-11507-7	微机原理与接口技术	陈光军 傅越千	34
17	978-7-301-11442-1	MATLAB基础及其应用教程	周开利 邓春晖	24
18	978-7-301-11508-4	计算机网络	郭银景	31
19	978-7-301-12178-8	通信原理	隋晓红 钟晓玲	32
20	978-7-301-12175-7	电子系统综合设计	郭 勇 余小平	25
21	978-7-301-11503-9	EDA技术基础	赵明富 李立军	22
22	978-7-301-12176-4	数字图像处理	曹茂永	23
23	978-7-301-12177-1	现代通信系统	李白萍 王志明	27
24	978-7-301-12340-9	模拟电子技术	陆秀令	28
25	978-7-301-13121-3	模拟电子技术实验教程	谭海曙	24
26	978-7-301-11502-2	移动通信	郭俊强 李 成	22
27	978-7-301-11504-6	数字电子技术	梅开乡	30
28	978-7-301-10597-5	运筹学	徐裕生 张海英	20
29	978-7-5038-4407-2	传感器与检测技术	祝诗平	30
30	978-7-5038-4413-3	单片机原理及应用	刘 刚 秦永左	24
31	978-7-5038-4409-6	电机与拖动	杨天明 陈 杰	27
32	978-7-5038-4411-9	电力电子技术	樊立萍 王忠庆	25
33	978-7-5038-4399-0	电力市场原理与实践	邹 斌	24
34	978-7-5038-4405-8	电力系统继电保护	马永翔 王世荣	27
35	978-7-5038-4397-6	电力系统自动化	孟祥忠 王 博	25
36	978-7-5038-4404-1	电气控制技术	韩顺杰 吕树清	22
37	978-7-5038-4403-4	电器与PLC控制技术	陈志新 宗学军	38
38	978-7-5038-4400-3	工厂供配电	王玉华 赵志英	34
39	978-7-5038-4410-2	控制系统仿真	郑恩让 聂诗良	26
40	978-7-5038-4398-3	数字电子技术	李 元 张兴旺	27
41	978-7-5038-4412-6	现代控制理论	刘永信 陈志梅	22
42	978-7-5038-4401-0	自动化仪表	齐志才 刘红丽	27
43	978-7-5038-4408-9	自动化专业英语	李国厚 王春阳	32
44	978-7-5038-4406-5	集散控制系统	刘翠玲 黄建兵	25
45	978-7-5038-4402-7	传感器基础	赵玉刚 邱 东	23
46	978-7-5038-4396-9	自动控制原理	潘 丰 张开如	32
47	978-7-301-10512-2	现代控制理论基础(国家级十一五规划教材)	侯媛彬	20
48	978-7-301-11151-2	电路基础学习指导与典型题解	公茂法 刘 宁	32
49	978-7-301-12326-3	过程控制与自动化仪表	张井岗	36
50	978-7-301-12327-0	计算机控制系统	徐文尚	28
51	978-7-5038-4414-0	微机原理及接口技术	赵志诚 段中兴	38

序号	标准书号	书名	编著者	定价
52	978-7-301-10465-1	单片机原理及应用教程	范立南	30
53	978-7-5038-4426-4	微型计算机原理与接口技术	刘彦文	26
54	978-7-301-12562-5	嵌入式基础实践教程	杨 刚	30
55	978-7-301-12530-4	嵌入式ARM系统原理与实例开发	杨宗德	25
56	978-7-301-13676-8	单片机原理与应用及C51程序设计	唐 颖	30
57	978-7-301-13577-8	电力电子技术及应用	张润和	38
58	978-7-301-12393-5	电磁场与电磁波	王善进	25
59	978-7-301-12179-5	电路分析	王艳红	38
60	978-7-301-12380-5	电子测量与传感技术	杨 雷 张建奇	35
61	978-7-301-14461-9	高电压技术	马永翔	28
62	978-7-301-14472-5	生物医学数据分析及其MATLAB实现	尚志刚 张建华	25
63	978-7-301-14460-2	电力系统分析	曹 娜	35
64	978-7-301-14459-6	DSP技术与应用基础	俞一彪	34
65	978-7-301-14994-2	综合布线系统基础教程	吴达金	24
66	978-7-301-15168-6	信号处理MATLAB实验教程	李 杰 张 猛 邢笑雪	20
67	978-7-301-15440-3	电工电子实验教程	魏 伟 何仁平	26
68	978-7-301-15445-8	检测与控制实验教程	魏 伟	24
69	978-7-301-04595-4	电路与模拟电子技术	张绪光 刘在娥	35
70	978-7-301-15458-8	信号、系统与控制理论(上、下册)	邱德润 等	70
71	978-7-301-15786-2	通信网的信令系统	张云麟	24
72	978-7-301-16493-8	发电厂变电所电气部分	马永翔 李颖峰	35
73	978-7-301-16076-3	数字信号处理	王震宇 张培珍	32
74	978-7-301-16931-5	微机原理及接口技术	肖洪兵	32
75	978-7-301-16932-2	数字电子技术	刘金华	30
76	978-7-301-16933-9	自动控制原理	丁 红 李学军	32
77	978-7-301-17540-8	单片机原理及应用教程	周广兴 张子红	40
78	978-7-301-17614-6	微机原理及接口技术实验指导书	李干林 李 升	22
79	978-7-301-12379-9	光纤通信	卢志茂 冯进玫	28
80	978-7-301-17382-4	离散信息论基础	范九伦	25
81	978-7-301-17677-1	新能源与分布式发电技术	朱永强	32
82	978-7-301-17683-2	光纤通信	李丽君 徐文云	26
83	978-7-301-17700-6	模拟电子技术	张绪光 刘在娥	36
84	978-7-301-17318-3	ARM嵌入式系统基础与开发教程	丁文龙 李志军	36
85	978-7-301-17797-6	PLC原理及应用	缪志农 郭新年	26
86	978-7-301-17986-4	数字信号处理	王玉德	32
87	978-7-301-18131-7	集散控制系统	周荣富 陶文英	36
88	978-7-301-18285-7	电子线路CAD	周荣富 曾 技	41

电子书(PDF版)、电子课件和相关教学资源下载地址：http://www.pup6.com/ebook.htm，欢迎下载。
欢迎免费索取样书，请填写并通过E-mail提交教师调查表，下载地址：http://www.pup6.com/down/教师信息调查表 excel 版.xls，欢迎订购。联系方式：010-62750667，pup6_czq@163.com，lihu80@163.com，anna-xiaonan@sohu.com，linzhangbo@126.com，欢迎来电来信。